病毒完全圖鑑

VIRUS

你必須知道的101種病毒的構造、流行史與驚人多樣性

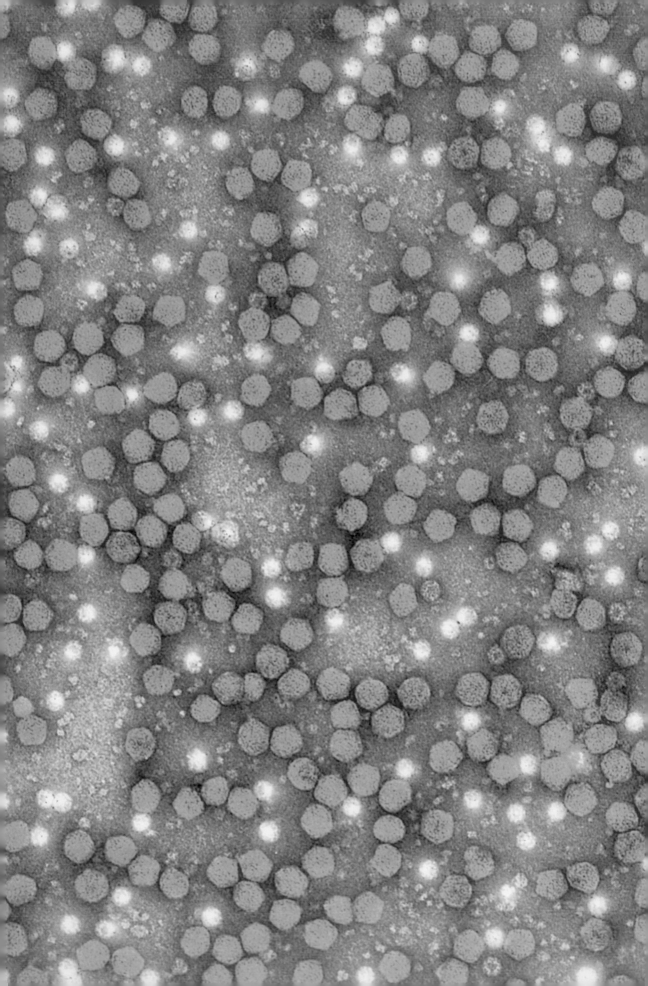

病毒完全圖鑑

VIRUS

你必須知道的101種病毒的構造、流行史與驚人多樣性

作者——瑪麗蓮・盧辛克博士　Dr Marilyn J Roossinck

序——卡爾・齊默 Carl Zimmer　　翻譯——鍾慧元

Boulder Media　大石文化

病毒完全圖鑑
你必須知道的101種病毒的構造、
流行史與驚人多樣性

撰　　文：瑪麗蓮‧盧辛克
翻　　譯：鍾慧元
主　　編：黃正綱
資深編輯：魏靖儀
美術編輯：余　瑄
行政編輯：吳怡慧

印務經理：蔡佩欣
發行經理：曾雪琪
圖書企畫：陳俞初

發 行 人：熊曉鴿
總 編 輯：李永適
營 運 長：蔡耀明
出 版 者：大石國際文化有限公司
地　　址：新北市汐止區新台五路一段97號14樓之10
電　　話：(02) 2697-1600
傳　　真：(02) 2697-1736
印　　刷：群鋒企業有限公司

2022年（民111）12月初版三刷
定價：新臺幣880元／港幣294元
本書正體中文版由 Ivy Press
授權大石國際文化有限公司出版
版權所有，翻印必究
ISBN：978-957-8722-96-5（精裝）
＊ 本書如有破損、缺頁、裝訂錯誤，請寄回本公司更換

總代理：大和書報圖書股份有限公司
地　　址：新北市新莊區五工五路2號
電　　話：(02) 8990-2588
傳　　真：(02) 2299-7900

國家圖書館出版品預行編目（CIP）資料

病毒完全圖鑑：你必須知道的101種病毒的構造、流行史
與驚人多樣性 / 瑪麗蓮‧盧辛克(Marilyn J Roossinck)作；
鍾慧元翻譯. -- 初版. -- 臺北市：大石國際文化, 民
109.08　256頁；18 x 26公分
譯自：Virus：an illustrated guide to 101 incredible
microbes
ISBN 978-957-8722-96-5(精裝)

1.病毒 2.病毒學
369.74　　　　　　　　　　　　　　　　　109011135

This edition published in the UK in 2020 by
Ivy Press
An imprint of The Quarto Group
The Old Brewery, 6 Blundell Street
London N7 9BH, United Kingdom

目錄

6　序

8　**概論**

10　何謂病毒？
12　病毒學的歷史
16　時間表
18　病毒的爭議
20　病毒分類體系
22　複製
36　包裝
38　傳播
40　病毒的生活型態
44　免疫

101種重要病毒

人類病毒
52　屈公病毒
54　登革熱病毒
56　伊波拉病毒
58　C型肝炎病毒
60　人類腺病毒二型
62　人類單純疱疹病毒第一型
64　人類免疫不全病毒
66　人類乳突病毒16型
68　A型人類鼻病毒
70　A型流感病毒
72　JC病毒
74　麻疹病毒
76　腮腺炎病毒
78　諾瓦克病毒
80　脊髓灰質炎病毒
82　A型輪狀病毒
84　SARS及相關冠狀病毒
86　水痘帶狀疱疹病毒
88　天花病毒
90　西尼羅病毒
92　黃熱病毒
94　茲卡病毒
96　無名病毒
97　纖鍊病毒

脊椎動物病毒

100　非洲豬瘟病毒
102　藍舌病病毒
104　蛇包涵體病毒
106　波那病病毒
108　第一型牛病毒性下痢病毒
110　犬小病毒
112　口蹄疫病毒
114　蛙病毒三型
116　傳染性鮭魚貧血病毒
118　黏液瘤病毒
120　豬環狀病毒
122　狂犬病病毒
124　裂谷熱病毒
126　牛瘟病毒
128　勞斯肉瘤病毒
130　猿猴病毒40
132　病毒性出血性敗血症病毒
134　貓白血病病毒
135　鼠疱疹病毒68型

植物病毒

138　非洲木薯嵌紋病毒
140　香蕉萎縮病毒
142　大麥黃矮病毒
144　花椰菜嵌紋病毒
146　柑橘萎縮病毒
148　胡瓜嵌紋病毒
150　稻內源RNA病毒
152　歐爾密甜瓜病毒
154　豌豆腫突鑲嵌病毒
156　李痘瘡病毒
158　馬鈴薯Y病毒
160　稻萎縮病毒
162　水稻白條病毒
164　衛星菸草鑲嵌病毒
166　菸草蝕刻病毒
168　菸草鑲嵌病毒
170　番茄叢生矮化病毒
172　蕃茄斑點萎凋病毒
174　番茄黃化捲葉病毒
176　白三葉草潛隱病毒
178　豆類金黃鑲嵌病毒
179　鬱金香條斑病毒

無脊椎動物病毒

182　集盤絨繭蜂病毒
184　蟋蟀麻痺病毒
186　畸翅病毒
188　果蠅C病毒
190　車前草蚜濃核病毒
192　FHV（Flock House Virus）
194　無脊椎虹彩病毒六型
196　歐洲型舞蛾多核多角體病毒
198　奧賽病毒
200　白點症病毒
202　黃頭病毒

真菌及原生生物病毒

206　棘狀阿米巴變形蟲擬菌病毒
208　彎孢菌耐熱病毒
210　維多利亞長蠕孢黴病毒190S
212　青黴菌金色病毒
214　西伯利亞闊口罐病毒
216　L-A釀酒酵母菌病毒
218　栗枝枯病菌低毒病毒一型
219　長喙殼粒線體病毒四型
220　草履蟲小球藻病毒一型
221　植物疫黴內源RNA病毒一型

細菌與古菌病毒

224　芽孢桿菌噬菌體phi29
226　λ噬菌體
228　T4噬菌體
230　腸桿菌噬菌體phiX174
232　分枝桿菌噬菌體D29
234　青枯病菌噬菌體phiRSL1
236　聚球藻噬菌體Syn5
238　酸雙面菌瓶狀病毒一型
239　酸雙面菌雙尾病毒
240　腸桿菌H-19B噬菌體
241　M13噬菌體
242　Qβ噬菌體
243　80型金黃色葡萄球菌噬菌體
244　紡錘形硫化葉菌噬菌體一型
245　弧菌噬菌體CTX

246　名詞解釋
250　延伸閱讀
252　索引
256　謝誌

序

愛鳥人士會驕傲地在咖啡桌上展示自己的奧杜邦和彼德森鳥類圖鑑。漁人最愛翻閱魚類圖鑑，以便能夠分辨邦納維爾割喉鱒（Bonneville cutthroat trout）和洪堡德割喉鱒（Humboldt cutthroat trout）的差別。病毒也應該有一本自己的漂亮圖鑑，而這本書就是。

當然，病毒在宿主身上造成的症狀，不會像雪松連雀（cedar waxwing）或條紋鋸鮨（Atlantic sea bass, 又名大西洋海鱸）那麼漂亮。沒有人會想一直看伊波拉病毒造成的流血或是天花造成的潰瘍。

但病毒的生命週期確實有一種無法否認的美——那微小包裝中的基因和蛋白質，竟能橫行世界，克服宿主複雜的防禦機制，並確保能順利製造出自己的新複本。更美麗的是這些生命週期的多樣性，從感染花卉的病毒，到把自己的DNA嵌入進宿主基因體的病毒，讓人難以判斷一種生物始自哪裡，另一種又終於何處。

了解病毒的多樣性不只迷人，也是非常重要的體驗。我們需要知道下一場致命流行病會從哪裡冒出來，也要知道其弱點。科學家在發現新型態病毒的同時，也將其中一些變成了工具，用於控制細菌、傳遞基因，甚至製造奈米材料。透過欣賞病毒之美，我們將能更了解大自然的創造力，並同時學習該如何避免成為病毒的受害者。

卡爾・齊默
《紐約時報》專欄作家、《病毒行星》作者

概論

「病毒」一詞會讓人想起乘著隱形翅膀而來的恐怖死亡。浮現腦海的有擠滿垂死西班牙流感病人的醫院病房、鐵肺中的小兒麻痺症患者、全身包在防護服中對抗致命伊波拉病毒的醫療人員，或是可能跟茲卡病毒有關的小頭症嬰兒。這些都是可怕的人類疾病，但訴說的卻只是故事的冰山一角。所有生物都會被病毒感染——不只是人類。而大部分的病毒根本就不會引起疾病。病毒是地球生命史的一部分，它們扮演的到底是什麼角色，是個現在才慢慢開始解開的謎。

在本書中，你將能見到比較全面的病毒樣貌。沒錯，你會讀到引起疾病的病毒，但也會發現其實是對宿主有好處的病毒。事實上，是好到宿主沒有這些病毒就活不下去。本書挑選的病毒是為了要反映出病毒不可思議的多樣性。有些你可能聽過，有些則是新鮮又奇特。有些曾在科學史上的關鍵事件中扮演要角，像是遺傳物質DNA結構的發現。也有些會對宿主的生理造成奇怪的影響。病毒沒有宿主就無法存活，所以這本書是以病毒感染的生物來編排。從人類開始，然後是其他脊椎動物和植物。昆蟲和甲殼動物（無脊椎動物）也有自己的病毒，真菌也是。就連細菌——其中有些也是疾病的媒介——都可能被病毒感染。現代生物學就是從了解病毒如何感染普通細菌開始的。

左：當小兒麻痺症在20世紀成為流行病時，鐵肺曾協助癱瘓的病人呼吸，拯救了許多人命。

下：穿著防護衣的醫療人員準備處理像伊波拉這樣的致命病毒。

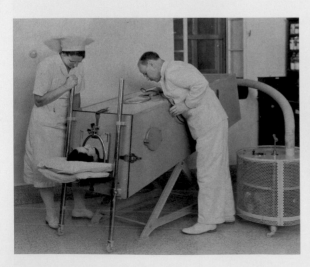

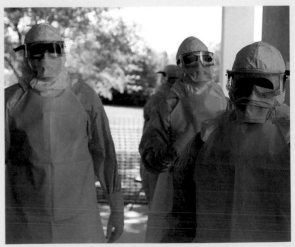

本書收錄了能展現病毒獨特之美的彩圖。許多病毒擁有精確的幾何結構,是由構成病毒外殼的蛋白質單元不斷重複而形成的。細菌和古菌的病毒具有著陸設備,可以用來連接並鑽進宿主體內,就像降落在另一顆行星上的太空探測器一樣。有些病毒看起來像花,不過是在微觀的尺度下。也有些會在宿主身上造成奇異美麗的效果。

這篇概論囊括了你認識病毒、了解病毒的研究方法所需要知道的所有重點:病毒學的歷史、目前的某些爭議、病毒的分類系統、病毒的繁殖方式,還有一些病毒的生命週期範例。你將會知道病毒跟宿主如何互動、病毒如何影響宿主和環境的互動,還有宿主如何防禦病毒。你也會了解為什麼疫苗往往是保護自己不受新興傳染病毒威脅的最佳方法。最後還有名詞解釋,以及一份補充資訊列表。

上:遭病毒感染的茶花展現出美麗的紅白變化。會影響花朵顏色的病毒,稱為花色條斑病毒(color-breaking virus)。

入噬菌體

天花病毒

何謂病毒？

病毒學家是研究病毒的人。病毒本身則比較沒那麼容易定義。病毒學家已經努力了超過一個世紀，想找出一個無懈可擊的定義。問題是，每當他們覺得找到了一個很不錯的定義時，就會有人發現一種不符合這項定義的病毒。然後這個定義就又得改寫了。

牛津英語大辭典對病毒的定義是「一種傳染原，通常由包在蛋白質外殼裡的核酸分子構成，小到無法以光學顯微鏡看見，且只能在宿主的活細胞內繁殖。」

以定義而言，這是個很好的開始——只不過有些病毒病沒有蛋白質外殼，有些又大到可以用普通的光學顯微鏡看到。而且，有些細菌也是只能在宿主的活細胞內繁殖的。

我們認知中的病菌是會讓我們生病的東西，這就包括了病毒和細菌。所以細菌和病毒到底有什麼不一樣？細菌和其他活細胞一樣，都可以自己生產能量，並把自己基因內的DNA序列轉譯成蛋白質。這兩件事，病毒都做不到。

只是最近才發現的某些巨病毒，可以製造把基因轉譯成蛋白質時需要的部分零件，所以上述這種區分方法也不完美。病毒依舊是棘手的客戶。隨著我們對病毒有愈來愈多的發現，病毒的定義也幾乎一定會跟著改變。

在本書中，病毒是一種非細胞病原體，但含有核酸分子形式的的遺傳物質（DNA，或是其親戚RNA），通常有蛋白質外殼包裹，有能力在入侵宿主細胞後取用其細胞內的機制，指揮自己的繁殖與傳播。

病毒的大小與形狀琳瑯滿目。最小的病毒

上與下：病毒的形狀五花八門，從規則的幾何結構到不規則狀都有，大小更是千變萬化，差異高達100倍。這兩頁的病毒是按照比例繪製的。

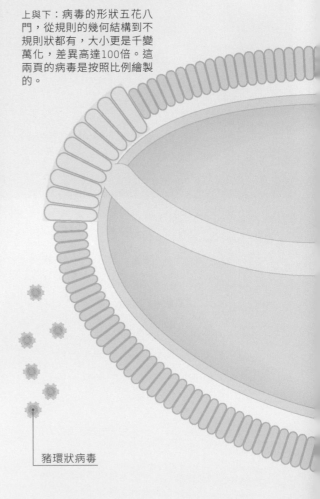

豬環狀病毒

伊波拉病毒

狂犬病病毒

胡瓜嵌紋病毒

長約17奈米，而奈米是一公釐的百萬分之一。目前所發現最大的病毒長度為1500奈米（1.5微米），大小差了將近100倍，堪比非常小的細菌。為了方便你對照，人類的頭髮直徑大約是20微米。除了最大的那些病毒以外，所有的病毒都小到無法用光學顯微鏡觀察，需要用電子顯微鏡才看得到。

早年對病毒的定義多半會納入一些和疾病有關的描述。過去一度認為所有的病毒都會引起疾病，但現在我們知道許多病毒都不會致病。事實上，有些病毒是宿主生命中非常重要且必要的組成。就像我們現在知道細菌是人體生態系中很重要的一部分，病毒也扮演著關鍵角色。

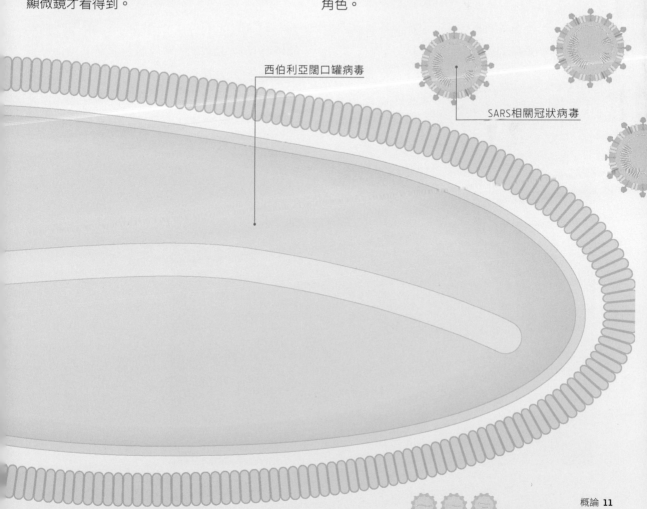

西伯利亞闊口罐病毒

SARS相關冠狀病毒

病毒學的歷史

在18世紀末發明的疫苗，為傳染病的治療帶來了非常大的改變。天花只是當時常見的恐怖疾病之一，奪去了千百萬人的性命，且在倖存者身上留下了恐怖的疤痕。英國鄉村醫師愛德華‧詹納（Edward Jenner）注意到某些特定人士對這種疾病有抵抗力——尤其是感染過牛痘的擠牛奶女工。牛痘是一種很溫和的疾病，擠奶女工是從她們擠奶的牛身上感染到的。詹納察覺到牛痘能抵抗天花，所以如果將牛痘膿包的萃取物注射到人身上，或許就能賦予他們擠奶女工先前享有的免疫力。英文的「vaccine」（疫苗）一詞源自vaccinia——拉丁文的「牛」，這也是牛痘致病原的正式名稱。詹納在1798年發表了他的研究，但他完全不知道天花（還有牛痘）是由病毒引起的。疫苗接種開

始廣為流傳，其他的疫苗也開始發展，但還沒有人知道有病毒這種東西存在。例如，具開創精神的法國科學家路易斯‧巴斯德（Louis Pasteur）就為狂犬病研發了疫苗。他率先以加熱法「殺死」狂犬病的致病原。這是第一個利用死亡的致病原以避免日後被活致病原感染的疫苗。巴斯德不像詹納，他已經知道了細菌的存在。他發現狂犬病的致病原甚至比細菌這種小生物還小，但對病毒的本質仍一無所知。

不過，這種神祕致病原並不是只會傷害人類。19世紀晚期，有一種出現在煙草植株上的接觸性傳染病，會讓葉片出現深綠與淺綠交錯的斑塊。1898年，荷蘭科學家馬丁烏斯‧貝傑林克（Martinus Beijerinck）證明這種疾病可以經由用陶瓷濾器過濾之過的植物汁液傳染給另一

左：感染了菸草鑲嵌病毒的菸草植株，葉片上出現淺綠深綠交錯的鑲嵌斑塊。

右：馬丁烏斯‧貝傑林克醫師在他位於德夫特理工學院（現為德夫特理工大學）的實驗室中。

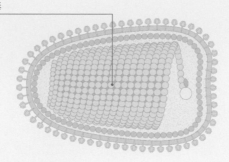

狂犬病病毒

株植物，而這種陶瓷濾器是細到可以過濾掉細菌的。貝傑林克認為，這是一種新的致病原所導致的，比細菌還小，他稱之為「傳染性活體流質」（contagium vivum fluidum），亦即「具傳染力的活液體」。後來他用了virus一詞，也就是拉丁文的「毒」。

貝傑林克發現的是後來所知的菸草鑲嵌病毒，這也開啟了發現病毒的大門。同一年，弗里德里希・羅福樂（Friedrich Loeffler）和保羅・福羅施（Paul Frosch）證明家畜口蹄疫的致病原是濾過性病毒。短短三年之後的1901年，沃爾特・里德（Walter Reed）則證明了恐怖的人類疾病黃熱病也是病毒傳染。1908年，維翰・埃勒曼（Vilhelm Ellerman）及歐拉夫・邦（Oluf Bang）證明白血病可以透過一種濾過性的、不含細胞的媒介在雞隻之間傳播，而在1911年，裴頓・勞斯（Peyton Rous）證明實質固態瘤可以經由類似的媒介在雞之間傳播，於是確立了病毒在癌症中扮演的角色。

病毒研究方面的進展在1915年開始加速，當時菲德烈克・特沃特（Frederick Twort）發現細菌也會被病毒感染。和許多偉大的發現一樣，這也是一次意外。特沃特想找出培養牛痘病毒的方法，他認為細菌或許可以提供病毒成長所需的某種要素。他在培養皿中培養細菌，結果發現在他培養的某些群落中，有些小區域變透明了。這些區域沒有細菌存活，有什麼東西在消滅細菌。就像之前的病毒學家一樣，特沃特也證明了這種媒介可以穿過非常細緻的陶瓷過

病毒學的歷史

濾器，感染並消滅新培養的細菌。大約在同一時間，法裔加拿大科學家菲利斯·德雷爾（Félix d'Herelle）提出他發現了一種「微生物」，可以殺死引起痢疾的細菌，他稱之為「噬菌體」（bacteria phage），意思是「吃細菌者」。他又發現了其他好幾種吃細菌者，有望為細菌性疾病提供某種醫學治療方法。噬菌體是過濾性的，因此就是病毒，而phage一詞仍用來指細菌的病毒。抗生素問世後，噬菌體療法的構想就黯然失色了，但直到今天都還有人在討論，也應用在農業及某些人類皮膚病症的實驗上。因為某些非常嚴重的細菌病原體對抗生素的抗藥性高得驚人，所以噬菌體療法或許仍不失為一個對抗細菌的好策略。

噬菌體及其他病毒的真實樣貌，要等到1930年代電子顯微鏡發明之後才比較清楚。菸草鑲嵌病毒的第一張照片於1939年發表。1940年代，「噬菌體團隊」成形，這是一個非正式的圈子，成員都是研究噬菌體的頂尖美國科學家，他們也跟分子生物學領域的開展有關。

1935年，溫戴爾·史坦利（Wendell Stanley）成功地讓高度純化的菸草鑲嵌病毒結晶。在此之前，大家一直認為病毒是非常微小的生物，但病毒居然可以像鹽或其他礦物一樣結晶，暗示著病毒的本質其實是更不活潑、更化學性的。這也引發了一個延燒至今的議題：病毒真的是活的嗎？史坦利也證明了菸草鑲嵌病毒是由蛋白質及核酸——RNA——構成。這時還沒有人知道基本的遺傳物質就是和它相關的分子——DNA。當時大部分科學家都認為基因

是由蛋白質構成的。1950年代，羅莎林·富蘭克林（Rosalind Franklin）又運用一種名叫「X光繞射」的技術來研究菸草鑲嵌病毒的結晶，以判斷病毒的詳細結構。她也運用同一種方法來檢視DNA的結構，而她的研究則被詹姆斯·華生（James Watson）與法蘭西斯·克里克（Francis Crick）用來揭露DNA的雙螺旋本質。

20世紀中葉，科學家發現DNA是製造基因的實際材料，於是造就了法蘭西斯·克里克所謂的「中心法則」：DNA指揮合成RNA的互補股，然後互補股再指揮合成蛋白質。結果病毒又再度改弦易轍：1970年代發現了反轉錄病毒，其基因是由RNA構成，並由RNA指揮合成DNA，根本徹底翻轉了這門科學。反轉錄病毒可不是科學的什麼冷僻角落。這群病毒包括了造成愛滋病的人類免疫不全病毒（Human immunodeficiency virus，即HIV-1），而且科學家相信，反轉錄病毒的活動以一種深刻的方式形塑了人類本身的遺傳樣貌。

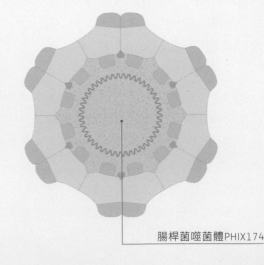

腸桿菌噬菌體PHIX174

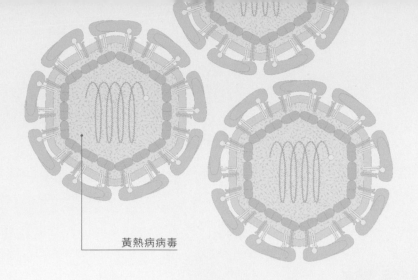

黃熱病病毒

人類如何為病毒命名 第一株病毒是以其宿主和所造成的症狀來命名的：菸草鑲嵌病毒。許多植物病毒都是按照這個原則命名，但到了最後，病毒名稱變成是由研究這些病毒的病毒學家來決定。為了讓病毒命名的方式標準化，國際病毒分類委員會（International Committee for the Taxonomy of Viruses, ICTV）成立，他們的第一份報告在1971年發表，涵蓋了290種病毒。2012年他們發表了第九篇報告，列出約3000種病毒，但仍只占全世界所有病毒非常小的一部分。ICTV由世界各地的病毒學家組成，他們發展出一套複雜的命名系統，使用拉丁化的病毒名，以及種、屬、科和目。種名和屬名由第一個描述這隻病毒的病毒學家決定，更上層的目則通常從屬名衍生而來，或是與描述這種病毒的希臘或拉丁詞彙有關。例如，許多噬菌體都屬於有尾噬菌體目（Caudovirales），這個詞來自coudo，也就是拉丁文中的「尾巴」，指的是這種病毒的著陸構造。只有被ICTV正式認可之後的病毒名稱才會以斜體表示。本書中我們會詳細寫出病毒的完整正式名稱，但為了避免混淆，我們選擇不用斜體。病毒按照其宿主類群的字母順序排列，沒有電子顯微鏡照片的病毒會放在每一章的最後面。

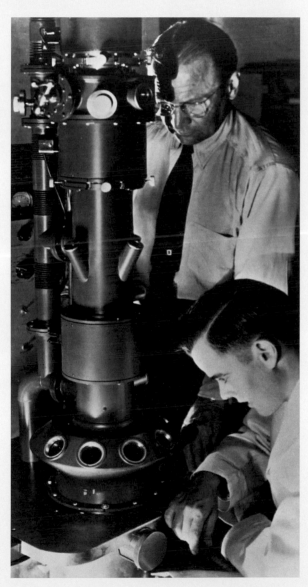

右：科學家和早期的電子顯微鏡。電顯影像的生成，是讓電子通過一層非常薄的組織，製造出電子的陰影。有時候這些影像會加上色彩以呈現它們的結構，本書中的影像就是如此。

病毒學的歷史
時間表

1892年 德米特里·伊凡諾夫斯基（Dmitri Iwanowski）證明了有一種植物疾病可以透過植物汁液傳播，並推論植物汁液中有毒。

1898年 馬丁烏斯·貝傑林克發現了菸草鑲嵌病毒；弗里德里希·羅福樂和保羅·福羅施發現口蹄疫病毒。

1950

1950年 世界衛生組織展開透過疫苗根除天花的計畫。

1952年 阿福瑞德·赫希和瑪莎·闕思（Martha Chase）利用細菌和病毒證明了遺傳物質是DNA。

1952年 喬納斯·沙克（Jonas Salk）培養減毒病毒，研發出脊髓灰質炎疫苗。

1953年 第一個人類鼻病毒的描述（鼻病毒會造成普通感冒）

1955年 羅莎琳·富蘭克林描述了菸草鑲嵌病毒的構造。

1956年 RNA首度被描述為菸草鑲嵌病毒的遺傳物質。

1960

1964年 霍華·田明（Howard Temin）提出，反轉錄病毒透過將RNA轉換成DNA來複製。

1970

1970年 霍華·田明及戴維德·巴爾迪摩（David Baltimore）發現反轉錄酶（enzyme reverse transcriptase）這種酵素，它能讓反轉錄病毒把RNA轉換成DNA。

1976年 第一次伊波拉在薩伊爆發的描述。

1976年 第一個RNA病毒基因體的定序（噬菌體MS2）。

1978年 利用互補DNA（cDNA）轉殖複製出第一個傳染性病毒（Qβ噬菌體）

1979年 天花宣告根除。

1980

1980年 發現第一個人類反轉錄病毒（人類T淋巴球病毒，HTLV）。

1981年 利用互補DNA轉殖複製出第一個哺乳類傳染性病毒（脊髓灰質炎病毒）。

1983年 聚合酶連鎖反應（PCR）徹底改革了病毒的分子檢測技術。

1983年 發現愛滋病的元凶是人類免疫不全病毒。

1986年 第一株能抵抗病毒的基因轉殖植物（菸草，菸草鑲嵌病毒）。

1900

1901年 沃爾特·里德發現黃熱病的成因。黃熱病病毒是第一個正式描述的人類病毒。

1903年 出現人類感染狂犬病病毒的描述。

1908年 維翰·埃勒曼和歐拉夫·邦發現了引起雞白血病的病毒。

1910

1911年 裴頓·勞斯發現引起雞癌症的病毒。

1915年 菲德烈克·特沃特發現細菌病毒。菲利斯·德雷爾將細菌病毒命名為噬菌體（吃細菌者）。

1918年 流感病毒大流行（這隻病毒直到1933年才辨識出來）。

1940

1945年 薩爾瓦多·盧瑞亞（Salvador Luria）和阿福瑞德·赫希（Alfred Hershey）證明了細菌病毒會突變。

1949年 約翰·恩德斯（John Enders）證明了脊髓灰白質炎病毒可以培養。

1930

1935年 溫戴爾·史坦利將菸草鑲嵌病毒結晶出來，並推論病毒是由蛋白質構成。1939年 電子顯微鏡拍下第一張病毒影像：菸草鑲嵌病毒（赫爾穆特·魯斯卡，Helmut Ruska）。

2000

2001年 發表人類基因體的完整定序，且證實其中約有11%是反轉錄病毒序列。

2003年 發現巨病毒（giant virus）。

2006年 研發人類乳突病毒（human Papillomavirus）疫苗，是第一支對抗人類癌症的疫苗。

2011年 牛瘟（rindepest）宣告根除。

2014年 西非到目前為止最嚴重的伊波拉疫情爆發。

2020年 由一種新型冠狀病毒所引起的COVID-19在全世界大流行。

1990

1998年 發現「基因靜默」（gene silencing）這種抗病毒反應。

病毒的爭議

就像所有科學一樣，在病毒學的領域，新想法也會受到測試與爭議。許多重要的問題——有些是相當基礎的——仍然沒有結論。

病毒是活的嗎？這個問題深深困擾著科學界的哲學家，但卻少有病毒學家去處理。有些人解釋說，病毒只有在感染細胞的時候才是活的，當病毒位在細胞以外、還是有殼體包裹的粒子（也就是「病毒體」）時，是處於休眠狀態，有點像是細菌或真菌的孢子。要回答這個問題，就必須先定義生命。有人提出說，既然病毒不能自己製造能量，就不是活的。不管我們是否認為病毒是活的，沒有人會質疑病毒也是生命重要的一部分。

病毒是生物的第四域嗎？達爾文率先提出了「生命之樹」的概念，以反映出生物彼此之間的關係。自1970年代以來，大家就認為生物分屬於三個域：細菌域、古菌域和真核生物域。細菌和古菌各自構成一個生物界，而真核生物域則又可再細分成好幾個界：真核生物包括如人類之類的動物，以及植物、真菌和藻類。細菌和古菌是沒有核的單細胞生物，可能比較靠近生命之樹的根源處。真核生物細胞則大得多，有明顯的細胞核，裡面是遺傳物質所在與進行複製的地方。在這棵生命之「樹」上，病毒會在哪個位置？因為最近發現了巨病毒，所以有人提出病毒應該被視為一個單獨的生物域。然而，病毒可以感染其他所有型態的生物（包括其他病毒），而當你審視病毒與其他生物的基因組成時，會發現病毒基因其實無所不在，已經融入了所有生物的基因體中。所以病毒病並不是一個獨立的生物域，而是分散在樹上各處。

下：來自三個生物域的細胞，由左而右為真核生物、細菌與古菌。

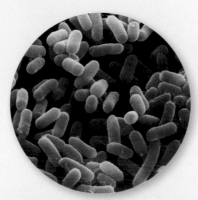
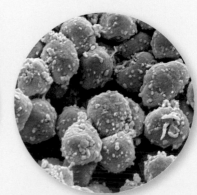

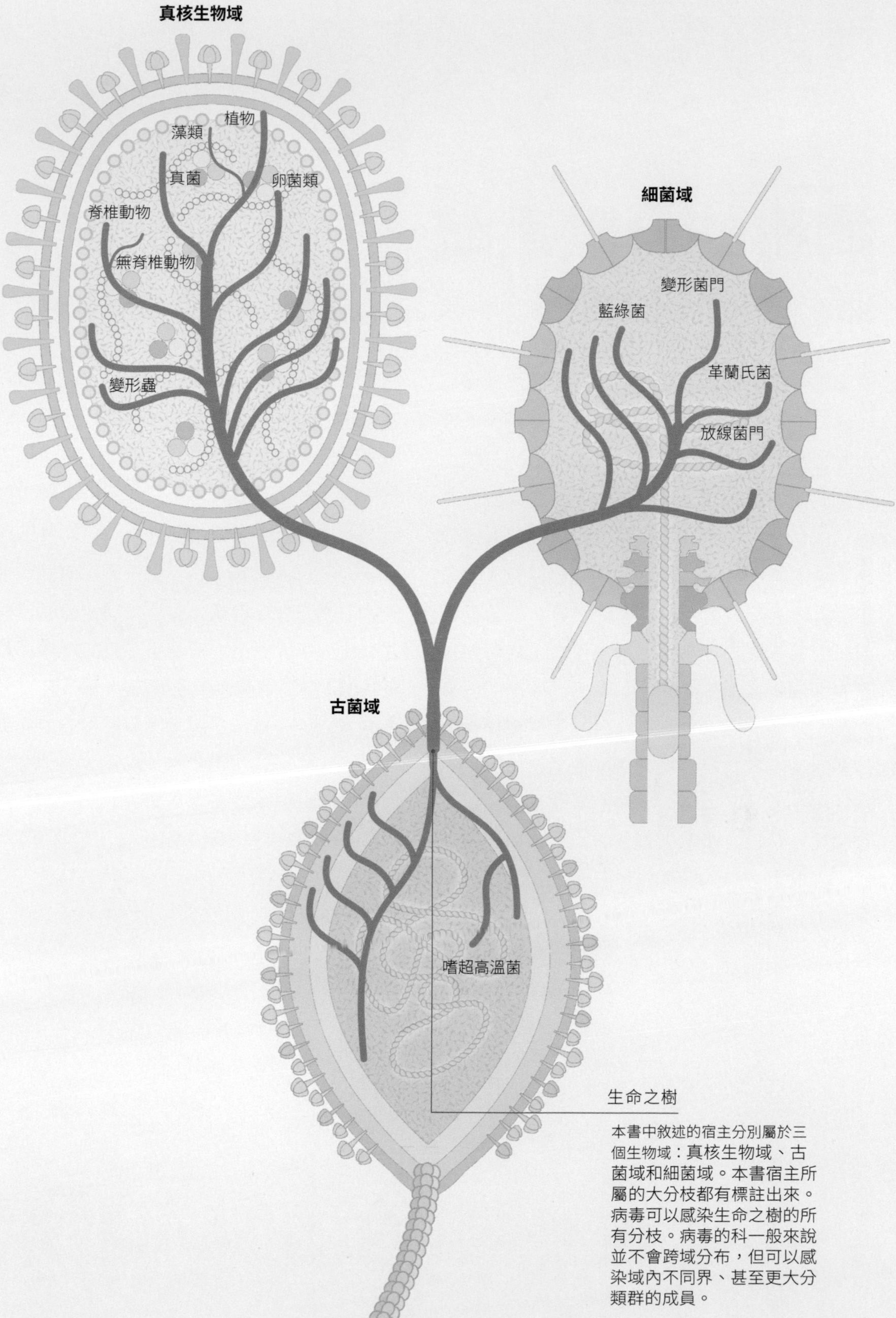

真核生物域

植物
藻類
真菌　卵菌類
脊椎動物
無脊椎動物
變形蟲

細菌域

變形菌門
藍綠菌
革蘭氏菌
放線菌門

古菌域

嗜超高溫菌

生命之樹

本書中敍述的宿主分別屬於三個生物域：真核生物域、古菌域和細菌域。本書宿主所屬的大分枝都有標註出來。病毒可以感染生命之樹的所有分枝。病毒的科一般來說並不會跨域分布，但可以感染域內不同界、甚至更大分類群的成員。

病毒的分類系統

戴維德・巴爾迪摩在1975年和霍華・田明、麥克斯・戴爾布魯克共同獲得諾貝爾獎，因為他研究反轉錄病毒，並且發現了反轉錄酶這種可以把RNA複製成DNA的偉大酵素。巴爾迪摩根據病毒製造「信使RNA」（簡稱mRNA）的方式，發展出病毒的分類系統。DNA中的遺傳訊息會轉錄成信使RNA，帶著細胞核要給機制的遺傳訊息，讓機制將遺傳訊息轉譯成蛋白質。雙股的DNA是所有細胞生物的遺傳物質，不管是細菌、古菌或真核生物都一樣。反之，病毒對自己的遺傳物質則隨便多了，而巴爾迪摩的分類方式，就是想捕捉住病毒在這方面的多樣性。有些病毒學家認為，這種多樣性就是生命之初的秩序，留下了病毒運用核酸的諸多方式，是細胞生物出現之前的某種遺跡。基因體就是用

來製造生命必需蛋白質的遺傳資訊的總和。所有細胞生物的基因體都是由經典的「雙螺旋」構成，也就是兩股DNA彼此纏繞。每一股DNA都是由磷酸鹽群（磷與氧原子的排列）連結的醣分子所形成的長鏈組成。在DNA中的糖稱為去氧核糖（deoxyribose）──也就是DNA中的D，而DNA就是去氧核糖核酸。RNA中的糖是核糖（ribose），所以叫RNA。每一股都由四個名為鹼基的不同物質組成，鹼基以特定的順序連在去氧核糖或核糖上──攜帶訊息的就是順序本身。DNA中的鹼基名為腺嘌呤（adenine）、胞嘧啶（cytosine）、鳥糞嘌呤（guanine）與胸腺嘧啶（thymine），簡稱A, C, T, G。在RNA中，胸腺嘧啶則由另一種名為「尿嘧啶」（uracil），也就是U的不一樣的核苷酸取代。單股DNA中的

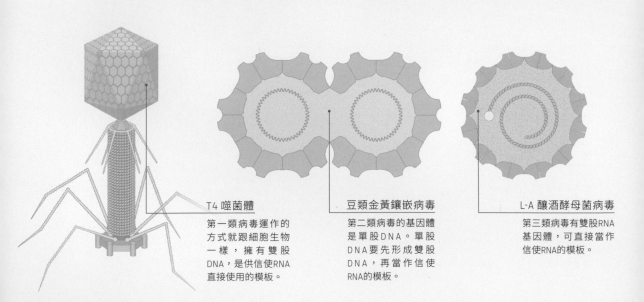

T4 噬菌體
第一類病毒運作的方式就跟細胞生物一樣，擁有雙股DNA，是供信使RNA直接使用的模板。

豆類金黃鑲嵌病毒
第二類病毒的基因體是單股DNA。單股DNA要先形成雙股DNA，再當作信使RNA的模板。

L-A 釀酒酵母菌病毒
第三類病毒有雙股RNA基因體，可直接當作信使RNA的模板。

腺嘌呤只會跟另一股中的胸腺嘧啶配對，胞嘧啶只會跟鳥糞嘌呤配對。基於這種神奇的特質，DNA的兩股是互補的，所以你若是知道其中一股的核苷酸次序，就能解鎖另一股上的核苷酸次序。按照慣例，核苷酸是從磷酸鹽那端、也就是每一股的「5'端」寫到「羥基」（hydroxyl）那端、也就是「3'端」。所以，如果其中一股的次序是5'ACGGATACA3'，那麼互補股的順序就會是5'TGTATCCGT3'，而當這兩股配對時，看起來就會是這樣：

5'ACGGATACA3'

3'TGCCTATGT5'

RNA也非常類似，只不過胸腺嘧啶（T）會由尿嘧啶（U）取代。雙股的RNA看起來會是這個模樣：

5'ACGGATACA3'

3'TGCCTATGT5'

DNA無法指揮蛋白質的合成，而是必須以信使RNA（mRNA）為媒介。信使RNA是單股，且含有跟其中一股DNA相同的核苷酸順序，也就是所謂的「編碼股」（只是由U取代T）。以RNA作為基因體的病毒，可以是雙股也可以是單股，而單股的病毒又更進一步被我們分類為「正鏈」（＋）和「負鏈」（－），取決於這個基因體是否為編碼股。當然，病毒探索了各種可能性，所以事實上，有些病毒是雙鏈（ambisense），也就是基因體中有正鏈也有負鏈的RNA。

下：根據巴爾迪摩的分類系統，病毒共可分為七大類，以下每一類各舉一例。

脊髓灰質炎病毒

第四類病毒是正鏈單股RNA基因體。這些病毒可以用自己的單股RNA基因體作為信使RNA，但在複製之前，病毒必須先做出互補的RNA股，再用來當作額外正鏈（＋）RNA的模板。

流行性感冒病毒

第五類病毒擁有負鏈（－）單股RNA基因體。代表其基因體就是信使RNA的模板。

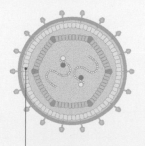

貓白血病毒

第六類病毒是反轉錄病毒。這類病毒有RNA基因體，但會用反轉錄酶把RNA轉成RNA/DNA混合體，再轉成雙股DNA，再用來當作信使RNA的模板。

花椰菜嵌紋病毒

第七類病毒有DNA基因體，用來作為信使RNA的模板。但是當病毒複製基因體的時候，同時也會製作一個RNA「前基因體」，再以反轉錄酶轉回DNA。

跟許多第一類病毒一樣，這也是一種大病毒，會製造約300個蛋白質。為簡單說明起見，圖解中並未描述到這種病毒合成蛋白質的部分。其他的第一類細菌病毒也會嵌入宿主的基因體，並維持休眠狀態，也就是所謂的「潛溶狀態」。

複製

除了基因體類型以外，病毒基因體的排列方式也有不同。基因體可以分成幾個片段，可以是環型也可以是線型。比方說，所有已知有雙股DNA的病毒，都只有一個基因體片段，但可能是線型、也可能是環型。大部分的單股DNA病毒都有環型基因體，分成二到八個不等的片段，但也有一些，像是微小病毒（parvovirus），就只有一個線型片段。至於反轉錄病毒這個例外，許多RNA病毒類群都有分開的基因體。有許多種病毒是用一個RNA片段編碼一個蛋白質。有些單一片段的RNA病毒會製造一個大的「多蛋白」（polyprotein），完成後再拆開成活性小蛋白質。有些RNA病毒會從自己的基因體RNA製造比較小的信使RNA，這樣它們就能用單一基因體片段表現出一個以上的蛋白質。

第一類病毒

巴爾迪摩分類系統中，每一類病毒使用的複製策略都不一樣。大部分的第一類病毒（擁有雙股DNA基因體）會利用一種跟宿主借來的、名為DNA聚合酶的酵素複製自己的DNA，不過這類病毒通常也會自己製造一些跟複製相關的蛋白質。第一類病毒大多是在宿主細胞的細胞核內複製，也就是細胞儲存並複製自己DNA的地方。然而，細胞通常只有在準備要分裂的時候才會複製自己的DNA，並使用自己的DNA聚合酶。細胞分裂是安排得非常緊湊的，因為細胞分裂若是沒控制好，就可能導致癌症。有些第一類病毒會強迫宿主細胞在原本不會分裂的時候分裂，以便利用細胞的DNA聚合酶，這就可能造成癌症。痘病毒（Poxvirus）在這方面則是例外，因為它們是在細胞核外的細胞質裡複製。有許多種第一類病毒也會感染細菌和古菌——這兩者都沒有細胞核，但沒有已知的第一類病毒會感染植物（除了藻類以外）。

6. 當細菌細胞裡充滿病毒粒子時，細胞就會破裂，釋放出幾百個病毒粒子，繼續勇往直前，再度展開這個循環。

6

5

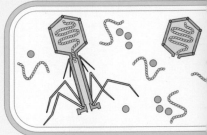

5. 組合尾絲（TAIL FIBER）和著陸設備。

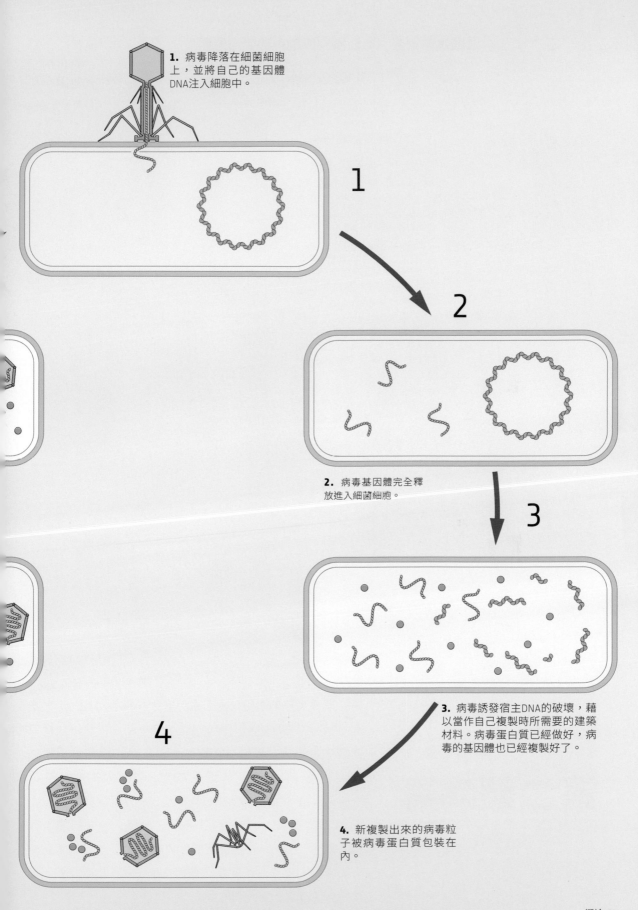

1. 病毒降落在細菌細胞上，並將自己的基因體DNA注入細胞中。

1

2

2. 病毒基因體完全釋放進入細菌細胞。

3

3. 病毒誘發宿主DNA的破壞，藉以當作自己複製時所需要的建築材料。病毒蛋白質已經做好，病毒的基因體也已經複製好了。

4

4. 新複製出來的病毒粒子被病毒蛋白質包裝在內。

豆類金黃鑲嵌病毒在植物細胞內的生命週期

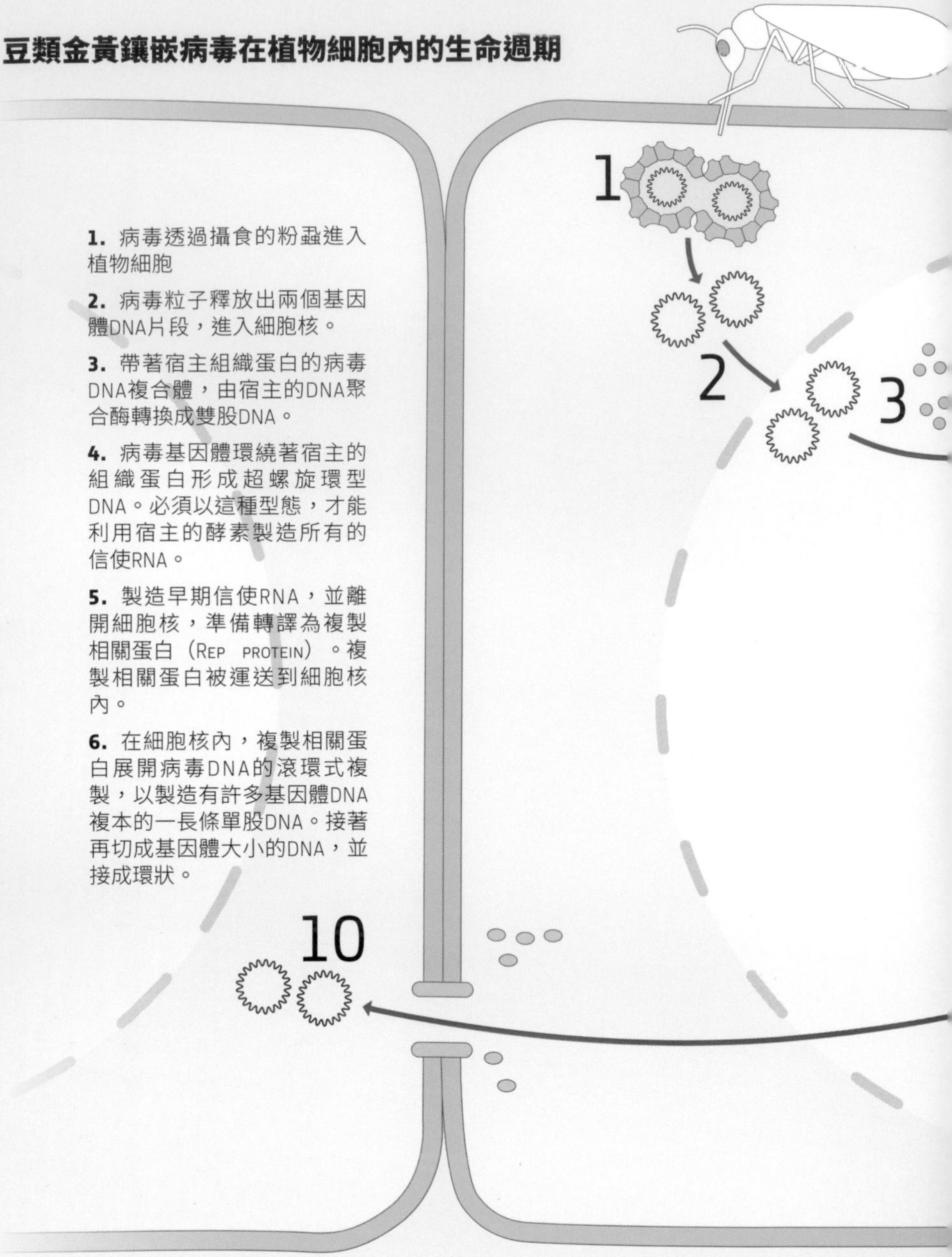

1. 病毒透過攝食的粉蝨進入植物細胞

2. 病毒粒子釋放出兩個基因體DNA片段，進入細胞核。

3. 帶著宿主組織蛋白的病毒DNA複合體，由宿主的DNA聚合酶轉換成雙股DNA。

4. 病毒基因體環繞著宿主的組織蛋白形成超螺旋環型DNA。必須以這種型態，才能利用宿主的酵素製造所有的信使RNA。

5. 製造早期信使RNA，並離開細胞核，準備轉譯為複製相關蛋白（Rep protein）。複製相關蛋白被運送到細胞核內。

6. 在細胞核內，複製相關蛋白展開病毒DNA的滾環式複製，以製造有許多基因體DNA複本的一長條單股DNA。接著再切成基因體大小的DNA，並接成環狀。

1

2

3

10

複製
第二類病毒

第二類病毒是單股DNA基因體，必須先轉為雙股DNA，才能由宿主的細胞機制複製。就像大多數第一類病毒一樣，這類病毒也是在細胞核內複製。但跟第一類病毒不同的是，這類病毒有些會感染植物。其中的雙生病毒（geminivirus）會在複製之前先把自己的基因體轉成雙股的環型DNA，再以一種名為「滾環式複製」的機制加以複製。其中一股DNA會在特定的地方切斷，然後另一股就複製再複製，形成有許多基因體複本的一長串DNA分子，之後會再切成單一基因體的長度。

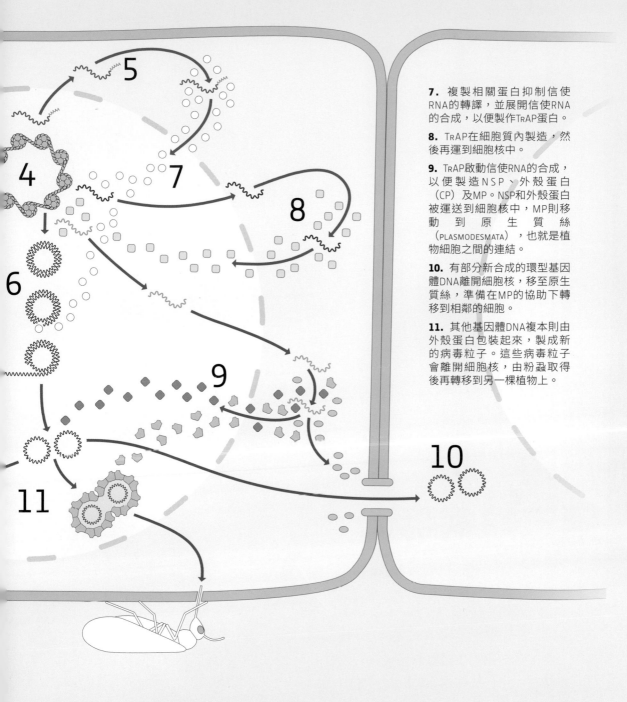

7. 複製相關蛋白抑制信使RNA的轉譯，並展開信使RNA的合成，以便製作TRAP蛋白。

8. TRAP在細胞質內製造，然後再運到細胞核中。

9. TRAP啟動信使RNA的合成，以便製造NSP、外殼蛋白（CP）及MP。NSP和外殼蛋白被運送到細胞核中，MP則移動到原生質絲（PLASMODESMATA），也就是植物細胞之間的連結。

10. 有部分新合成的環型基因體DNA離開細胞核，移至原生質絲，準備在MP的協助下轉移到相鄰的細胞。

11. 其他基因體DNA複本則由外殼蛋白包裝起來，製成新的病毒粒子。這些病毒粒子會離開細胞核，由粉蝨取得後再轉移到另一棵植物上。

⬤ 宿主蛋白質

◯ 複製相關蛋白

▢ TRAP

◆ NSP

⬭ MP

外殼蛋白

〜〜 信使RNA1（複製用REP）

〜〜 信使RNA2（TRAP用）

〜〜 信使RNA1（NASP, MP 及 CP用）

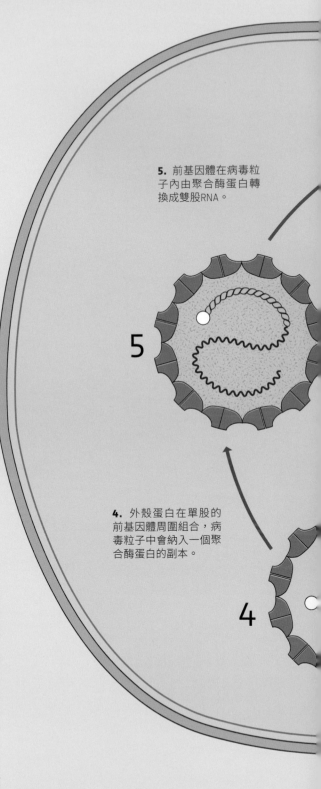

5. 前基因體在病毒粒子內由聚合酶蛋白轉換成雙股RNA。

5

4. 外殼蛋白在單股的前基因體周圍組合，病毒粒子中會納入一個聚合酶蛋白的副本。

4

複製

第三類病毒

第三類病毒並不會利用宿主的聚合酶來複製。由於這類病毒是以雙股RNA狀態進入細胞，不能直接當成信使RNA製造蛋白質，因此必須自備聚合酶。這類病毒通常會停留在細胞的細胞質中，並待在自己的蛋白質和／或膜質外殼（membrane coat）裡面。這類病毒會把病毒粒子中的RNA擠到細胞質中，並據此製造RNA複本。這些複本就是用來製造病毒蛋白質的信使RNA，也是「前基因體」（pregenome），是會包裝起來的單股RNA。然後新的複製循環會在新的病毒體（病毒粒子）中完成，以形成雙股RNA。

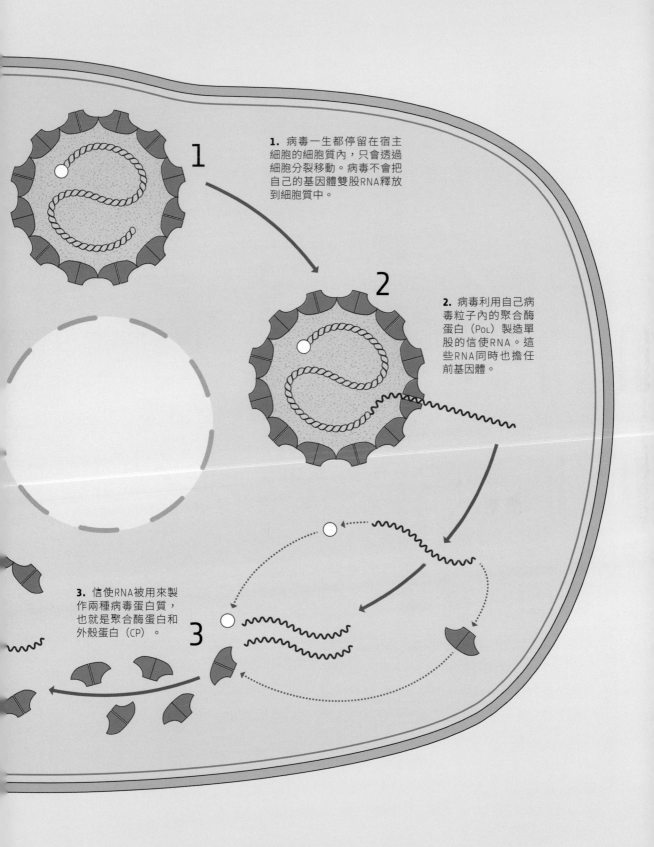

1. 病毒一生都停留在宿主細胞的細胞質內，只會透過細胞分裂移動。病毒不會把自己的基因體雙股RNA釋放到細胞質中。

2. 病毒利用自己病毒粒子內的聚合酶蛋白（Pol）製造單股的信使RNA。這些RNA同時也擔任前基因體。

3. 信使RNA被用來製作兩種病毒蛋白質，也就是聚合酶蛋白和外殼蛋白（CP）。

3. 病毒的基因體RNA被釋放到細胞質中。基因體一端連著一個病毒蛋白（VPG），還有一個類似細胞信使RNA的多腺核苷酸尾（POLY-A TAIL）。

2. 病毒粒子從細胞膜中釋放出來。不會把自己的基因體雙股RNA釋放到細胞質中。

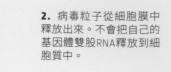

1. 病毒利用細胞外的受體連接到宿主細胞上，並被細胞膜包住。

複製

第四類病毒

第四類病毒有單股的正鏈RNA基因體。也就是說，基因體RNA跟信使RNA的方向性相同。和第三類病毒一樣，這類病毒的整個生命週期都在宿主的細胞質內完成。它們會利用自己的基因體製造複製所需酵素（RNA依賴性RNA複合酶 [RNA-dependent RNA polymerase, RdRp]以及相關的酵素）的第一批複本。之後病毒便會製作基因體複本，以便用於製造更進一步的信使RNA及更多基因體以供包裝。

6. P2和P3繼續分裂，然後組成複製複合體（REPLICATION COMPLEX）。複製複合體會在內部的細胞膜上組合。

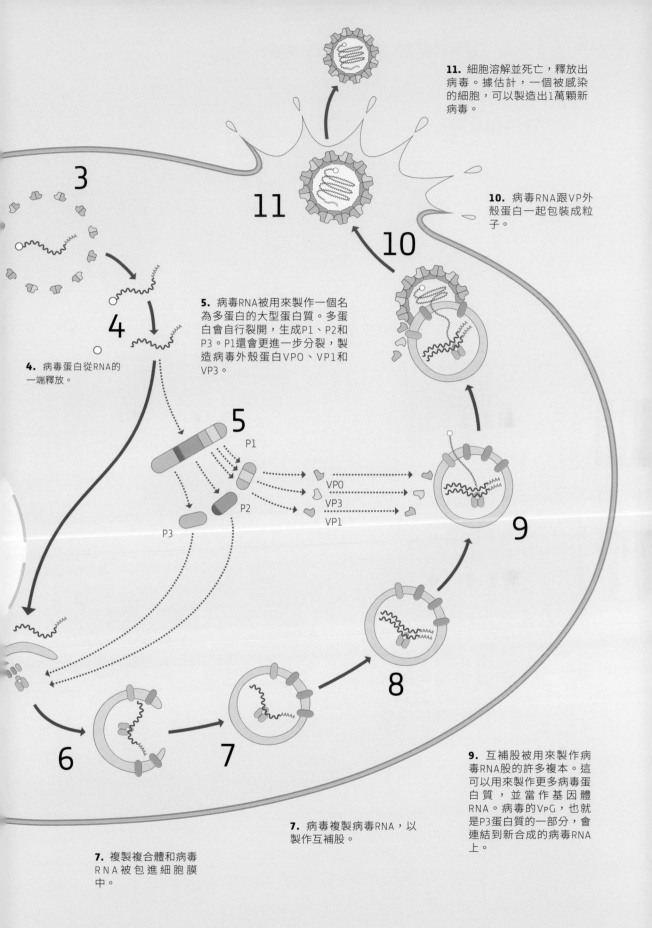

11. 細胞溶解並死亡,釋放出病毒。據估計,一個被感染的細胞,可以製造出1萬顆新病毒。

10. 病毒RNA跟VP外殼蛋白一起包裝成粒子。

5. 病毒RNA被用來製作一個名為多蛋白的大型蛋白質。多蛋白會自行裂開,生成P1、P2和P3。P1還會更進一步分裂,製造病毒外殼蛋白VP0、VP1和VP3。

4. 病毒蛋白從RNA的一端釋放。

P1

VP0
VP3
VP1

P2

P3

9. 互補股被用來製作病毒RNA股的許多複本。這可以用來製作更多病毒蛋白質,並當作基因體RNA。病毒的VpG,也就是P3蛋白質的一部分,會連結到新合成的病毒RNA上。

7. 病毒複製病毒RNA,以製作互補股。

7. 複製複合體和病毒RNA被包進細胞膜中。

3

11

10

9

8

7

6

5

4

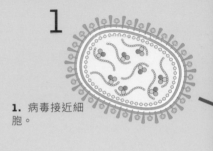

1. 病毒接近細胞。

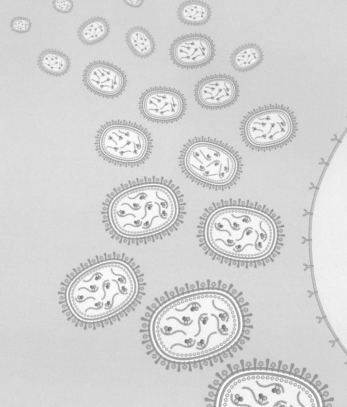

複製
第五類病毒

第五類病毒同樣擁有單股RNA基因體，但卻跟信使
RNA的「方向」不一樣，所以必須先複製成可以用
來製作蛋白質的信使RNA。就像雙股RNA病毒一
樣，這類病毒也是自帶聚合酶。這類病毒大多在宿
主的細胞質內複製，流感病毒和子彈狀病毒則例
外，是在細胞核內複製。嚴格來說，這類病毒有些
其實是雙極性的，也就是說，這些病毒的基因體某
些部分是正鏈，有些是負鏈。細菌和古菌中則未曾
發現過負鏈的RNA病毒。

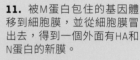

11. 被M蛋白包住的基因體
移到細胞膜，並從細胞膜冒
出去，得到一個外面有HA和
N蛋白的新膜。

12. 病毒從宿主細胞被釋放
出來。

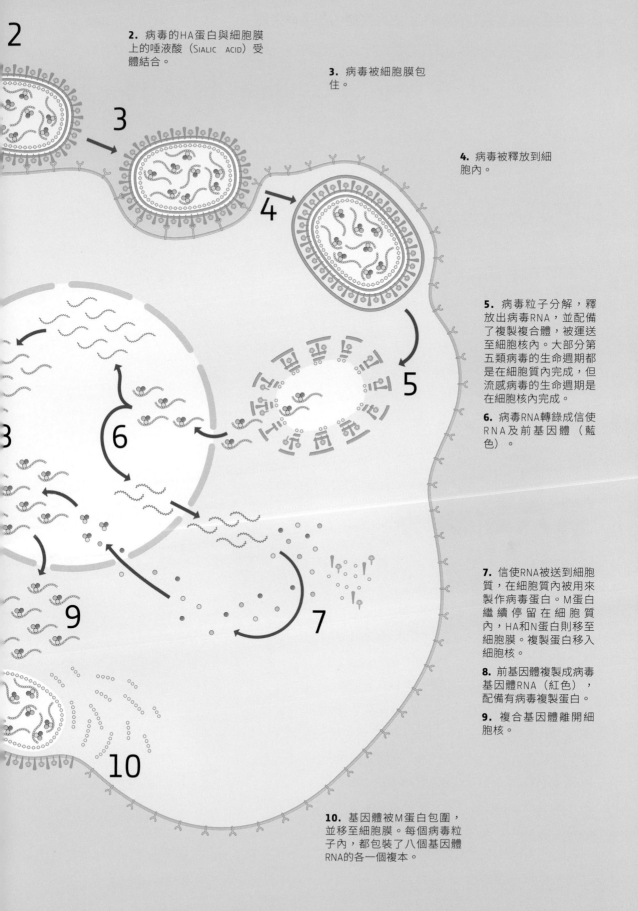

2. 病毒的HA蛋白與細胞膜上的唾液酸（Sialic acid）受體結合。

3. 病毒被細胞膜包住。

4. 病毒被釋放到細胞內。

5. 病毒粒子分解，釋放出病毒RNA，並配備了複製複合體，被運送至細胞核內。大部分第五類病毒的生命週期都是在細胞質內完成，但流感病毒的生命週期是在細胞核內完成。

6. 病毒RNA轉錄成信使RNA及前基因體（藍色）。

7. 信使RNA被送到細胞質，在細胞質內被用來製作病毒蛋白。M蛋白繼續停留在細胞質內，HA和N蛋白則移至細胞膜。複製蛋白移入細胞核。

8. 前基因體複製成病毒基因體RNA（紅色），配備有病毒複製蛋白。

9. 複合基因體離開細胞核。

10. 基因體被M蛋白包圍，並移至細胞膜。每個病毒粒子內，都包裝了八個基因體RNA的各一個複本。

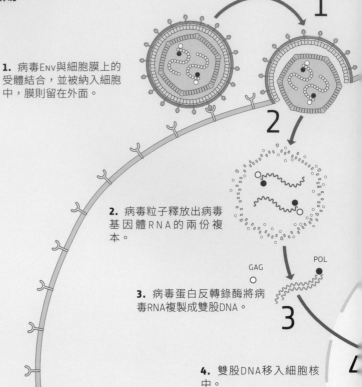

1. 病毒Env與細胞膜上的受體結合，並被納入細胞中，膜則留在外面。

2. 病毒粒子釋放出病毒基因體RNA的兩份複本。

3. 病毒蛋白反轉錄酶將病毒RNA複製成雙股DNA。

4. 雙股DNA移入細胞核中。

複製

第六類病毒

第六類病毒——反轉錄病毒——同樣擁有單股基因體。這類病毒以反轉錄酶將自己的RNA基因體複製成DNA。在複製之前，DNA複本會被插入宿主DNA的基因體。被插入的DNA接下來就會指揮製作信使RNA和基因體RNA。插入的複本通常就此停留在宿主的基因體中，而這若是發生在生殖細胞系（會產生卵子或精子的生殖組織）上，病毒就會變成「內源性」的。演化時常發生這種狀況。我們自己的基因體中，有5%到8%就是由內源性的反轉錄病毒構成，是幾百萬年累積下來的結果。到目前為止，只有在脊椎動物身上發現過活的這類病毒，不過其他許多基因體上也發現過內源性的相關反轉錄病毒序列。

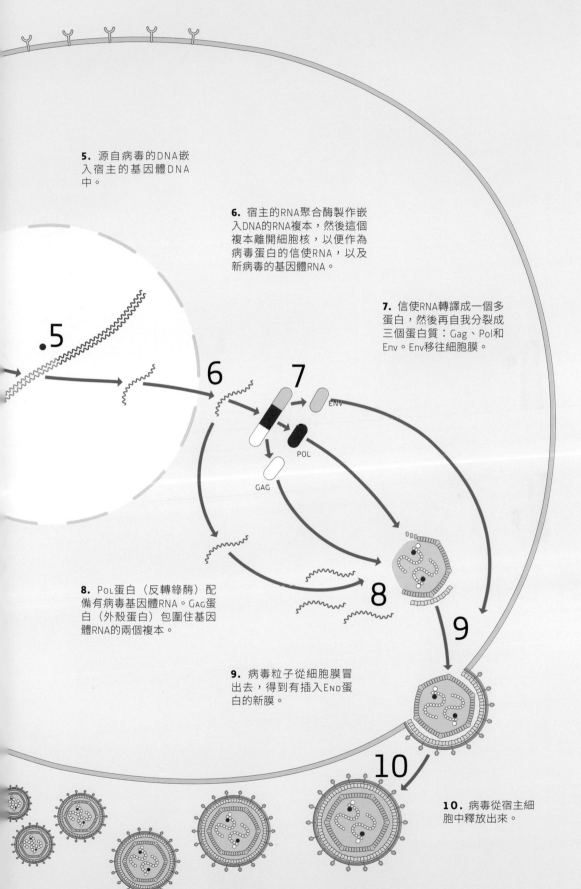

5. 源自病毒的DNA嵌入宿主的基因體DNA中。

6. 宿主的RNA聚合酶製作嵌入DNA的RNA複本，然後這個複本離開細胞核，以便作為病毒蛋白的信使RNA，以及新病毒的基因體RNA。

7. 信使RNA轉譯成一個多蛋白，然後再自我分裂成三個蛋白質：Gag、Pol和Env。Env移往細胞膜。

.5

6

7

ENV

POL

GAG

8. Pol蛋白（反轉錄酶）配備有病毒基因體RNA。Gag蛋白（外殼蛋白）包圍住基因體RNA的兩個複本。

8

9

9. 病毒粒子從細胞膜冒出去，得到有插入End蛋白的新膜。

10

10. 病毒從宿主細胞中釋放出來。

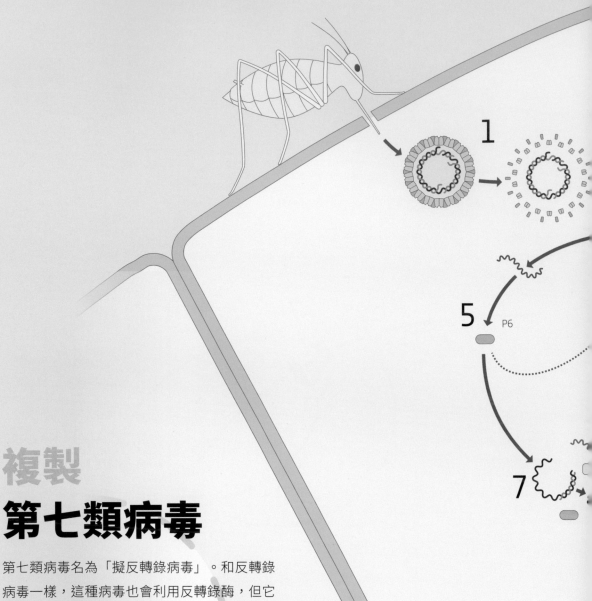

複製

第七類病毒

第七類病毒名為「擬反轉錄病毒」。和反轉錄
病毒一樣，這種病毒也會利用反轉錄酶，但它
們是把自己的基因體包裝成DNA，並利用宿主
細胞的機制轉錄成信使RNA，也轉錄成RNA前基
因體。會被反轉錄酶轉變回DNA的就是這個前
基因體。跟反轉錄病毒不同的是，這類病毒不
需要嵌入宿主的基因體中，雖然有些還是照樣
會嵌入。這類病毒大部分是在植物中找到的，
不過有一種是人類病毒，那就是B型肝炎病毒。
此外，也有其他哺乳動物的相關肝炎病毒。

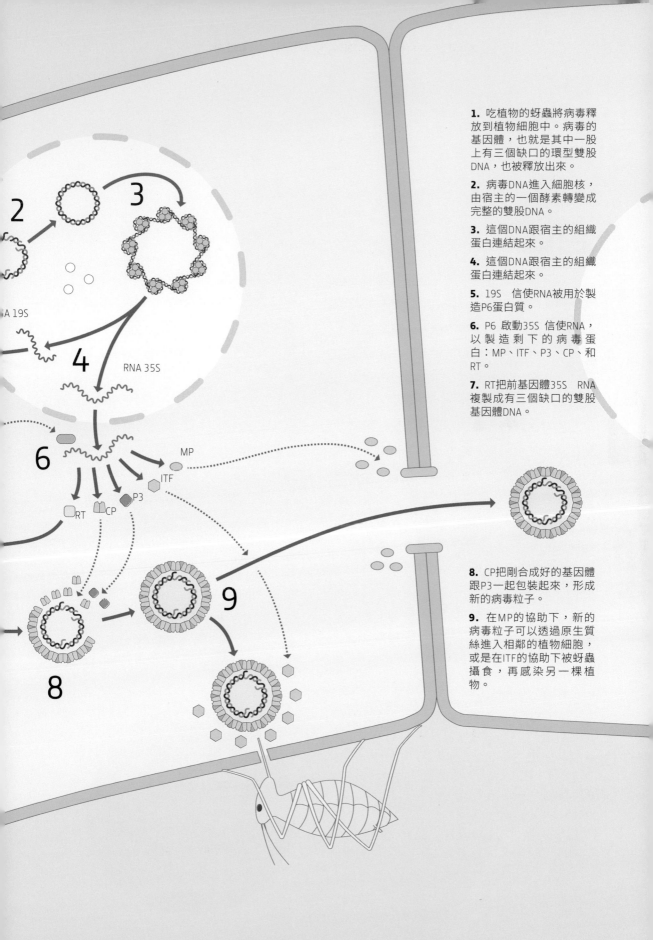

1. 吃植物的蚜蟲將病毒釋放到植物細胞中。病毒的基因體，也就是其中一股上有三個缺口的環型雙股DNA，也被釋放出來。

2. 病毒DNA進入細胞核，由宿主的一個酵素轉變成完整的雙股DNA。

3. 這個DNA跟宿主的組織蛋白連結起來。

4. 這個DNA跟宿主的組織蛋白連結起來。

5. 19S 信使RNA被用於製造P6蛋白質。

6. P6 啟動35S 信使RNA，以製造剩下的病毒蛋白：MP、ITF、P3、CP、和RT。

7. RT把前基因體35S RNA複製成有三個缺口的雙股基因體DNA。

8. CP把剛合成好的基因體跟P3一起包裝起來，形成新的病毒粒子。

9. 在MP的協助下，新的病毒粒子可以透過原生質絲進入相鄰的植物細胞，或是在ITF的協助下被蚜蟲攝食，再感染另一棵植物。

包裝

細胞以分裂的方式繁殖。一個細胞複製自己的基因體，然後分裂成兩個、兩個分裂成四個，就這樣一直下去。病毒的複製方式則非常不一樣，是一次複製好幾百個自己的基因體複本。有些病毒在一次感染循環中就能複製出上千億個複本。

病毒複製了自己的基因體之後，就將它包裝起來，準備送到新的細胞或新宿主身上。包裝既能保護病毒的基因體，也提供了一種進入新細胞的方法。病毒有許多種不同的包裝策略，我們也尚未了解全部的細節。有些病毒會組裝蛋白質外殼，然後在裡面注入基因體，有些是在基因體外面構築蛋白質外殼。當病毒離開宿主細胞時，有些病毒會帶走一小片細胞膜，用來當作覆蓋物。也有少數病毒根本沒有蛋白質外殼。這樣的病毒鮮少會移往到另一個新的細胞或宿主，或者根本就不會：它們是在宿主細胞分裂的時候繁殖，再透過種子或孢子傳遞到宿主的後代身上。這類病毒僅見於植物、真菌和名為卵菌類（「藻菌」）的生物身上。

小的、簡單的病毒會用重複的單一類型蛋白質做出包裝，組出像是螺旋形或20面體等美麗的幾何結構。較複雜的病毒可能會使用許多種不同的蛋白質。許多會感染動物的病毒，包裝表面也會有蛋白質，這有助病毒與細胞結合、進入細胞。對感染植物的病毒來說，這類蛋白質通常沒什麼用，因為植物有細胞壁，更難穿透。植物病毒必須使用其他手段，鑿穿細胞壁才能進入細胞。吃植物的昆蟲通常能執行這個功能，牠們在植物體上鑽洞吸食汁液之際，也送了一大堆病毒到植物細胞裡。

真菌會染上的病毒通常具有包裝，但不會在細胞之間移動，也不會移到其他宿主身上。

L-A釀酒酵母病毒

感染昆蟲的病毒有不同的包裝方式，因為這類病毒通常也會感染另一類型的宿主，如植物或哺乳動物。

無脊椎動物虹彩病毒

植物有細胞壁，所以感染植物的病毒通常會包裝在非常穩定的結構裡面，讓病毒能在找到下一個宿主之前存活。

包裝的過程是非常特定的。除了某些病毒會在生命週期內把自己嵌入宿主的基因體之外，其他的病毒通常不會把宿主的遺傳物質納入自己的病毒體。病毒若是有好幾個基因體片段包裝在一起，通常所有病毒粒子都會擁有完整的全套片段。這可能是多達11或12個不同的RNA或DNA分子。

有些病毒粒子非常穩定。例如，跟菸草鑲嵌病毒有親緣關係、可在如甜椒之類的食物中發現的病毒，就能通過人類的消化道而毫髮無傷。犬小病毒是對家犬非常有害的病原體，能停留在土壤中超過一年都還有感染力。其他病毒則非常不穩定，基本上都需要宿主之間有直接接觸才能傳染。有外膜的病毒通常不是很穩定，因為外膜一乾掉就很容易受影響。

菸草鑲嵌病毒

哺乳動物病毒的包裝很多樣，通常是包在一層膜中，協助病毒進入新的細胞。

流感病毒

傳播

病毒從一個宿主身上前往下一個宿主身上的方式很多。主要的傳播方式有兩種：水平傳播，也就是從一個宿主到另一個；以及垂直傳播，也就是從親代到子代。有經過深入研究的病毒大多是水平傳播的，或是水平和垂直傳播都會。人類免疫不全病毒，也就是造成愛滋病的 HIV-1，就是兩種傳播方式都有的好例子。讓我們生病的病毒大多是水平傳播——從一個人傳到另一個人。反之，大部分的野生植物病毒都是透過種子垂直傳播，跟大部分的作物病毒不同。因為宿主在農業上不重要，也鮮少出現、甚至沒有病毒感染的症狀，所以這樣的垂直傳播病毒還沒有受到很多研究。

水平傳播是新宿主吸入空氣中的病毒粒子、或接觸到含病毒的飛沫或表面時發生的。流感病毒就是這樣從一個宿主傳到另一個宿主。病毒也可以透過直接的身體接觸傳播：有些病毒是透過性接觸來傳播。每種病毒通常各有特定的傳播方式。

許多病毒會利用中間宿主或傳播媒介來傳播。這通常是蚊子之類的昆蟲，或是蟎、蜱等蛛型綱動物。植物病毒幾乎都是靠媒介傳播，通常是昆蟲，但也有真菌、線蟲（土壤中的長條型小軟體動物，別跟蚯蚓搞混了）、寄生植物、農業機具、甚至是人類。植物也可以是傳播媒介，具有昆蟲訪客帶來的病毒。

下左：吸過血的白線斑蚊。許多種病毒都是靠蚊子傳播，可能也會在蚊子體內複製。

下中：植物病毒通常仰賴昆蟲傳播，如這些粉蝨。有些病毒可以在昆蟲體內存活很

長一段時間，甚至還能複製，但也有些病毒只能存活一個小時左右。

下右：感冒病毒可能引發噴嚏，藉此傳播到新宿主身上。

了解傳播媒介所扮演的角色，是研究新興疾病生命週期與找出阻止疾病擴散方法的關鍵。傳播媒介的角色是新興疾病最重要的變因之一，尤其是因為病毒也可能找到新的傳播媒介。屈公病毒就提供了很好的病史。最早對這種病毒的描述是在1952年的坦尚尼亞，由蚊子傳播，而這種蚊子也會傳播登革熱與黃熱病，本來只對非洲部分地區的人造成威脅。現在這種病毒已經演化成可以由親緣關係相近的物種——白線斑蚊——傳播，而這種蚊子已經著屈公病毒從亞洲擴散到歐洲和美洲。

傳染媒介也是會改變的。傳染黃熱病的埃及斑蚊原生於非洲森林，在不流動的水體中產卵，特別喜歡樹洞。由於容易感染的人類移居到開發中世界迅速發展的城市，這種蚊子也跟著遷移，並帶著體內的病毒一起走。結果，登革熱尤其在全世界的熱帶與副熱帶地區爆發，並且在新環境中迅速演化。植物也同樣受不斷改變的傳染媒介所苦。特定類型的粉蝨散播全球，導致會造成多種嚴重農作物疾病的雙生病毒科興起。氣候變遷也可能造成昆蟲宿主的分布範圍擴張，進而跟著影響這些病媒昆蟲傳播的病毒的地理分布。

上：像綿羊之類吃草的動物，可傳播某些穩定型的植物病毒。農業機具或割草機也能起到類似的作用。

病毒的生活型態

病毒和宿主的關係非常親密。病毒生命週期中的每一個階段,都必須完全仰賴細胞才能完成。儘管我們常認為病毒都是病原體——也就是疾病的媒介,但病毒未必都是有害的。大部分的病毒可能都是共生的,也就是說,會在不造成傷害的狀態下從宿主身上取得所需。有些病毒和宿主是互利共生的,為宿主提供不可或缺的好處,同時也從宿主身上取得利益。

穩定的宿主和病毒關係,是病毒可以在盡量不傷害宿主的情況下利用宿主的細胞。若是引起疾病,對病毒和宿主來說都是不好的。病毒在生病的宿主體內可能無法像在健康宿主體內那樣複製,尤其是生病的宿主也比較不可能跟其他潛在宿主在一起。在可以傳播更多病毒之前就把宿主殺死,對病毒來說顯然是壞消息,對宿主也是。

會造成嚴重疾病或致死,代表宿主與病毒之間的關係仍處於幼年動盪的陣痛期,宿主和病毒都還沒有機會彼此適應。舉例來說,人類免疫不全病毒HIV會讓人病得很嚴重,就是因為這種病毒才剛剛開始感染人類。這種病毒是從猴子跳到黑猩猩、再「跳」到人類身上的。在

下：如這隻非洲黃嘴鴨之類
的水鳥，通常都感染了不會
造成疾病的流感病毒。只有
在流感病毒「跳」到新的宿
主（如豬或人類）身上時，
疾病才會發作。

猴子身上的是HIV的最近緣病毒「猴類免疫缺陷病毒」（Simian immunodeficiency virus, SIV），這種病毒與猴子相安無事地共同生活，不會讓猴子宿主生病——跟人類身上的HIV-1不一樣。

有些病毒還蠻常在宿主之間跳來跳去的。流感就是個好例子。流感的天然宿主是水鳥，也不會造成水鳥生病——但萬一跳到家禽和人類身上，就可能致命。另一方面，脊髓灰質炎（即小兒麻痺症）病毒除了人類之外並沒有其他宿主，感染人類也已經有好幾個世紀的歷史了。因此可能有人會認為，人類對小兒麻痺症應該會自然免疫，就像水鳥對流感免疫一樣。事實上，在20世紀之前確實是如此。在那之前，大部分的人在嬰兒時期就會感染小兒麻痺病毒，也鮮少出現病癥，之後就免疫了，不會再次感染。小兒麻痺病毒是經由飲用水傳播，而自從飲用水廣泛加氯消毒以後，嬰兒就不再有機會接觸到環境中的小兒麻痺病毒了。等他們長大一點才接觸到病毒，就已經沒有了天然的免疫力，因此會受到這種疾病的完整威力摧殘，產生殘疾的可怕後果。

過去20年來，病毒學家開始在野外尋找病

病毒的生活型態

毒，而不是只在人類與馴養的動植物身上尋找。他們最先找的地方是海洋。地球表面有超過三分之二由海洋覆蓋，而每毫升海水中，就有約1000萬顆病毒。海洋中的所有病毒，一定比所有已知星系裡的恆星還多。生活在海洋中的病毒對碳循環至關重要。被這些病毒感染的大部分都是細菌或其他單細胞生物，而且每天至少有25%會被病毒殺死。這些生物被病毒殺死時會爆開，殘骸則被其他生物吃掉。若是這類細胞死亡，卻沒有破裂，通常會沉到海底，體內的碳也就此深埋海底，不再屬於這個活生生的世界。

　　解讀人類與其他生物基因體的完整DNA序列（也就是核苷酸排列順序）的競賽，帶來了科技上的重大進展。在1980年代，一位全職的研究人員每天只能判斷幾千個核苷酸的順序，但現在我們只要用一個實驗，就能確定幾十億個核苷酸。病毒學家利用這種技術，在你想像得到的各種地方尋找病毒，從野生動植物到細菌、廢水、土壤、甚至排泄物都有。結果發現：病毒真的無所不在，大部分都是靜靜地生活，也不會對宿主造成傷害。在植物和真菌體內的病毒，似乎都只會垂直傳播，也就是從親代傳給子代。這些病毒會待在宿主體內許多個世代，有將近百分之百的垂直傳播率。這些病毒有為宿主提供

任何好處嗎?雖然似乎很有可能,其中也有一些病毒顯然是有益的,但我們對這些病毒仍不是非常了解,無法確定這是否為一般現象。

有些病毒是真正的互利共生,也就是說,它們對宿主有益。這種生活型態可能很普遍,但只有少數經過深入研究。其中一種跟小鼠的多種疱疹病毒有關,這些病毒似乎可以保護宿主不受幾種細菌感染,包括鼠疫。有個比較奇特的案例是一種生活在真菌體內的病毒,這種真菌又活在植物體內。若是沒有這種病毒,無論是真菌或植物都無法在美國黃石國家公園內的地熱土壤裡生存。有些寄生性昆蟲的卵,若沒有所需的病毒就無法發育。還有一種病毒,會讓攝食植物的蚜蟲在植物上蚜蟲太多時長出翅膀。細菌和酵母菌會利用病毒殺死競爭者,占領新的地盤。隨著我們對病毒的了解愈來愈深入,尤其在遠離了傳統的醫學與農業戰場之後,生命不可思議交纏在一起的病毒與宿主名單,也只會愈來愈長。

左:像美國黃石國家公園內的這種地熱土壤,對植物來說是很嚴酷的環境,但在真菌及真菌體內的病毒協助之下,植物就能生長在遠超出一般植物所能忍耐的高溫土壤中。

免疫

所有細胞生物都有某類型的免疫系統，可避免病毒感染，或是在被感染之後促進恢復。免疫主要有兩種：「先天」和「後天」。

　　每種生物用來對抗入侵者的防禦機制中，幾乎都有某種形式的「先天」免疫。後天免疫則更複雜一些。身體會「記得」感染，若是未來再度感染，就能迅速回應。疫苗接種就充分地利用了這個原則。人類和許多動物都演化出後天免疫，細菌和古菌也是。植物也有某種形式的後天免疫，但和動物後天免疫的作用方式非常不一樣。

　　先天免疫的機制可能非常簡單，像是可以阻止病毒進入身體的屏障，如皮膚、鼻內黏膜、能清洗眼睛的淚水，還有消化道中的酸和消化酵素。當這些屏障失效，就會啟動更複雜的先天免疫。化學哨兵回應感染，啟動名為發炎的反應。血液流入遭感染的部位——所以感染處周圍的皮膚才會紅紅的。名為巨噬細胞（意思就是「大食客」）的白血球細胞蜂擁而上，吞噬並消化掉異物。體溫或許會大幅升高，可能是局部、也可能是像發燒那樣全身性的。高溫是對抗病毒的良好防禦，因為很多病

下：人類紅血球和一顆白血球的掃描式電子顯微鏡照片。各種白血球是人類免疫系統的重要組成。

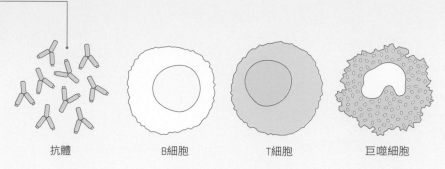

人類的免疫

人體免疫系統的組織與細胞：專門攻擊入侵異物的抗體、B細胞製造抗體、T細胞協助免疫反應、巨噬細胞吞噬並消化外來物質。

抗體　　B細胞　　T細胞　　巨噬細胞

毒能忍受的溫度範圍都不是很廣，如果環境太熱就無法複製。

　　除了先天免疫以外，大部分生物也都有適應性免疫系統，也就是後天免疫，是針對特定的入侵病原體量身打造的。在人類和其他脊椎動物的發育過程中，會牽涉到一種複雜的過程，讓適應性免疫系統學會認識「自己人」──也就是生物體中的正常組成──並加以排除，以免未來又被適應性免疫系統認出來。這代表之後任何進入人體的東西，都會被視為「不是自己人」，並且會特別針對這些入侵者製造抗體，加以毀滅。當人體遇到不是自己人的實體時，適應性免疫系統就會記住這個東西，期間從一年到一輩子不等。這個系統通常運作得非常好。然而病毒也發展出許多聰明的對策，以避開先天與後天免疫。病毒可能會躲在細胞裡，以非常緩慢的速度複製，讓宿主不會注意到。病毒也可能模仿宿主細胞，這樣就不會被認出是入侵者。或者病毒也可能瞄準免疫系統的細胞，癱瘓原本該擊退病毒的免疫系統。

　　植物的免疫系統則非常不一樣。對病毒的先天反應，有時候對病毒和植物宿主來說都是很獨特的。例如有些病毒會觸發植物體的反應，把病毒圍堵在最初感染的細胞內，以免病毒移往其他組織。這就是所謂的「局部病斑反應」，有時會在原始的感染部位周邊造成黃色

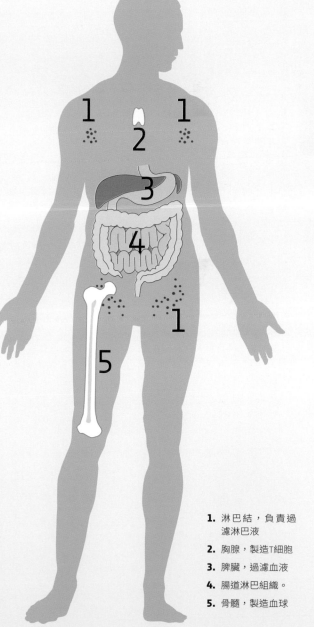

1. 淋巴結，負責過濾淋巴液
2. 胸腺，製造T細胞
3. 脾臟，過濾血液
4. 腸道淋巴組織。
5. 骨髓，製造血球

免疫

斑點，或是殺死感染病毒周邊的細胞，留下死掉組織，因此形成斑點。有些病毒會觸發一種也會影響到其他病原體的先天反應，讓植物先抵禦其他入侵者。這個過程跟水楊酸的合成有關。水楊酸是一種在柳樹皮中含量很高的分子，美洲原住民會用來退燒和治療疼痛。在19世紀晚期，拜耳公司的科學家研發出了這種化合物的合成型態，也就是我們所知的阿斯匹靈。

植物的適應性抗病毒免疫最初在1930年代早期得到證實。以溫和的病毒株為植物接種，能保護植物不受更嚴重的其他同種病毒株感染。在有基因工具之前，這種方法也會被用來辨認病毒：如果A病毒可以提供交互保護、使植物不受B病毒感染，就會被視為是同一種病毒的不同病毒株。直到1990年代，科學家才研究出這類免疫的分子基礎。結果發現，植物也有一種名為「RNA靜默」的適應性免疫反應。當病毒在感染植物的時候，通常會產生具雙股RNA的大分子。這種獨特的核酸形式會觸發植物體內的某種機制，把這些大分子切成非常小的片段，然後與病毒RNA結合，並針對病毒RNA使之降解。儘管這是針對特定病毒所準備的適應免疫，但植物似乎不會把記憶輸入這個系統。病毒（當然）也演化出各式各樣的詭計來抵擋這個系統。有些病毒會製造蛋白質，擋住RNA靜默機制的各種組成。也有些病毒會設法隱藏自己的雙股RNA，避免被發現。

結果發現，這種以RNA為目標發展的適應免疫並不是植物所獨有。在真菌、昆蟲和其他某些動物如線蟲身上，也都有不同形式的這類免疫。這些生物同時也有先天免疫，包括預防感染的實體屏障，而在昆蟲身上，還有很多跟動物的先天免疫很像的反應。真菌跟植物一樣，常感染非常穩定、長期由親代遺傳給子代的病毒。這些病毒可能會、也可能不會受真菌的免疫系統影響，但如果真的有免疫反應，也

植物免疫

大部分植物病毒是經由破壞細胞壁後形成的傷口進入宿主體內。植食性昆蟲就是最常見的入侵手段。植物有好幾種可以對抗RNA病毒的免疫反應，此處列出其中三種，而這些免疫反應也會因植物而異。

左頁：有些植物使用的病毒免疫反應會殺死被病毒感染的細胞，在葉片上留下小小的死點，就像這株藜屬植物的葉子一樣。

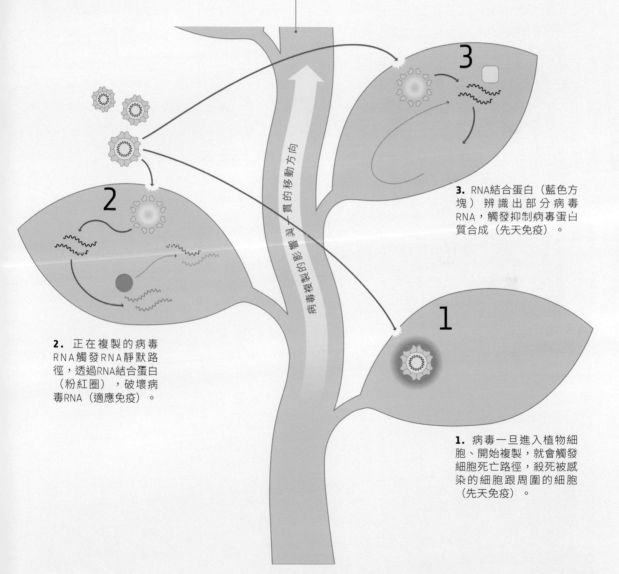

病毒複製的影響與一貫的移動方向

3. RNA結合蛋白（藍色方塊）辨識出部分病毒RNA，觸發抑制病毒蛋白質合成（先天免疫）。

2. 正在複製的病毒RNA觸發RNA靜默路徑，透過RNA結合蛋白（粉紅圈），破壞病毒RNA（適應免疫）。

1. 病毒一旦進入植物細胞、開始複製，就會觸發細胞死亡路徑，殺死被感染的細胞跟周圍的細胞（先天免疫）。

免疫

不足以清除掉病毒感染。某些有趣的研究顯示，昆蟲的免疫系統並不會清除那些複製循環很長的病毒感染，而是容許這些病毒維持低濃度的感染。

細菌和古菌的免疫系統，則是以每種細菌各自不同的酵素掃描外來DNA，並以特定的迴文序列切斷。迴文是一段從頭往後讀或從尾往前讀都一樣的東西，像是「上海自來水來自海上」之類。DNA的迴文看起來如下：

5′GAATTC3′
3′CTTAAG5′

這段序列是Eco RI酵素獨有的，這是一種來自大腸桿菌（Escherichia coli，簡稱E. coli）的酵素。這種所謂的「限制」酶，是分子生物學家用了幾十年的好用工具，因為它可以測繪出DNA的序列。另外一種更晚期才發現的細菌免疫系統就是CRISPR系統，這是一種有記憶的後天免疫系統。CRISPR是clustered regularly interspaced short palindromic repeats的簡寫，直譯過來就是「群聚且有規律間隔的短迴文重複序列」。遭到病毒感染以後，可能會有小段病毒基因體嵌入宿主基因體的特定部位，可以在稍後啟動、製作能分解進入的相關病毒的小RNA。這個系統跟植物、昆蟲、真菌的小RNA免疫有點類似，但細節非常不同。CRISPR系統在科學界掀起一股浪潮，因為這個系統讓科學家得以瞄準任何生物體內想要的DNA序列，剪輯它的基因體。

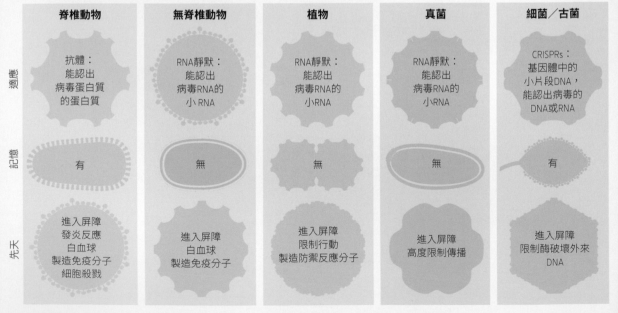

	脊椎動物	無脊椎動物	植物	真菌	細菌／古菌
適應	抗體：能認出病毒蛋白質的蛋白質	RNA靜默：能認出病毒RNA的小RNA	RNA靜默：能認出病毒RNA的小RNA	RNA靜默：能認出病毒RNA的小RNA	CRISPRs：基因體中的小片段DNA，能認出病毒的DNA或RNA
記憶	有	無	無	無	有
先天	進入屏障 發炎反應 白血球 製造免疫分子 細胞殺戮	進入屏障 白血球 製造免疫分子	進入屏障 限制行動 製造防禦反應分子	進入屏障 高度限制傳播	進入屏障 限制酶破壞外來DNA

基因體內的病毒「化石」

研究地球生物的早期歷史，必須透過可回溯至35億年前的化石遺骸。病毒太小，沒有留下任何看得到的化石，所以我們對病毒的早期歷史所知不多。然而研究發現，病毒將自己的基因體嵌入宿主體內已有非常久的時間，可能從地球生命誕生之初就開始了。原本以為只有反轉錄病毒會這樣，但現在我們已經知道，有許多病毒都會把自己嵌入宿主體內。只要仔細研究基因體，就能找出這些源自病毒的序列。現代的基因體有多少是源自病毒？科學家各有不同的估計，但人類基因體中至少有8%是源自反轉錄病毒，而其他種類的病毒序列都還沒算進來。

比較親緣物種基因體內發現的病毒序列，可以找到這些遠古病毒的線索，以及它們可能在何時進入宿主體內。舉例來說，如果我們在所有大型猿類的基因體內都找到了某個病毒序列，但其他靈長類則沒有，就能假定這個病毒是在大猿從靈長類分支出來之後才嵌入的。有些類似病毒的序列，是由範圍廣大的多樣宿主所共有，從人類到號稱活化石的原始魚類腔棘魚都有。對這類基因體內病毒序列的研究，催生了一個嶄新且迅速擴張的領域，稱為「古病毒學」。

腔棘魚基因體內的泡沫病毒（foamy virus）元素

泡沫病毒是一種反轉錄病毒，會感染許多種哺乳動物，有時候會變成內源性的。這張圖表顯示的是泡沫病毒與宿主之間的關係。因為宿主的演化樹（左）和病毒的演化樹（右）相符合，所以我們知道這種病毒和宿主是一起演化的。

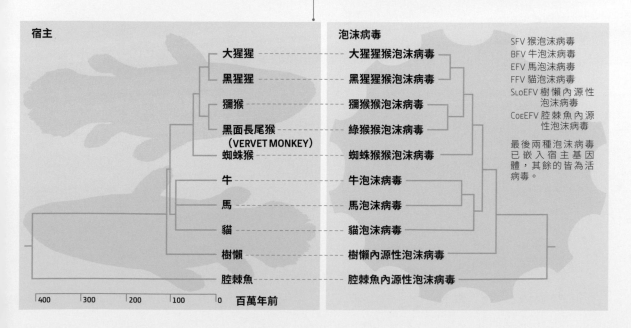

宿主

大猩猩
黑猩猩
獼猴
黑面長尾猴（VERVET MONKEY）
蜘蛛猴
牛
馬
貓
樹懶
腔棘魚

400　300　200　100　0　　百萬年前

泡沫病毒

大猩猩猴泡沫病毒
黑猩猩猴泡沫病毒
獼猴猴泡沫病毒
綠猴猴泡沫病毒
蜘蛛猴猴泡沫病毒
牛泡沫病毒
馬泡沫病毒
貓泡沫病毒
樹懶內源性泡沫病毒
腔棘魚內源性泡沫病毒

SFV 猴泡沫病毒
BFV 牛泡沫病毒
EFV 馬泡沫病毒
FFV 貓泡沫病毒
SLoEFV 樹懶內源性泡沫病毒
CoeEFV 腔棘魚內源性泡沫病毒

最後兩種泡沫病毒已嵌入宿主基因體，其餘的皆為活病毒。

人類病毒

簡介

　　這個章節的病毒稱為人類病毒，因為這些病毒都是從人類感染的角度去研究的。然而，會感染人類的病毒通常也會感染其他動物，有時也會感染攜帶病毒的昆蟲。有些病毒可能是以動物或昆蟲為主要宿主，到了人類宿主身上只會造成終端感染。這代表那些病毒無法人傳人。但在這個章節，我們還是將它們界定為人類病毒，因為它們是因為感染了人類才出名的。

　　這個章節收錄了多種人類病毒，入選是因為大部分人都聽說過，或因為對病毒學、免疫學與分子生物學很重要，或因為具有獨特的特徵，格外有趣。

　　人類病毒的生態跟其他宿主與帶原者的生態緊緊相繫。在某些例子裡，這是病毒故事中很有趣的一部分。只有很少數的病毒是以人類為唯一宿主——最值得一提的就是造成天花的天花病毒以及小兒麻痺病毒。這些病毒並沒有會攜帶病毒的動物宿主，所以照理來講應該可以根除。事實上，因為疫苗的關係，天花已經被消滅了，但到目前為止，小兒麻痺卻依然存在。其中一個原因是：天花疫苗所使用的是另一種病毒，而小兒麻痺症疫苗用的通常還是小兒麻痺病毒的減毒版本。這意味著還是會有活病毒從疫苗中跑出來。野生的小兒麻痺病毒現在已經非常少見了，但還是可能出現在世界的某些偏遠地區。

　　這個章節還收錄了一種不會致病的病毒，那就是纖鏈病毒。這種病毒當然不是唯一的非病原體人類病毒，不過卻是最出名的。因為大部分的病毒研究都是從疾病的角度切入，所以我們對這些非致病性的病毒所知不多。本書的其他章節中也收錄了更多不會造成疾病的病毒。

類別	四
目	未分配
科	披衣病毒科Togaviridae
屬	阿爾發病毒屬Alphavirus
基因體	線型、單一片段、約1萬2000個核苷酸構成的單股RNA，透過一個多蛋白編碼九個蛋白質
地理分布	源自非洲，再擴散到亞洲及美洲，歐洲有零星案例
宿主	人類、猴，可能還有齧齒類、鳥類和牛
相關疾病	屈公病
傳播方式	蚊子
疫苗	研發中

屈公病毒
Chikungunya Virus
新興人類病原體

行遍天下的病毒 屈公病毒源自非洲，在當地感染的是靈長類，偶爾也會循環到人類身上。這種病毒在1950年代抵達亞洲，在那裡存在了幾十年。從2004年開始，這種病毒又移到歐洲部分地區和印度洋周邊國家，而從2013年起，也出現在美洲。屈公病毒的迅速出現，跟這種病毒的蚊子帶原者關係密切。直到非常近期，屈公病毒都還是由名為埃及斑蚊（*Aedes aegyptii*）的蚊子在靈長類與人類之間傳播，而這種蚊子只分布於熱帶與副熱帶氣候區。最近，這種病毒獲得了由白線斑蚊（*Aedes albopictus*）傳播的能力。在病毒身上發生這樣的改變是很罕見的，對病毒出現在新宿主或新分布地區來說，則非常重要。白線斑蚊原本源自亞洲，現在已經入侵世界許多地方，並在溫帶氣候區興盛繁衍。這代表這種病毒已經不再局限於熱帶氣候，可以散播到溫帶地區了，而屈公病也開始出現在歐洲和美洲。這種疾病能擴散到世界各地，主要是因為被感染的人旅行到全球各地。

感染這種病毒的人，大部分都會出現突然發燒和關節劇痛等症狀，甚至在感染清除之後，還可能會繼續痛上幾個月、甚至幾年。也是這種關節痛，讓這種病毒有了這個名字：在馬孔德語（Makonde）中，Chikungunya就是「彎起來」的意思。其他症狀可能有頭痛、皮疹、結膜炎、噁心及嘔吐。在某些疫情中常出現慢性症狀，包括關節與肌肉疼痛。在疫苗研發出來之前，最好的對策就是預防，而這就需要好好控制蚊子。斑蚊仰賴積水才能繁殖，並且非常適應城市環境。控制斑蚊需要隨時注意清空如花盆或舊輪胎等小容器裡面的積水。

A 剖面圖
B 外觀

1 套膜蛋白三聚體
2 脂質包膜
3 外殼蛋白
4 端帽結構
5 單股基因體RNA
6 多腺核苷酸尾

右：這幅穿透式電子顯微鏡影像中，可見感染細胞內如晶體般排列的**屈公病病毒**粒子。病毒的中央核外有一層膜包裹。

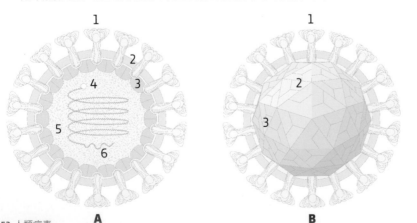

A **B**

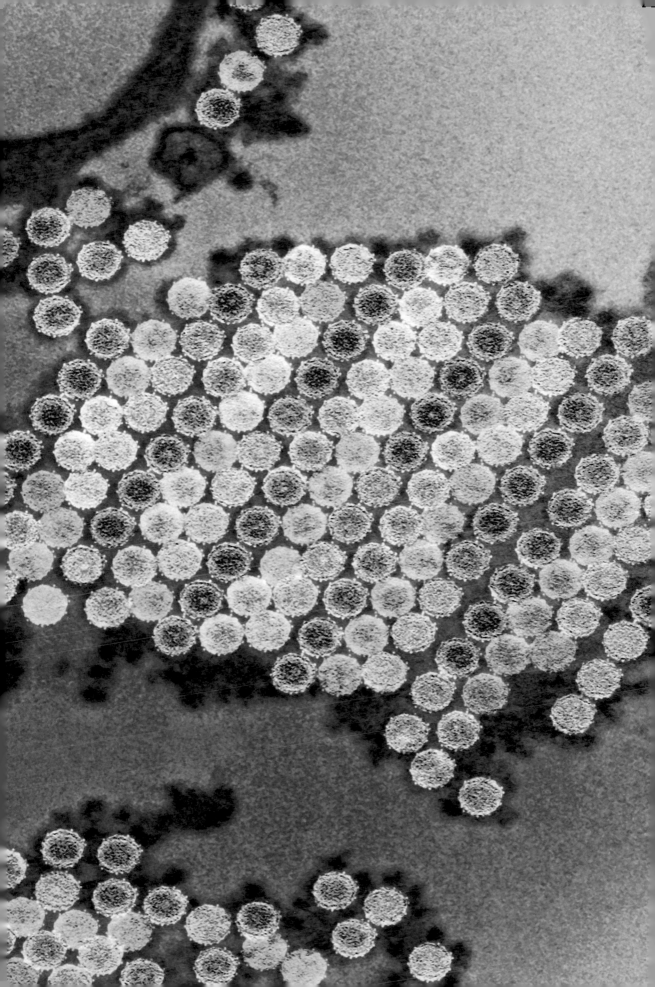

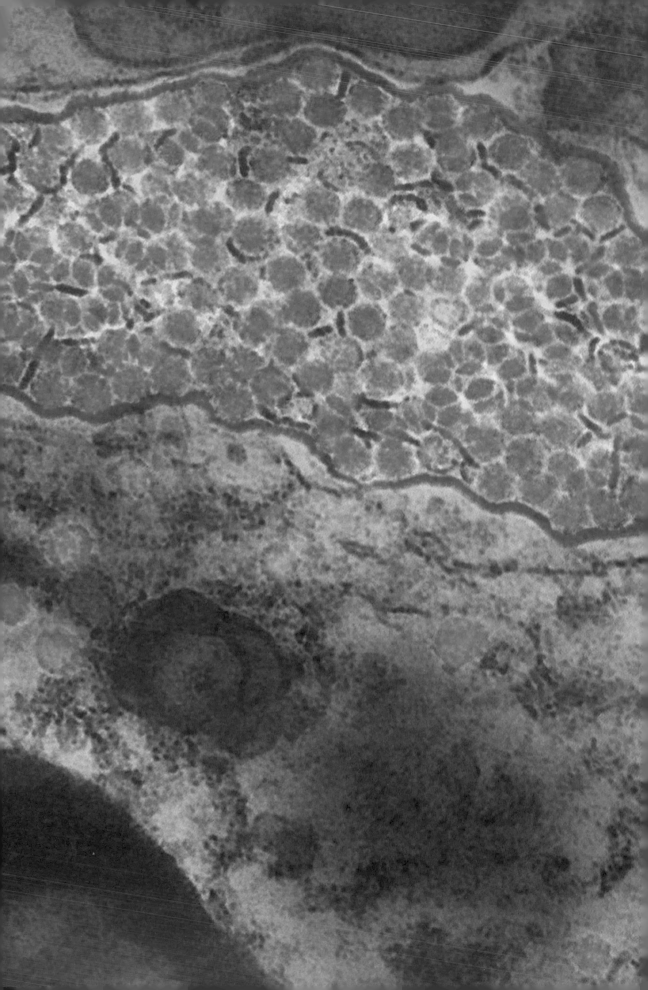

類別	四
目	未分配
科	黃熱病毒科Flaviviridae
屬	黃熱病毒屬Flavivirus
基因體	線型、單一組成、約1萬1000個核苷酸的單股RNA，透過一個多蛋白編碼10個蛋白質
地理分布	全球熱帶與副熱帶地區
宿主	人類、其他靈長類
相關疾病	登革熱、出血性登革熱
傳播方式	蚊子
疫苗	有好幾種正在研發中，但都還沒上市

登革熱病毒
Dengue Virus
熱帶與副熱帶的病毒

迅速演化的威脅 有一份中國古代文獻提到一種很像登革熱的疾病，但這種疾病第一次爆發的記錄是在18世紀晚期，而亞洲、非洲和美洲也幾乎都在差不多的時間爆發。這種病毒由埃及斑蚊傳播。到了1950年代，這種病毒開始更加頻繁地出現，登革熱的發生率也穩定上升。這可能是第二次世界大戰之後的變化所導致的，因為當時有許多人從鄉村移居到城市地區。病媒蚊特別適應城市環境，因為這種蚊子在積水中繁殖，像是積在舊輪胎、沒有用的瓶瓶罐罐和其他廢棄容器中的雨水。這種蚊子無法在寒冷氣候存活，所以這種疾病僅限於全球的熱帶和副熱帶地區。日益增加的全球旅行也助長了登革熱的流行。現在這種疾病已經是全球最值得關注的蚊子傳播病毒，每年影響約3億9000萬人，而地區性的高感染率，則會造成出血性登革熱。

世界各地流行的登革熱共有四種病毒株，但許多地方都只有一種主要流行的病毒株。大部分人在感染時症狀並不明顯，但有時也會造成發燒和嚴重的關節疼痛，甚至進展成出血性登革熱，這是非常嚴重的疾病，致死率將近25%。在病毒輪流於非人類靈長動物與鄉村人類居民之間循環的地區，會有新的病毒株出現，再加上病毒傾向於迅速演化，就是疫苗難以研發的兩大原因。控制蚊子是唯一的預防手段。

A 剖面圖

1 E蛋白二聚體
2 基質蛋白（Matrix protein）
3 脂質包膜
4 外殼蛋白
5 單股基因體RNA
6 端帽結構

左：透過穿透式電子顯微鏡，可看到細胞中的登革熱病毒粒子（藍色），被包在有一層膜、名為「空泡」（紫色）的結構中。

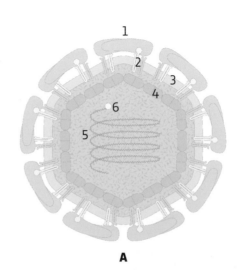

A

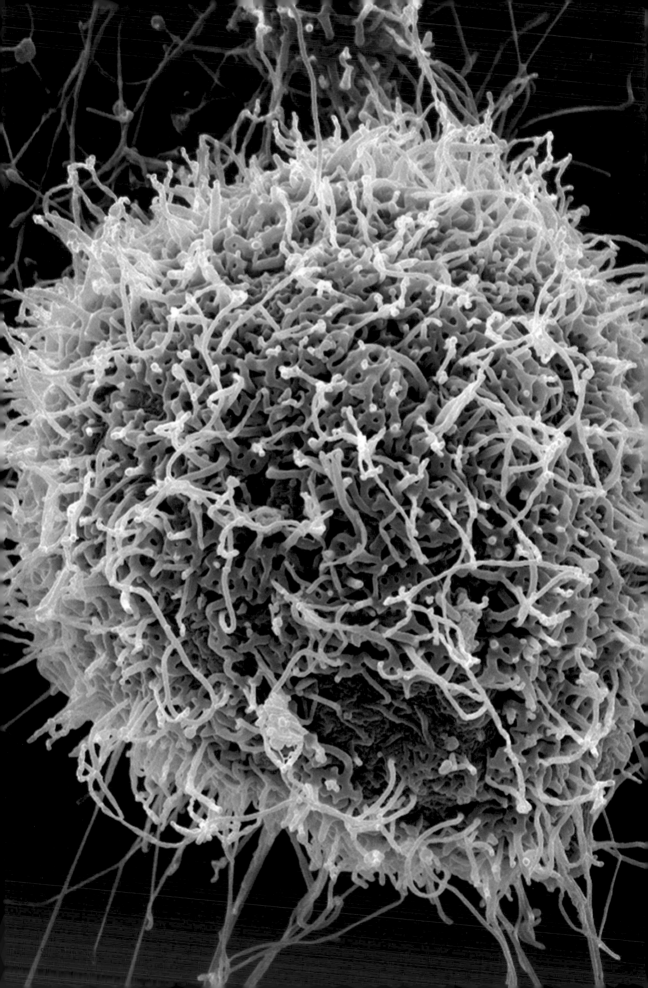

類別	五
目	單股負鏈病毒目 Mononegavirales
科	絲狀病毒科 Filoviridae
屬	伊波拉病毒屬 Ebolavirus
基因體	線型、單一組成、有1萬9000個核苷酸的單股RNA，編碼八個蛋白質
地理分布	中非與西非
宿主	人類、其他靈長類，可能還有蝙蝠
相關疾病	伊波拉出血熱
傳播方式	體液
疫苗	實驗性DNA疫苗、實驗性基因重組疫苗

伊波拉病毒
Ebola Virus
熱帶與副熱帶的病毒

因現代旅行而愈發複雜的高度傳染性疾病 人類感染伊波拉病毒的最早報告出現在1970年代中期。當時的疫情規模相對較小（通常不到100人）但非常致命，致死率超過80%。最近一次爆發是在2013到2015年的西非，有超過2萬8000人感染、超過1萬1000人死亡。控制這次伊波拉疫情最重要的因素是公眾教育，加上適合的治療中心數量增加。在中非與西非不同地區爆發的幾次疫情中，也發現了幾種有親緣關係的伊波拉病毒株。這種病毒除了感染人類以外，也能感染靈長類並使靈長類生病。伊波拉病毒的野外天然宿主不明，不過曾發現帶有病毒卻沒有症狀的蝙蝠，因此蝙蝠是最可能的野生保毒動物。伊波拉病毒的傳播需要直接的體液接觸，並沒有找到病媒動物，也不會透過空氣傳播。這種疾病非常嚴重，在末期常造成出血熱。若提高警覺，這種疾病是可以迅速控制的，但需要有強大的醫療基礎建設。有親緣關係的雷斯頓伊波拉病毒（Reston ebolavirus）出現在從菲律賓進口到美國研究實驗室的猴子身上。雷斯頓伊波拉病毒並不會感染人類。馬堡病毒（Marburg virus）是另一種有親緣關係的病毒，會在人類和其他靈長類身上引起類似症狀，也是一些科幻小說和電影的發想基礎。

伊波拉病毒的病毒體又細又長，其中一個基因可以製造出兩個不同的蛋白質，因為RNA在轉錄之後會被編輯。這是伊波拉病毒製造額外蛋白質的獨特方式。伊波拉病毒外面覆蓋著一層套膜。這種病毒會透過套膜上的醣蛋白連接宿主細胞，然後在細胞質中複製，並壓抑宿主的免疫系統，但關於伊波拉病毒的生命週期，有許多細節還不清楚。

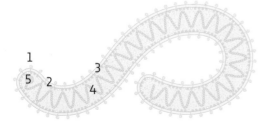

A 剖面圖	**1** 醣蛋白
B 外觀	**2** 脂質包膜
	3 基質蛋白
	4 環繞單股RNA基因體的核蛋白
	5 聚合酶

左：圖中的伊波拉病毒正從宿主細胞（病毒以藍色顯示）中鑽出來。這種細長的病毒夠大，用能展現立體解析度的掃描式電子顯微鏡就看得到。

類別	四
目	未分配
科	黃熱病毒科 Flaviviridae
屬	C型肝炎病毒屬 Hepacivirus
基因體	線型、單一組成、含9600個核苷酸的的單股RNA，編碼10個蛋白質，但以一個多蛋白表現
地理分布	全世界
宿主	人類，但近緣病毒會感染狗、馬、蝙蝠和齧齒動物
相關疾病	肝炎、肝硬化，與肝癌有關
傳播方式	體液，尤其是血液製劑
疫苗	目前沒有，通常對抗病毒藥物有反應

C型肝炎病毒
Hepatitis C Virus
人類肝臟的慢性感染

檢驗方法問世之前的重大問題 有好幾種病毒會引起肝炎這種肝臟疾病。最早描述的兩種病毒是A型肝炎病毒和B型肝炎病毒。本來就已經確認有另外一種病毒性媒介和某些類型的肝炎有關，稱為「非A非B型肝炎」，直到1989年發現了C型肝炎病毒，才解釋了所有的非A非B型肝炎病例。在發現這種病毒之前，血液製劑只會檢查有沒有A型肝炎或B型肝炎，所以C型肝炎的傳播主要是透過輸血，或是吸毒者共用的皮下注射針頭。這種病毒也能透過性接觸傳染，還有從母親傳給小孩，但很罕見。到了1990年，已開發國家的血液供應已會常規性地檢驗，C型肝炎的感染率也開始大幅下降。

在2000年代末，C型肝炎的新感染病例雖然持續減少，但死亡率卻上升了。C型肝炎感染有一個問題，就是常常多年都不會出現症狀。如果有檢查出C型肝炎，大部分病例都可以治療、也都能消滅病毒，但長期的慢性感染可能會導致嚴重的肝臟損傷，跟肝癌也有連帶關係。2012年美國發起了一項運動，檢查所有1945年到1965年之間出生的人，因為這個年齡層的人占了所有C型肝炎感染者的75%。世界衛生組織（WHO）建議檢查所有具感染風險的族群，這也讓大部分已開發國家的發生率下降。

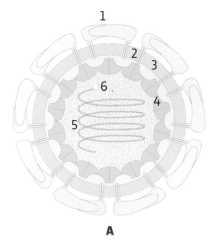

A 剖面圖
B 外觀
1 E蛋白二聚體
2 基質蛋白
3 脂質包膜
4 外殼蛋白
5 單股基因體RNA
6 端帽結構

右：穿透式電子顯微鏡拍攝到的**四顆C型肝炎病毒**粒子，外膜以藍色顯示，內核則為黃色。

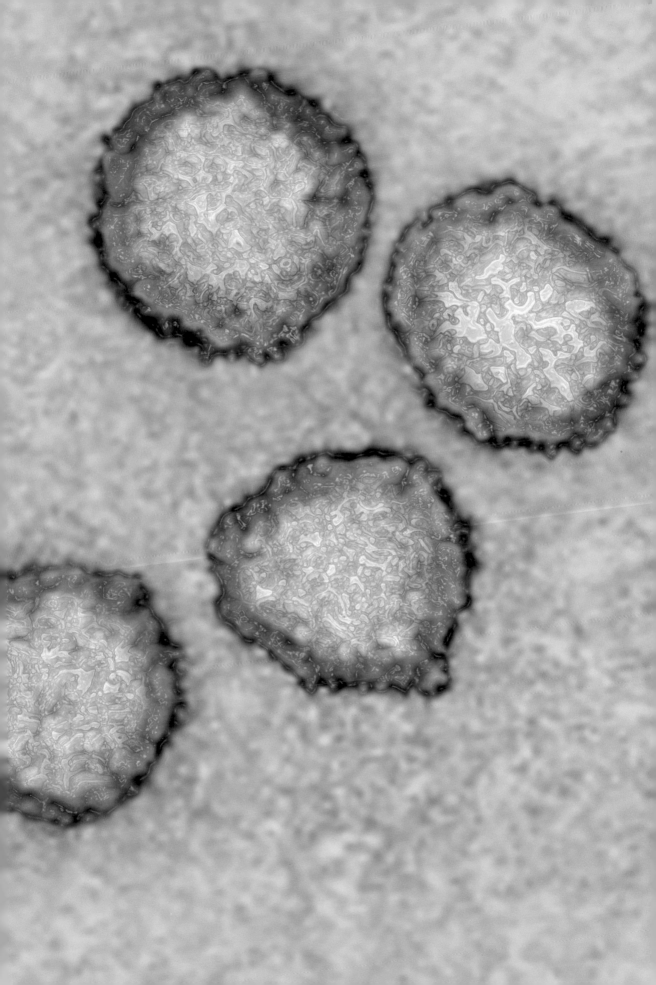

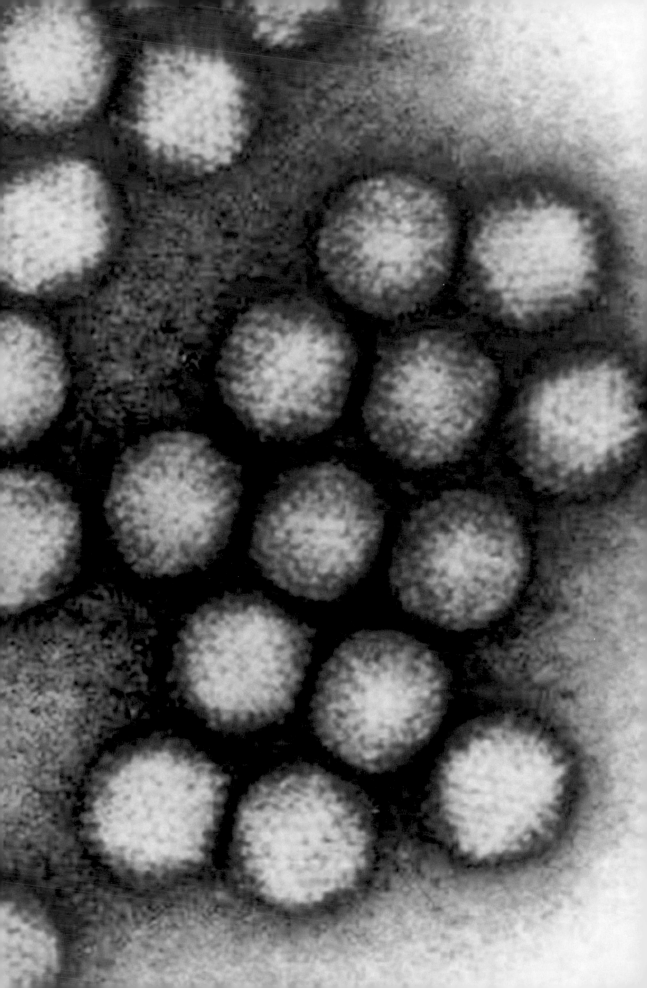

類別	—
目	未分配
科	腺病毒科Adenoviridae
屬	哺乳類腺病毒屬Mastadenovirus
基因體	線型、單一組成、約3萬6000個核苷酸的雙股DNA，編碼30-40個蛋白質
地理分布	全世界
宿主	人類，但近緣病毒可感染其他多種動物
相關疾病	類似感冒症狀的呼吸道感染
傳播方式	空氣傳播、遭汙染的表面、糞口途徑
疫苗	不活化病毒，用於某些高風險族群

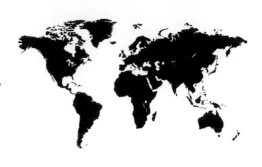

人類腺病毒第二型
Human Adenovirus 2
分子生物學的重要工具

解鎖RNA關鍵特徵的DNA病毒 人腺病毒是在1950年代中期發現的，最早從培養的人類腺樣體細胞（adenoid cell）中分離出來，這一科的病毒也因此得名。自從發現這群病毒之後，已經有非常多種腺病毒被描述。人類腺病毒第二型是其中描繪得最詳盡的物種之一，屬於C類群。某些類型的腺病毒（尤其是A類群）跟動物癌症有關，但C類群並不是。

分子生物學的許多基礎，一開始都是透過研究病毒了解的。腺病毒讓我們得以了解RNA剪接（RNA splicing）這個非常重要的細胞現象。用來作為細胞核中的DNA和細胞質中蛋白質合成機制之間的溝通訊息的RNA分子，一開始會先製成長長的形式。名為剪接體（splicesome）的蛋白質複合物，會按照特定方式將長形式切成片段，然後才能使用。所有真核生物細胞都會透過剪接體進行RNA剪接，這讓某些基因可以製造不同版本的蛋白質。多虧了腺病毒，我們才能了解這個過程如何運作。

腺病毒（例如人類腺病毒第二型）是研究基因功能的重要工具。在實驗性的研究中，可以把要給特定基因的DNA轉殖到腺病毒載體中。這種載體是弱化的病毒，可用於細胞或動物身上，製造我們想要的特定蛋白質。這是了解不同蛋白質功能的重要方法，也可用於製造藥物。目前也在開發以腺病毒為基礎的載體，用於基因療法：讓會造成嚴重疾病的缺陷基因感染無害的病毒，藉此加以彌補，而這無害的病毒能表現這個缺陷或缺失基因的健康複本。中國也已經准許用腺病毒針對性地摧毀人體內的癌細胞。

A 剖面圖
B 外觀

1 纖維蛋白
　外殼蛋白
2a 五鄰體
　（penton）
2b 環五鄰體
　（peripenton）
2c 六鄰體（hexon）
3 蛋白酶（protease）
4 有附加蛋白質的基因體DNA
5 終端蛋白質
　（terminal protein）

左：這張高解析度的穿透式電子顯微鏡影像中，可清楚看見人類腺病毒粒子的幾何結構細節。

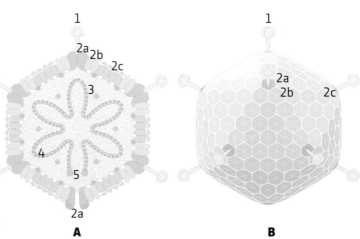

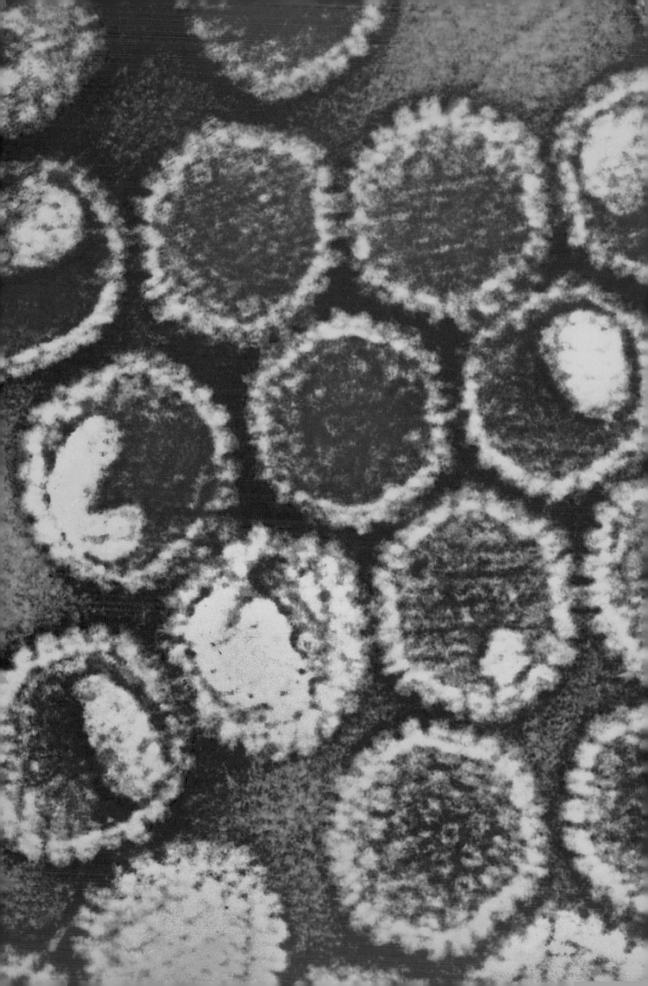

類別	—
目	疱疹病毒目Herpesvirales
科	疱疹病毒科Herpesviridae，阿爾法疱疹病毒亞科Alphaherpesvirinae
屬	單純疱疹病毒屬Simplexvirus
基因體	核苷酸的線型雙股DNA，編碼約75個蛋白質
地理分布	全世界
宿主	人類，親緣病毒可感染其他多種動物
相關疾病	唇疱疹、生殖器疱疹、腦炎、腦膜炎
傳播方式	直接接觸患處或體液
疫苗	無，可用藥物治療減緩嚴重症狀

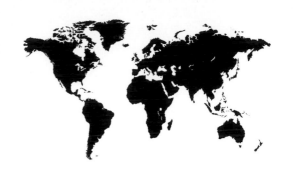

人類單純疱疹病毒第一型
Human Herpes Simplex Virus 1
大部分人感染了就是一輩子

唇疱疹與其他 單純疱疹病毒是一種很常見的人類感染，全世界大約60%-95%的成年人都感染過第一型或第二型。這兩種型實在太類似，所以簡單的抗體測試都未必分辨得出來。最常見的症狀，就是出現在關節或黏膜附近還有一般皮膚上的病灶。第一型比較常出現唇疱疹，第二型則比較常見於生殖器疱疹，不過生殖器的第一型也愈來愈多。口部感染通常發生在童年時期，而且是一輩子的。病毒就住在神經束（名為「神經節」）中，基本上是休眠的。當病毒沿著神經元移到皮膚時，就會出現病灶。病灶可能會痛、也可能很難看，用艾賽可威（acyclovir，又名阿昔洛韋）之類的藥物就能治療，可縮短症狀出現的時間。病灶重新出現的狀況通常會隨時間遞減。單純疱疹病毒也會影響眼睛，可導致失明，也可能進展成腦炎或腦膜炎這種非常嚴重的腦部感染，不過很罕見。

對抗癌症的可能武器 單純疱疹病毒被研發成溶瘤病毒（oncolytic virus），這是一種可以殺死癌細胞的病毒。這種病毒經過改造，已經不曾在神經細胞中複製，而是瞄準癌細胞。這種改造過的病毒已經進行過好幾項臨床試驗。

A 剖面圖

1 套膜蛋白
2 脂質膜 (Lipid membrane)
3 被膜 (Tegument)
4 外殼蛋白
5 雙股基因體DNA

左：這些人類單純疱疹病毒粒子的中央蛋白質核（以紅色表示）有一層外膜（黃色）包覆。圖中的粒子可看到不同的截面，呈現出不同層的結構。

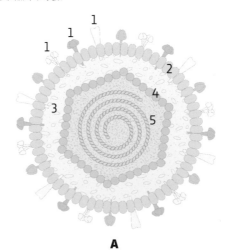

A

類別	六
目	未分配
科	反轉錄病毒科Retroviridae、正反轉錄病毒亞科 Orthoretrovirinae
屬	慢病毒屬Lentivirus
基因體	線型、單一組成、約9700個核苷酸的單股RNA、編碼約15個蛋白質
地理分布	出現在非洲,目前已遍及全球
宿主	人類,但近緣病毒可感染猴子與猿類
相關疾病	後天性免疫不全症候群（AIDS）
傳播方式	體液
疫苗	無,不過已有數種在研發中,一般來說可以用適當藥物治療

人類免疫不全病毒
Human Immunodeficiency Virus
愛滋病的肇因

源自野生靈長動物的病毒 美國最早出現愛滋病臨床病例是在1980年代早期。這種病毒最早是在同志社群傳播,經由性接觸傳染,尤其是透過肛門性交。這種病毒也開始出現在靜脈毒品使用者身上。初次感染之後,可能要很多年之後才會出現病徵,這更助長了病毒的傳播。現在我們已經清楚知道,很早之前就已經出現了遭人類免疫不全病毒感染的零星病例,可能是在1950和1960年代。這種病毒源自野生靈長動物,由特定的黑猩猩物種傳給人類。這種病毒曾數度從大猩猩或黑猩猩跳到人類身上。一般認為最早的傳播是發生在獵捕屠殺猿類取肉的時候。

在世界許多地方,HIV/AIDS現在依然是一個嚴重的人類病原體。藥物治療雖然有效,卻非常昂貴。在某些地方,社會汙名化可能也是阻止感染者尋求診斷及治療的障礙。有意思的是,HIV的近緣祖先「猴免疫缺陷病毒」通常不會造成靈長類宿主生病,可能是因為這種病毒感染其他靈長類已經很久了,直到最近才開始感染人類。病毒通常會隨著時間演化得比較沒那麼致命。因為對病毒來說,殺死宿主並沒有好處。

反轉錄病毒科（也就是HIV所屬的科）之所以如此命名,是因為這類病毒會把RNA轉成DNA,是一般細胞將DNA轉成RNA過程的相反（retro）,過去認為這種特性是不可能的。反轉錄病毒在20世紀早期被發現,但為了了解愛滋病,對這類病毒的研究已經加速。

A 剖面圖

1 套膜醣蛋白 (envelope glycoprotein)
2 脂質包膜
3 基質蛋白
4 外殼蛋白
5 單股基因體RNA (二個複本)
6 整合酶 (integrase)
7 反轉錄酶

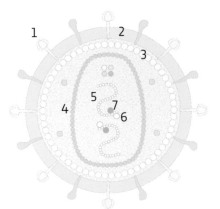

右:這些**人類免疫不全病毒**的橫截面展現出含有RNA基因體（以紅色顯示）的三角形內核,外面包著外膜及套膜蛋白（黃色和綠色）。

A

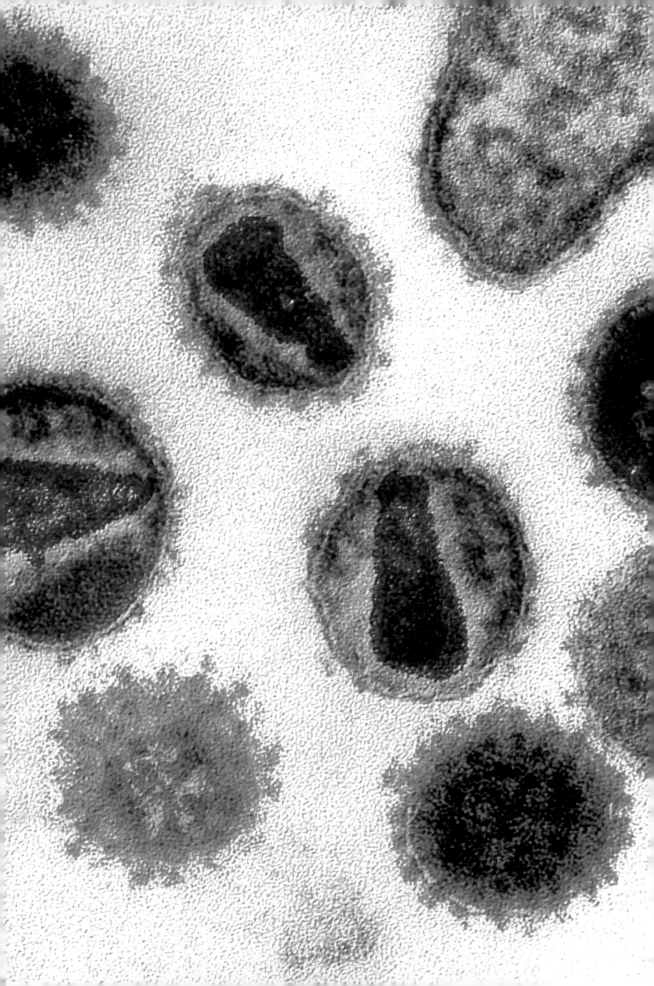

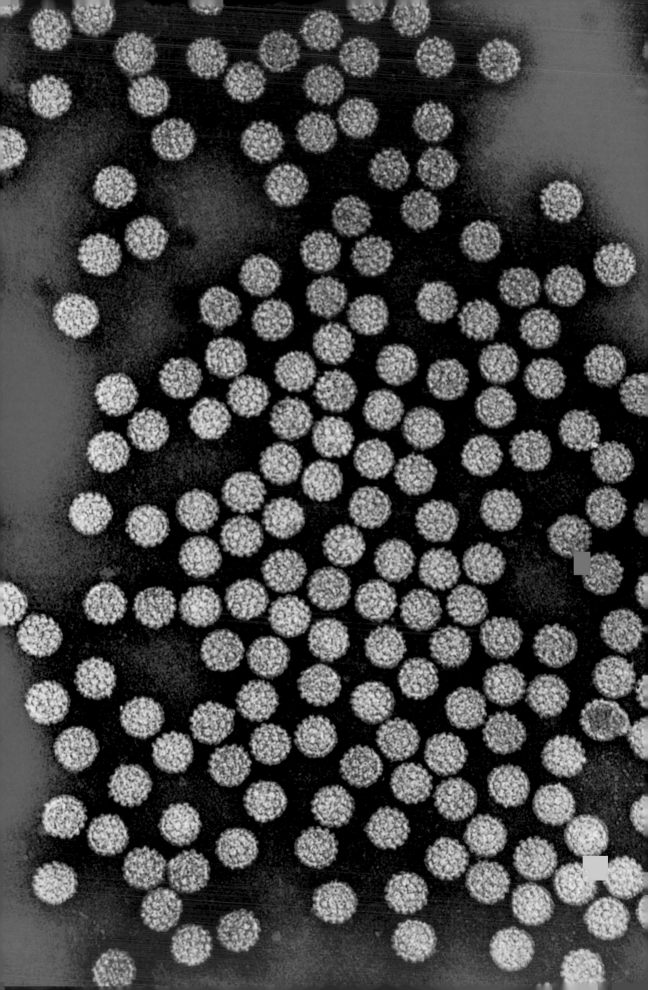

類別	—
目	未分配
科	乳突瘤病毒科 Papillomaviridae
屬	甲型乳頭瘤病毒屬 Alphapapillomavirus
基因體	單一組成、環型、約8000個核苷酸的雙股DNA，編碼八個蛋白質
地理分布	全世界
宿主	人類
相關疾病	生殖器疣、子宮頸癌、扁桃腺癌
傳播方式	性接觸
疫苗	部分病毒

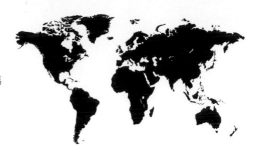

人類乳突病毒16型
Human Papilloma Virus 16
對抗人類癌症的第一種疫苗

保護不受子宮頸癌侵擾 人類乳突病毒有許多型，會感染皮膚或黏膜，造成疣。疣是良性的皮膚增生，除了美觀考量以外並不會造成任何問題。人類乳突病毒很容易經由性接觸傳染，而且在許多人身上並不會造成任何症狀，因此難以控制。有好幾型的人類乳突病毒可以引起癌症。病毒株16和18型是女性子宮頸癌的主要肇因。

我們已經知道病毒會引發某些類型的動物癌症，也懷疑它們會導致人類癌症。但2006年上市的人類乳突病毒疫苗，是第一種獲准對抗癌症的疫苗。青少年必須在有性行為之前就接種疫苗，才能徹底避免感染，這是很重要的。在推出這支疫苗之前，每年約有50萬個子宮頸癌病例。子宮頸癌通常非常凶猛，若是沒有早期發現，就可能致命。從2006年到2013年，人類乳突病毒的感染率幾乎降低了60%，都是拜疫苗所賜。如今這支疫苗已經獲得49國的許可，並經過北美洲、拉丁美洲、歐洲與亞洲部分地區的測試。

A 剖面圖
B 外觀

1 外殼蛋白 L1
2 外殼蛋白 L2
3 宿主組織蛋白
4 雙股基因體DNA

左：以黃色顯示的人類乳突病毒粒子。在這張穿透式電子顯微鏡影像中，可以清楚看到病毒粒子的詳細幾何構造，總共有72個面。

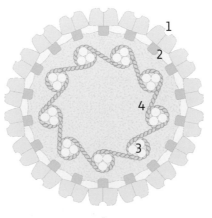

A

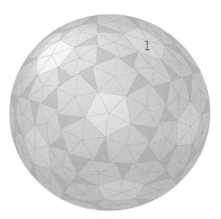

B

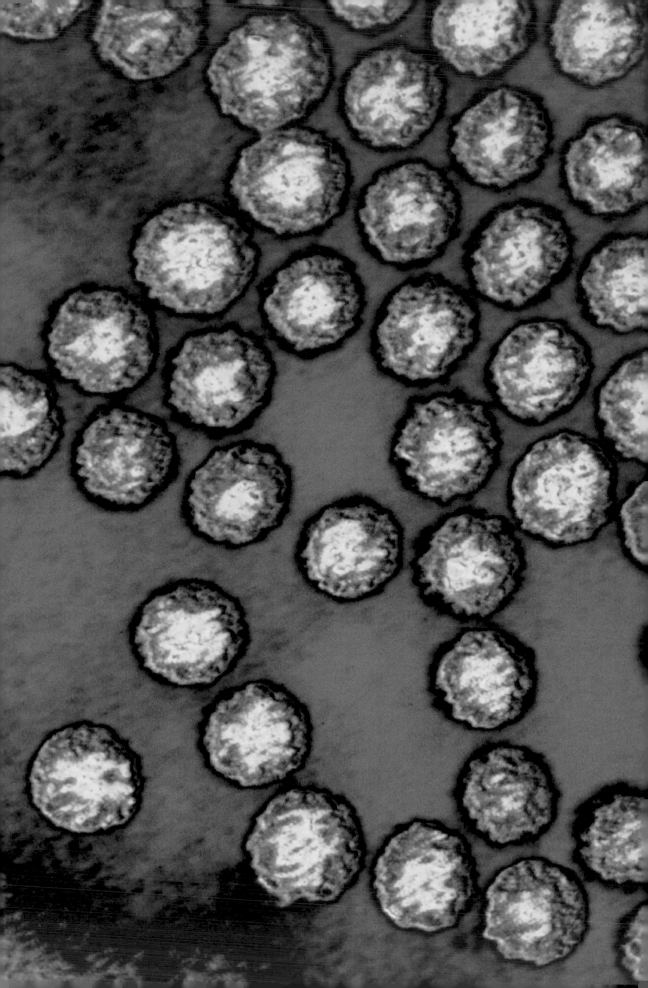

類別	四
目	小RNA病毒目Picornavirales
科	小RNA病毒科Picornaviridae
屬	腸病毒屬Enterovirus
基因體	線型、單一組成、約7000個核苷酸的單股RNA，透過一個多蛋白編碼11個蛋白質
地理分布	全世界
宿主	人類
相關疾病	普通感冒
傳播方式	接觸、空氣傳播
疫苗	無

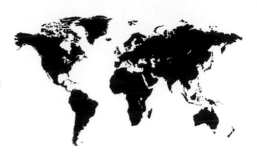

A型人類鼻病毒
Human Rhinovirus A
普通感冒病毒

普通感冒還沒有解藥 人類鼻病毒約有100種病毒株，之間的差異大到無法提供交叉免疫，另外也還有其他許多病毒會引起類似的症狀。這就是為什麼人類常常感冒，而且就算曾經感冒，也無法得到長期的免疫力。人常說冷了會感冒，但我們不會因為覺得冷就感冒。太冷可能會稍微抑制免疫系統，而感冒病毒也喜歡在比人類正常體溫稍低的溫度下複製，所以當天氣比較冷時，病毒就比較容易在我們的鼻通道內複製。而且天氣冷的時候，我們也比較會待在室內，所以人跟人的距離也比較近。

遭到感染的15分鐘之內，病毒就可以開始複製，不過症狀要好幾天才會出現。通常，在症狀出現之前，病毒的傳播效率最好，所以很難利用隔離病人來避免傳播。雖然可以空氣傳播，但許多上呼吸道病毒其實是在手碰到含有病毒的飛沫然後又碰到臉才進入人體的。常洗手、小心不要碰到臉，都有助把感染降到最低。

大部分人只覺得普通感冒很討厭，不會把它當成嚴重的疾病。市面上有一大堆或可減輕症狀的非處方藥（像美國人每年就花掉約30億美元在這些藥物上），但一般來說，我們還是必須等待症狀自己消失，並接受祖母的建議：穿暖一點、多休息、多補充水分，而且要多吃營養的食物，像是雞湯。

A 剖面圖
B 外觀

1 外殼蛋白
2 單股基因體RNA
3 端帽結構
4 多腺核苷酸尾

左：由穿透式電子顯微鏡拍攝到的A型人類鼻病毒粒子剖面圖。病毒中心以黃色顯示，外層的外殼蛋白則以藍色顯示。

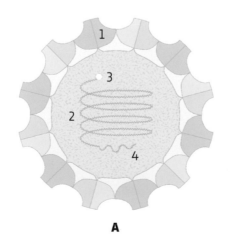

A

B

類別	五
目	未分配
科	正黏液病毒科Orthomyxoviridae
屬	A型流感病毒屬Influenzavirus A
基因體	共八個片段的線型、單股RNA，約有1萬4000個核苷酸，編碼11個蛋白質
地理分布	全世界
宿主	人類、豬、水鳥、雞、馬、狗
相關疾病	流行性感冒，即流感
傳播方式	接觸、空氣傳播
疫苗	減毒與不活化的活病毒，有好幾種季節性的病毒株

A型流感病毒
Influenza Virus A
從鳥類到人類到大流行

病毒株不斷變化因此無法終生免疫 季節性流感是一種可怕的疾病，其中某些病毒株甚至造成了嚴重的大流行，最著名的就是所謂的西班牙流感，也就是1918年的全球大流行。在1918年全球大流行期間，全世界約有4000萬人死亡。在有抗生素之前的年代，許多人都是死於繼發的細菌感染。1918年之前，可能也發生過許多次嚴重的大流行，但那時我們還不知道流感是由病毒引起的。流感病毒原生於世界各地的水鳥身上，也不會讓這些鳥類生病，只有在轉移到哺乳動物宿主（尤其是豬和人類）身上時，才會變成一大問題。它也會對雞之類的家禽造成問題，而且有少數著名的流感病毒株是直接從這些鳥跳到人類身上。這些病毒株特別嚴重，致死率通常很高，但到目前為止尚未獲得人傳人的能力。

我們通常會用HxNx（比方說像H1N1或H3N2）來代表病毒株，指的是病毒外層會引發重大免疫反應的蛋白質。因為這些蛋白質是編碼在不同的RNA上，若是發生了混合感染，有時候病毒也會混搭起不同的片段，成為人類免疫系統不認識的病毒株。這種混合感染通常發生在豬身上，豬再把病毒傳給農場工人，人類的感染循環就此展開。這些新病毒株稱為抗原移型（antigenic shift），通常也是造成大流行的原因。在大流行與大流行之間，病毒的突變進展較慢，會造成抗原漂變（antigenic drift）。所以每年都要根據目前流行的病毒株，生產新的流感疫苗。因為疫苗一定要在流感季節開始之前就生產完畢，所以演化生物學家會小心研究流感病毒演化的趨勢，以便預測即將來臨的季節所需要的抗原。這些預測並不一定永遠正確，也因此每年的疫苗效果都不太一樣。感染流感也可能讓人獲得能維持幾年的廣泛免疫力。

A 剖面圖

1 血球凝集素 (hemagglutinin)
2 神經胺酸脢 (neuraminidase)
3 雙層脂質膜 (double lipid membrane)
4 基質蛋白
5 單股基因體RNA (8)
6 聚合酶複合物 (polymerase complex)

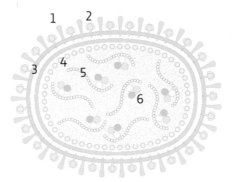

A

右：**流感病毒**的截面。這是一種外型橢圓、有套膜的病毒，而外膜上的棘含有會引起主要免疫反應的H和N抗原，就是病毒粒子周圍那一圈光暈般的東西。

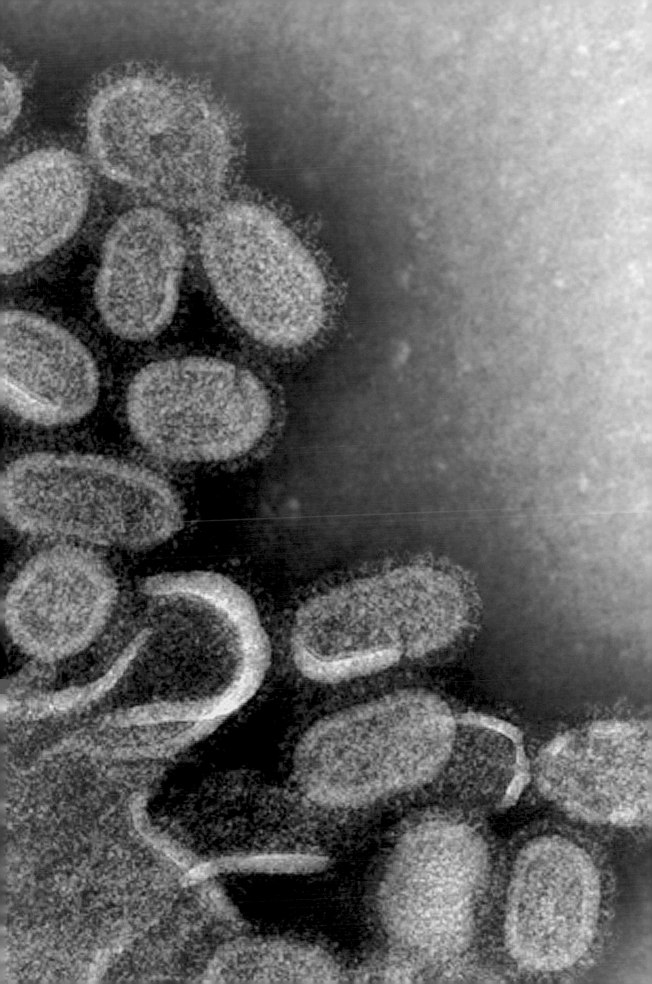

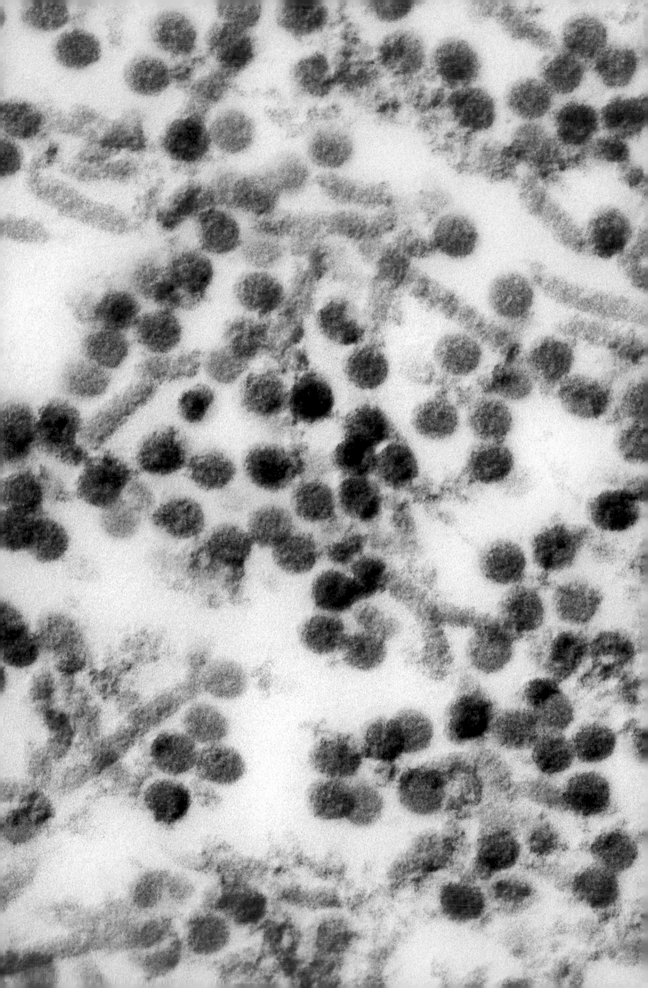

類別	一
目	未分配
科	多瘤病毒科Polyomaviridae
屬	多瘤病毒屬Polyomavirus
基因體	環型、單一片段、約有5100個核苷酸的的雙股DNA，編碼10個蛋白質
地理分布	全世界
宿主	人類
相關疾病	進行性多發型腦白質病變（progressive multifocal leukoencephalopathy）
傳播方式	未知
疫苗	無

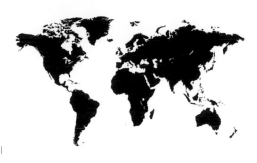

JC病毒
JC Virus
一種可能致命的常見人類病毒

和免疫抑制的致命結合 JC病毒十分常見，大約50%-70%的人類都有這種病毒。它通常是在童年時期接觸到的，而在大部分人身上會造成一輩子的潛伏感染，但不會引起問題。這種病毒如何傳播還不清楚，但發現在尿液裡的濃度很高，人類的汙水中也一定有。這種病毒可能需要個體之間的長期接觸。因為這種病毒並不會造成疾病，所以很難找出它的散播方式，或它躲在人體內的什麼地方：曾經發現這種病毒的部位包括腎臟、骨髓、扁桃腺和腦部。有些人的免疫系統受到另一種疾病（如血癌、愛滋病）或藥物（如器官移植的藥物、用於治療多發性硬化症或克隆氏症等會產生嚴重發炎症狀的新生技藥物）壓抑，這些人身上的JC病毒，就可能會從潛伏狀態釋放出來，造成非常嚴重的腦部感染，也就是進行性多病灶腦白質症。這種疾病雖然少見，但幾乎都是致命的。

追蹤人類遷徙的新方法 在全世界不同族群身上共發現八種主要病毒株。某個特定地理區域內的病毒都很類似，但地理位置不同的就不一樣。這些差異，再加上大部分人類都有這種病毒的事實，已經被用來建立一種方法，可描繪出歷史上的人類遷徙模式。舉例來說，出身東北亞地區的人身上的JC病毒，就跟美洲原住民身上的很像，支持了曾有人從亞洲經白令陸橋遷徙到北美洲的假說。

A 剖面圖
B 外觀

1 外殼蛋白 VP1
2 VP2
3 VP3
4 宿主組織蛋白
5 雙股基因體DNA

左：穿透式電子顯微影像中可看到遭感染細胞內微小的JC病毒，以紅色顯示。細胞結構以藍色與黃色呈現。

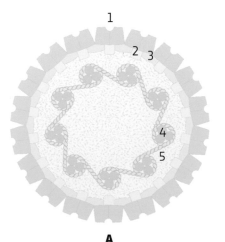

A

B

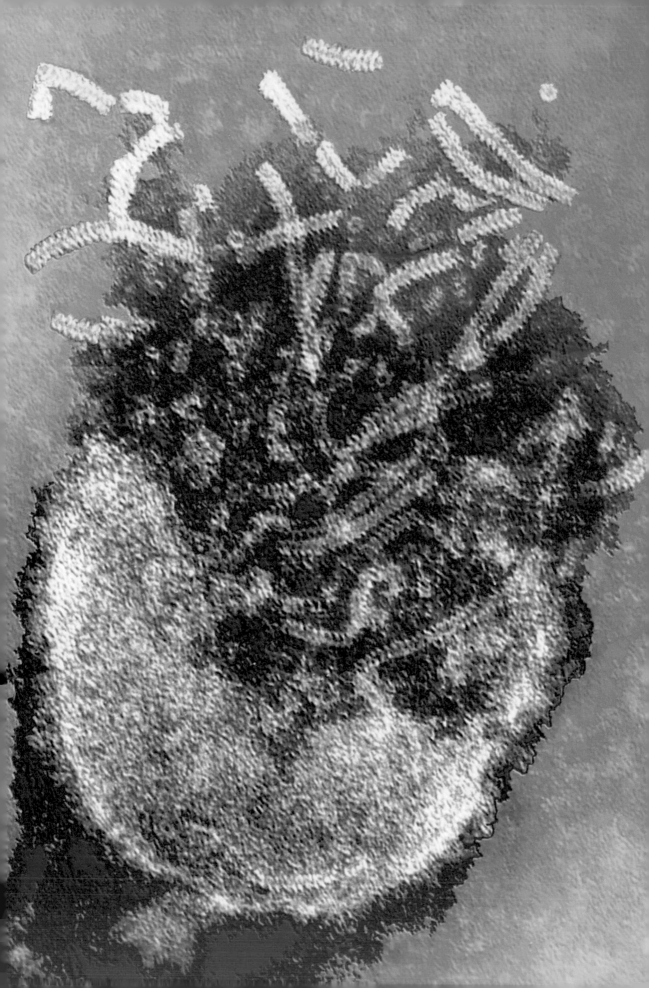

類別	五
目	單股負鏈病毒目Mononegavirales
科	副黏液病毒科Paramyxoviridae，副黏液病毒亞科 Paramyxovirinae
屬	麻疹病毒屬Morbillivirus
基因體	線型、單一組成、約1萬6000個核苷酸的單股RNA，編碼八個蛋白質
地理分布	全世界
宿主	人類
相關疾病	麻疹
傳播方式	咳嗽、打噴嚏，或直接接觸分泌物
疫苗	活性減毒疫苗，通常跟腮腺炎與德國麻疹一起施打（麻疹、德國麻疹、腮腺炎混合疫苗）

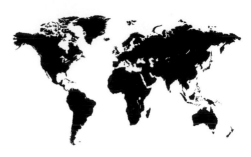

麻疹病毒
Measles Virus
就是不肯消失的病毒

併發症很麻煩 麻疹病毒具高度傳染性，在沒有免疫力的族群中通常傳播得非常快。這種疾病過去曾經非常普遍，生於1956年之前的人通常已經免疫，因為他們之前就已經感染過了，那是童年正常的一部分。麻疹一開始通常是發燒、咳嗽、流鼻水，然後身上開始起疹子。雖然通常不嚴重，卻常有併發症，可能會有腹瀉、腦部感染、失明，在幼童的病例中有約2%的死亡率。若是有其他問題，像營養不良或有其他傳染病在流行，併發症會更常見，死亡率可能高達10%。疫苗的效果非常好，麻疹在已開發世界也已經成為罕見疾病。然而，一直有一些族群在發起反疫苗運動，因此當麻疹的群體免疫力不足時，還是會爆發麻疹疫情。對那些因罹患血癌之類的其他疾病而免疫力不足的兒童而言，麻疹會特別危險。

麻疹的英文名稱measles可能源自早期的英文或荷蘭文mosel，意思是傷疤。麻疹和德國麻疹不一樣，是不同的病毒引起的。德國麻疹在兒童身上一般來說是很溫和的疾病，只會持續幾天，但對沒有免疫力的懷孕女性卻有風險，因為可能造成嬰兒的先天缺陷。麻疹病毒是從牛瘟病毒（Rinderpest virus）這種動物病毒演化而來的。因為麻疹只會感染人類，而牛瘟病毒也已經根除了，所以麻疹應該也是有可能根除的，但這需要大家好好配合接種疫苗。

A 剖面圖

1 血球凝集素
   融合蛋白 (fusion protein)
3 脂質套膜
4 基質蛋白
5 核蛋白，包裹在單股基因體RNA外
6 聚合酶

左：破裂的麻疹病毒粒子的穿透式電子顯微鏡上色影像，病毒粒子釋放出裡面的核鞘（nucleocapsid），核鞘內有跟蛋白質（萊姆綠色）捲在一起的病毒遺傳物質。

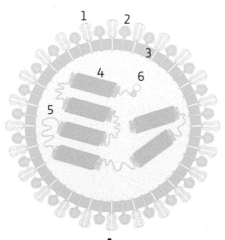

A

類別	五
目	單股負鏈病毒目　Mononegavirales
科	副黏液病毒科Paramyxoviridae
屬	德國麻疹病毒屬Rubulavirus
基因體	線型、單一片段、約1萬5000個核苷酸的單股RNA，編碼九個蛋白質
地理分布	全世界
宿主	人類
相關疾病	腮腺炎，有時也會導致腦膜炎
傳播方式	呼吸道飛沫及近距離接觸，傳染性強
疫苗	活性減毒病毒，通常跟麻疹及德國麻疹一起施打（MMR疫苗）

腮腺炎病毒
Mumps Virus
昔日童年的正常歷程

　　取決於免疫力　兒童罹患腮腺炎時，先是會發燒、莫名地不舒服，接下來就是頸側的腮腺腫脹。「mumps」是扮鬼臉（grimacing）的古代詞彙，形容患病期間脖子腫起來的模樣。感染腮腺炎和其他兒童疾病，過去曾是童年的正常歷程，但在1960年代開發出疫苗以後，就大幅降低了大部分已開發世界的腮腺炎發生率。若是成年人感染腮腺炎，症狀可能會嚴重很多，成年男性可能會出現睾丸腫脹疼痛，女性則偶爾會併發卵巢發炎。不過也有很多感染者並不會出現症狀。

　　和三合一疫苗（麻疹、德國麻疹、腮腺炎）的其他成分一樣，它也被捲入了反疫苗運動。這大部分是因為有一篇論文宣稱三合一疫苗和自閉症有關，但這論文後來被駁斥了，而美國疾病管制及預防中心（CDC）和世界衛生組織都認為這支疫苗是安全的，兩者也都強烈建議，只要不是免疫功能缺損的兒童都應該施打。腮腺炎和其他病毒性的兒童疾病已經證明跟雷氏症候群（Reye's syndrome）有關，這是一種會造成許多器官損傷的潛在致命疾病。某些研究則認為雷氏症候群是因為給感染病毒的小孩使用阿斯匹靈，但雷氏症候群也會發生在沒使用阿斯匹靈的小孩身上。這種疾病以R. 道格拉斯・雷爾（Dr. R. Douglas Reye）醫師命名，他和同事在1960年代描述了這個症候群。

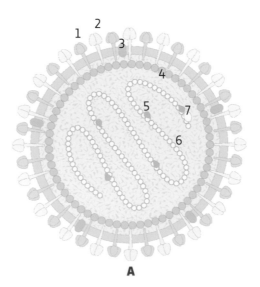

A 剖面圖

1 血球凝集素
2 融和蛋白
3 SH蛋白（SH protein）
4 基質蛋白
5 磷蛋白
6 核蛋白，裹在單股RNA基因體外
7 聚合酶

右：穿透式電子顯微鏡下所見的一顆**腮腺炎病毒**粒子橫截面。內核以黃色及棕色顯示，外膜則是灰白色，可以看到許多套膜棘蛋白。

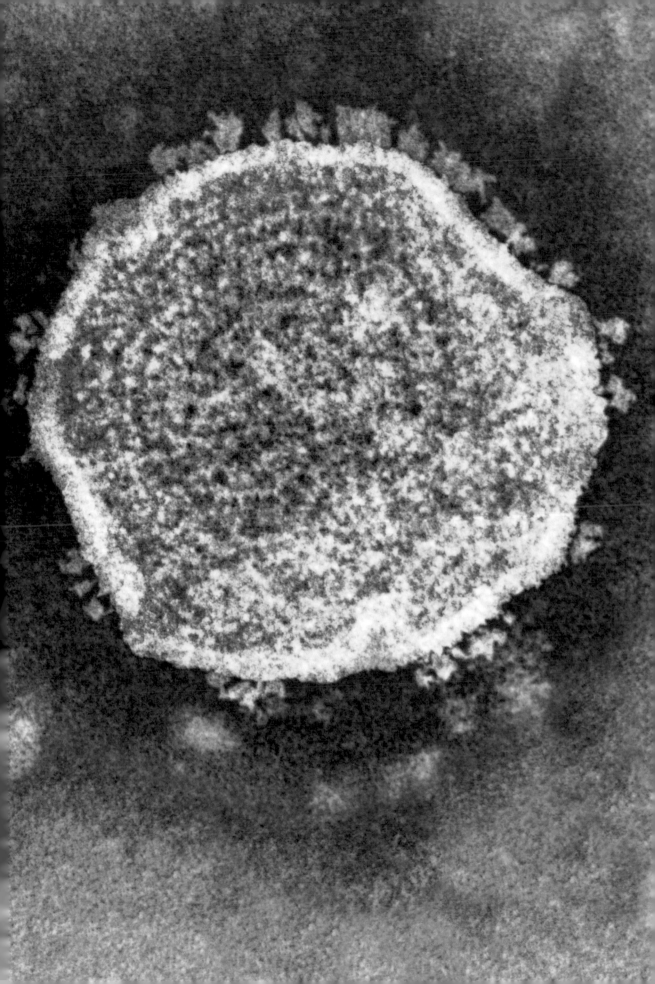

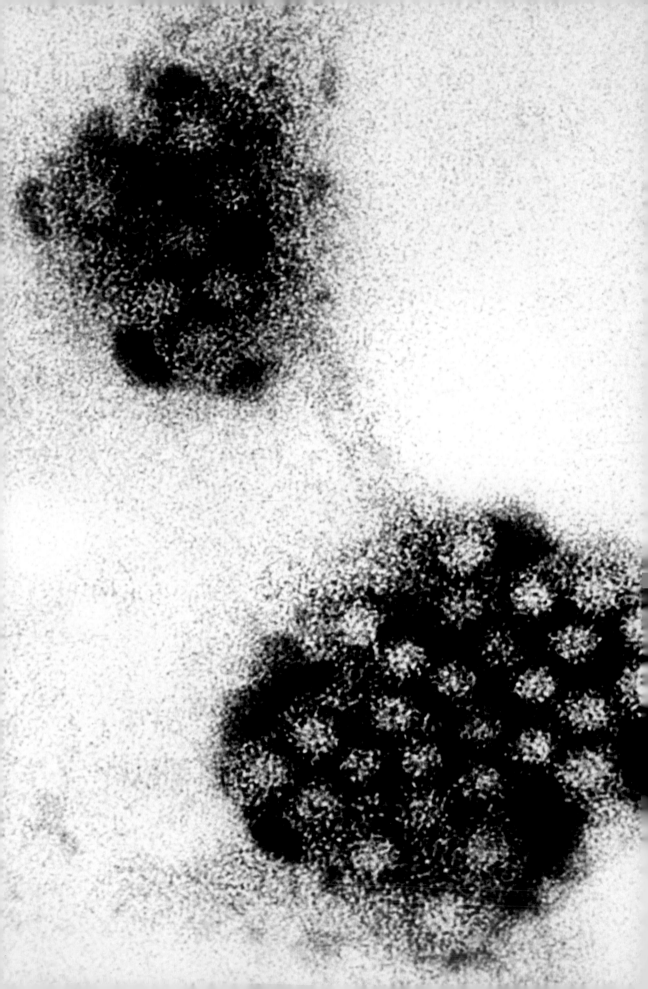

類別	四
目	未分配
科	杯狀病毒科Caliciviridae
屬	諾羅病毒屬Norovirus
基因體	線型、單一組成、約7600個核苷酸的單股RNA，編碼六個蛋白質，其中四個是由一個多蛋白製造
地理分布	全世界
宿主	人類，但親緣病毒可感染其他哺乳類
相關疾病	腸胃炎，也就是腸胃型感冒
傳播方式	遭汙染水源經由糞口途徑，或個人接觸
疫苗	無

諾瓦克病毒
Norwalk Virus
郵輪病毒

病毒引起的胃腸疾病 諾瓦克病毒和親緣病毒會造成腸胃不適，有時候也稱為「腸胃型感冒」，症狀包括嚴重嘔吐和腹瀉。這是少數幾種會導致成年人腸胃不適的病毒。它可經由食物感染，不過細菌和化學毒素也都可能透過食物傳播（這些有時會被稱為食物中毒）。諾瓦克病毒在會密切接觸的人類社群中傳播得很快，像是學校、監獄、醫院或郵輪。這隻病毒是以美國俄亥俄州的諾瓦克命名的，當地曾經在1968年爆發過大規模的學童疫情。從那時起，已有其他許多親緣病毒受到描述，而這群病毒就統稱為諾羅病毒。

諾羅病毒感染通常為期甚短，而且雖然不舒服，但在還算健康的人身上並不嚴重。但老人家可能會很嚴重，因為會引起脫水。預防就是最好的方法，包括好好洗手、水果蔬菜在吃之前要徹底清洗、海鮮要徹底煮熟，而且生病時不要為其他人料理食物。這種病毒要加熱到攝氏140度才會失去活性，在人體外極為穩定。它被認為是所有描述過的致病媒介中傳染力最強的之一。

最近發現，有一種親緣關係很近的小鼠病毒具有益處。正常來說，哺乳動物的消化道必須仰賴好菌來維持功能，這包括腸道的構造和免疫反應。在實驗室培養的、完全無菌的實驗鼠身上，我們發現鼠諾羅病毒（mouse norovirus）可以代替好菌扮演某些角色。

A 剖面圖
B 外觀

1 外殼蛋白
2 單股RNA基因體
3 端帽結構
4 多腺核苷酸尾

左：穿透式電子顯微鏡所見的兩叢諾瓦克病毒粒子（紫色）。圖中可見某些結構細節，但這種病毒的外表結構輪廓通常很不清楚。

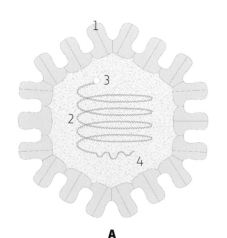

A

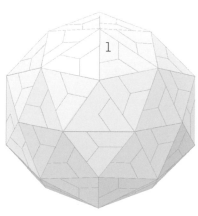

B

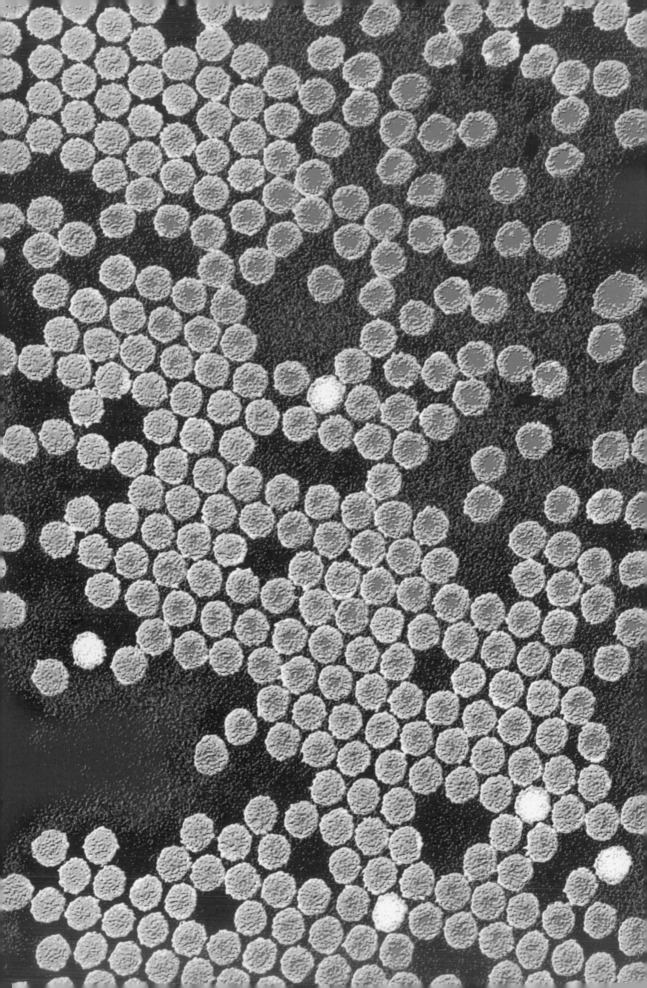

類別	四
目	小RNA病毒目 Picornavirales
科	小RNA病毒科 Picornaviridae
屬	腸病毒屬 Enterovirus
基因體	單一組成、約7500個核苷酸的單股RNA，利用一個多蛋白編碼11個蛋白質
地理分布	過去曾遍及全世界，如今分布範圍非常小
宿主	人類
相關疾病	脊髓灰質炎、小兒麻痺症
傳播方式	糞口途徑、受汙染的水
疫苗	減毒及死病毒疫苗

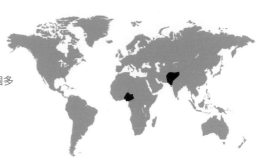

脊髓灰質炎病毒 Poliovirus
飲用水造成的小兒麻痺

拒絕被根除的病原體 脊髓灰質炎病毒是受到最透徹研究的病毒之一，分子病毒學有許多里程碑都是靠脊髓灰質炎病毒發展出來的。這是第一個製作出感染性選殖株（infectious clone）的RNA病毒，科學家也因此發展出能夠詳細了解每一個病毒蛋白質的新工具。脊髓灰質炎病毒目前仍被廣泛用來了解RNA病毒的演化。

儘管脊髓灰質炎病毒可能從古代就開始感染人類，但一直到20世紀之前，脊髓灰質炎（也就是小兒麻痺症）都還是非常罕見。後來這種疾病出現了變化，成為較大一點的兒童與成年人的嚴重問題。這應該是因為大眾理解到這種疾病是靠水傳播，因此開始以過濾或氯之類的化學物質來淨化水源。在這之前，大部分的兒童都在很小的時候就已經接觸到脊髓灰質炎病毒，而在嬰兒身上，這種病毒也鮮少造成任何明顯症狀。像這樣的早期感染，能提供一輩子的免疫力。後來雖然水變乾淨了，但一直要到1960和1970年代，汙水處理才比較普及，所以還是會有人接觸到脊髓灰質炎病毒，只是來源並非飲用水。當大家到了童年晚期才第一次感染脊髓灰質炎病毒時，小兒麻痺症就變得比較普遍了。法蘭克林·羅斯福（小羅斯福總統）在1921年感染了脊髓灰質炎，結果一輩子都得坐輪椅。當他成為美國第32任總統時，他展開了「對抗脊髓灰質炎之戰」，設立了小兒麻痺症基金會，也就是現在的「一毛錢的進擊」出生缺陷基金會（March of Dimes）。小兒麻痺症疫苗改變了這種疾病的面貌。這種疫苗在1954年以熱滅活病毒疫苗之姿面世，1962年又研發出方糖形式的減毒疫苗，開始廣泛施用。如今全世界大部分地區都是採用口服方式，只是已開發國家使用的是熱滅活病毒。

世界衛生組織和美國疾病防控中心希望能在2000年完全根除脊髓灰質炎，但事實證明不可能。雖然非常罕見，但減毒疫苗中的病毒株還是可能逸出，造成小兒麻痺症。這也就是現今世界上大部分脊髓灰質炎病毒的來源。

A 剖面圖	**3** VP3
B 外觀	**4** VP4
	5 單股RNA基因體
外殼蛋白	**6** VPg
1 VP1	**7** 多腺核苷酸尾
2 VP2	

左：上色的**脊髓灰質炎病毒**粒子的穿透式電子顯微鏡影像。脊髓灰質炎病毒的幾何結構通常不如其他某些小的20面體病毒（如人類腺病毒）那麼清晰。

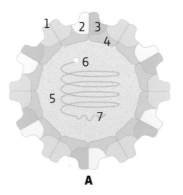

類別	三
目	未分配
科	呼腸孤病毒科Reoviridae，光滑呼腸孤病毒亞科 Sedoreovirinae
屬	輪狀病毒屬Rotavirus
基因體	11個片段、總共約1萬8500個核苷酸的雙股RNA，編碼12個蛋白質
地理分布	全世界
宿主	人類，但近緣病毒會感染許多幼年動物
相關疾病	兒童腹瀉
傳播方式	糞口途徑，通常透過兒童之間的直接接觸或是汙染的表面。可能也會經由呼吸傳播。
疫苗	活性減毒疫苗

A型輪狀病毒
Rotavirus A
小兒腹瀉的最常見原因

小兒腹瀉的最常見原因 A型輪狀病毒感染十分常見。據估計，沒有打過疫苗的兒童中，約有90%都會在某個時候因為感染輪狀病毒而腹瀉，通常是在五歲左右。輪狀病毒的感染力很強。患者糞便的病毒量可高達每公克10兆個粒子，而只需要10個病毒粒子就能造成感染。一般消毒水源的方式無法消滅這種病毒，所以很難控制。雖然任何年齡的人都可能感染輪狀病毒，但生病的大多是兒童，而童年時期的感染通常會帶來一點免疫力。如果之後又感染到，通常都不會有症狀，而是會使免疫力強化，得以抵擋更進一步的感染。在已開發世界，問題大半能透過接種疫苗控制，但在世界其他地區，輪狀病毒還是很常見。如果兒童有其他問題，例如營養不良或罹患其他傳染病等，就會格外嚴重。在某些案例中，會爆發疫情是因為病毒突變了，能夠抵抗群體免疫力。病毒可以演化得非常迅速，尤其是有RNA基因體的病毒，而突變又很常見。如果偶然的突變讓病毒能逃過宿主的免疫系統，那這隻病毒就比其他病毒有優勢，也有可能迅速成為優勢病毒株。

輪狀病毒造成的腹瀉跟其他許多小兒疾病類似，需要實驗室檢測才能判斷。在還算健康的兒童身上，疾病大約三到七天之內就能治癒，治療方法包括持續為兒童補充水分。然而，輪狀病毒每年還是在全世界造成將近50萬人死亡。

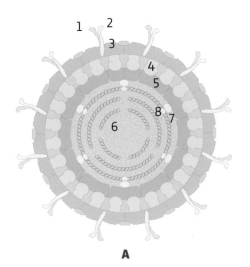

A 剖面圖	中蛋白質層
	4 VP6
外蛋白質層	
1 VP8	內蛋白質層
2 VP5	**5** VP2
3 VP7	**6** 雙股RNA基因體（11個片段）
	7 聚合酶
	8 VP1

右：**A型輪狀病毒**的穿透式電子顯微鏡影像，顯示出外蛋白質層上清晰的棘蛋白。外蛋白質層是包在它分段的RNA基因體外的三層蛋白質外殼的其中一層。

A

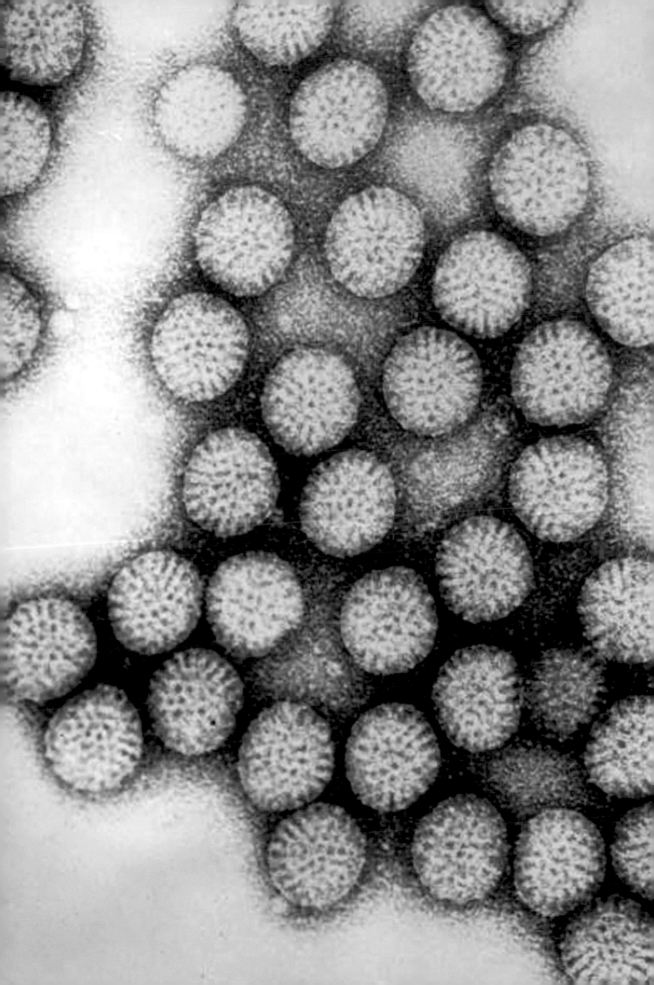

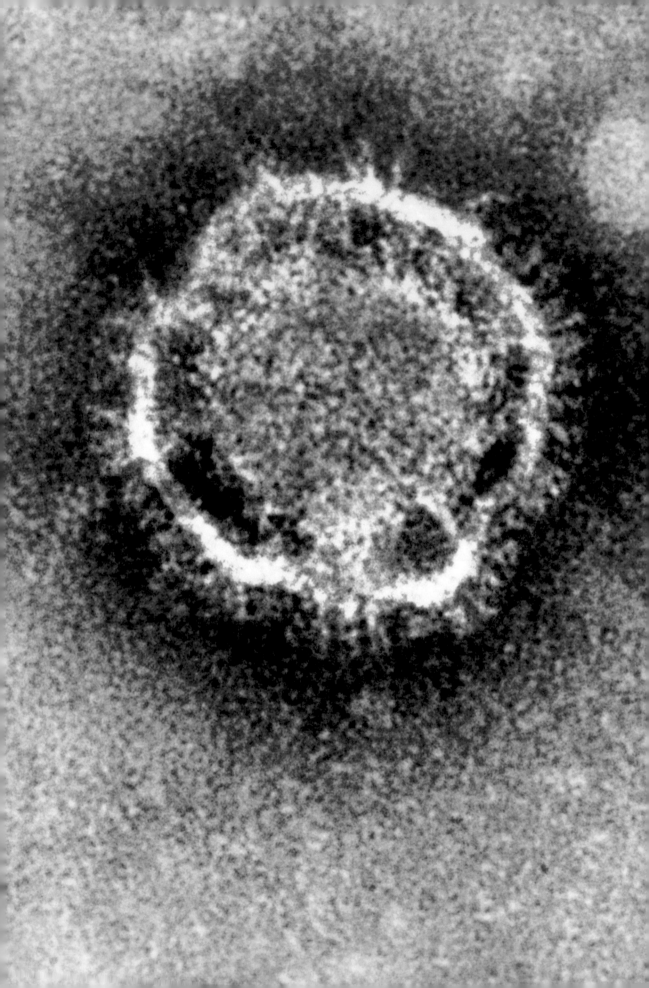

類別	四
目	網巢病毒目Nidovirales
科	冠狀病毒科Coronaviridae
屬	貝塔冠狀病毒屬Betacoronavirus
基因體	線型、單一組成、含約3萬個核苷酸的單股RNA，編碼11個蛋白質
地理分布	疫情遍及全世界
宿主	人類，果子狸、蝙蝠
相關疾病	SARS, MERS, COVID-19
傳播方式	呼吸道、人際接觸
疫苗	尚未核准

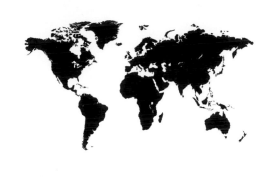

SARS 相關冠狀病毒
SARS - Related Coronaviruses
迅速出現並造成公衛危機的新興病毒

迅速有效的反應 冠狀病毒是因為在電子顯微影像中具有冠冕般的外型而得名。它是所有RNA病毒中基因體最大、也最複雜的，可以大到含有高達3萬2000個核苷酸。這個科底下有非常多種會感染人類與其他動物的病毒。有些是會感染人類的新興病毒，因此引起了大家的關注。

SARS（Severe Acute Respiratory Syndrome，嚴重急性呼吸道症候群），在2002年突然出現在中國南方，並迅速擴散到香港，然後是世界許多地區。這種疾病非常嚴重，死亡率將近10%。分子證據顯示這種病毒源自蝙蝠，然後跳到果子狸身上，最後才傳給人類。會蔓延全世界是因為有旅客感染，且不到三個月就傳到32個國家。公衛圈和病毒學界反應迅速，大約六個月內就已經判斷出病毒的完整序列，且之後再過幾個月就已經開發出一套複雜的工具，用來研究這種病毒。在當時，這麼迅速的反應是前所未見的。檢測受感染旅客的行動也非常迅速，中國和世界其他地方的某些大型機場都會偵測是否有人體溫過高。到了2004年4月，已有一支疫苗在小鼠身上進行測試，但其實在2004年1月之後就已經沒有新增的人類病例。這個病毒出現，醫學界與科學界迅速反應，然後這個病毒就消失了，之後再也沒有出現過。

2012年，沙烏地阿拉伯出現了一種有親緣關係的病毒──MERS（中東呼吸症候群冠狀病毒感染症）相關冠狀病毒。MERS的出現跟SARS無關，而是從蝙蝠傳給駱駝的。人傳人並不常見，大部分患者都是直接被感染的動物傳染的。

2019年底，中國武漢出現了一種新的呼吸道疾病（COVID-19），起因是一種新型的冠狀病毒。起先是在中國境內迅速傳播，然後快速擴散到世界其他地區，世界衛生組織在三個月內就宣布大流行。蝙蝠被認為是原始宿主，至於它如何跳到人類身上，一般認為是武漢的動物市場。

左：在這幅穿透式電子顯微影像中，可看到一顆**SARS相關冠狀病毒**粒子和膜外圍典型的「冠」。膜內是RNA基因體，緊密地擠在核蛋白內。

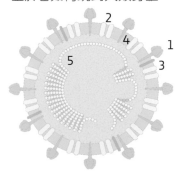

A 剖面圖

1 棘蛋白三聚體
2 膜蛋白
3 血球凝集素／酯化酶
4 脂質膜
5 環繞在單股RNA基因體外的核蛋白

A

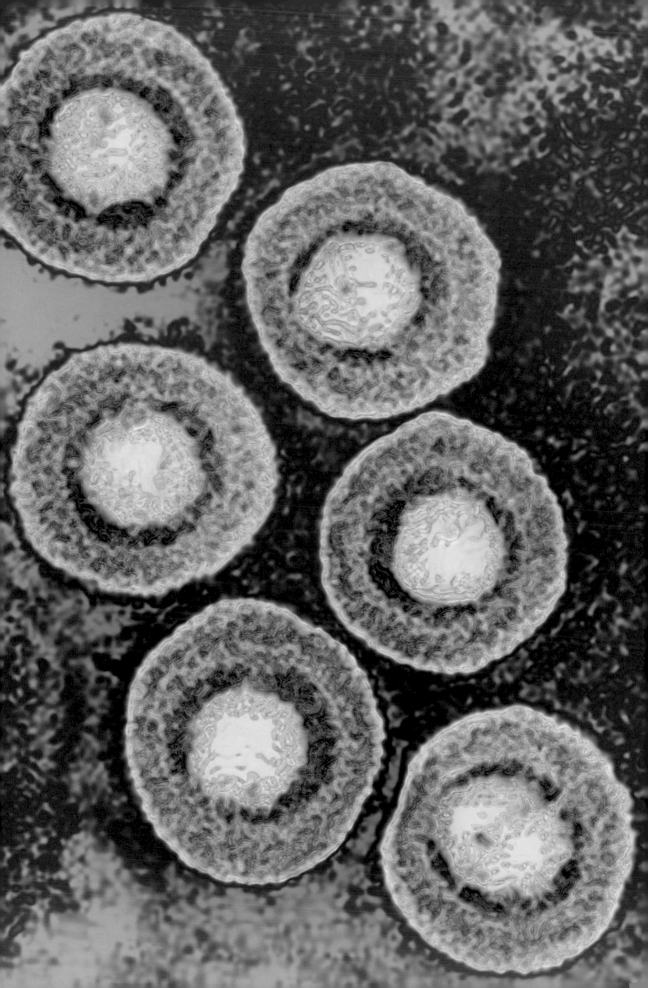

類別	
目	疱疹病毒目Herpesvirales
科	疱疹病毒科Herpesviridae，阿爾發疱疹病毒亞科 Alphaherpesvirinae
屬	水疱病毒屬Varicellovirus
基因體	單一組成、含12萬5000個核甘酸的線型雙股DNA
地理分布	全世界
宿主	人類
相關疾病	水痘、帶狀疱疹
傳播方式	經由患者咳嗽或打噴嚏在空中傳播
疫苗	活性減毒病毒

水痘帶狀疱疹病毒
Varicella-zoster Virus
引起水痘與帶狀疱疹的病毒

一輩子的感染 在有疫苗之前，水痘是幾乎每個人都得過的小兒疾病。有些國家已經普遍施打疫苗。這種病毒傳染性很強，而水痘的流行通常是透過學校和社區傳染。這種疾病通常很溫和，大部分兒童都沒碰到什麼問題就康復了，但也有可能出現併發症。若是孕婦第一次感染，則可能導致胎兒出現先天缺陷。這種病毒會引起發燒和頭痛，然後長出會化膿的發癢紅疹，之後會結痂。水痘的英文叫chicken pox（雞痘），源起不明，不過最說得通的解釋是「chicken」是古英文giccon的變形，這個字的意思是「癢癢的」。

儘管水痘的症狀不會拖很久，但水痘帶狀疱疹病毒卻不會消失。一旦感染，對大部分的人來說就是一輩子的事。跟疱疹病毒科的其他許多種病毒一樣，這種病毒會潛伏在神經元內，有可能會在後來重現江湖。水痘帶狀疱疹病毒再次出現時就是帶狀疱疹，這是一種疼痛的皮膚症狀，通常會持續好幾個星期，但在某些人身上會持續更久，伴隨而來的神經痛更可以拖上好幾年。帶狀疱疹的疫苗基本上就是大劑量的水痘疫苗：減毒的水痘帶狀疱疹病毒。

A 內層殼體剖面圖
B 完整病毒粒子剖面圖
C 含外層殼體的外膜剖面圖

1 主要外殼蛋白及三聚體
2 頂點入口
3 雙股DNA基因體
4 膜蛋白
5 脂質膜
6 外層被膜
7 內層被膜

左：這幅穿透式電子顯微鏡影像中，可看見好幾個**水痘帶狀疱疹病毒**的橫截面。內層殼體（以深藍色顯示）包圍著DNA基因體（淺藍色），而殼體外又有基質與膜（外側藍色層）包圍。

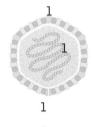

A

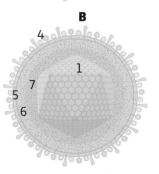

B

C

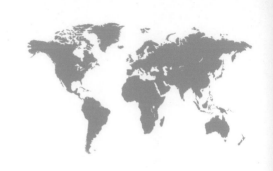

類別	
目	未分配
科	痘病毒科Poxviridae，痘病毒脊索亞科（脊椎動物痘病毒亞科）Chordopoxvirinae
屬	正痘病毒屬Orthopoxvirus
種	天花病毒Variola virus
基因體	線型、單一組成、約18萬6000個核苷酸組成的雙股DNA，編碼約200個蛋白質
地理分布	已絕跡，但之前曾遍布全世界
宿主	人類
相關疾病	天花
傳播方式	直接接觸，或吸入感染者排出的病毒
疫苗	活牛痘病毒

天花病毒
Variola Virus
已絕跡的人類病原體

全世界都已根除的人類疾病 由天花病毒引起的天花，荼毒人類長達好幾個世紀，平均死亡率達25%。Variola在拉丁文中是「有斑點」之意，而smallpox這個名字則是為了跟large pox（梅毒）區別。亞洲早在10世紀就已經有人用「人痘法」預防這種疾病，也就是透過另外一種途徑造成感染。將天花痘痂研磨成粉後吹入人的鼻孔，或是把痘痂物質放在剛刮傷的皮膚上，就會引起輕症，並產生免疫力，可避免未來再度感染。英國醫師愛德華・詹納注意到擠牛奶的女工常感染牛痘，會長出輕微的痘疤，但從來不會得天花。這可能就是大家常說擠奶姑娘都很漂亮的原因：她們沒有天花造成的痘疤。1976年，詹納把牛痘痘漿接種在一個小男孩劃傷的皮膚上，他就只有在劃傷的地方長出一個膿疱。六個星期後，他幫小男孩接種天花，但小男孩並沒有發病。牛痘是跟天花有親緣關係的牛痘病毒造成的，以宿主命名（vacca是拉丁文的「牛」）。這就是牛痘疫苗的濫觴，廣泛用來預防天花，直到天花在1970年代宣布徹底根除為止。

天花病毒的整個生命週期都在宿主細胞的細胞質內完成。我們對這種病毒生命週期的認識，大部分來自對近緣的牛痘病毒的研究，因為天花病毒操作起來太危險，而且研究用的天花病毒樣本大多都已銷毀，只剩下美國和俄羅斯的兩個地方還有存放。除了製造複製時需要的全部蛋白質以外，牛痘病毒還會製造某些蛋白質，可以鎖定並抑制宿主的某些免疫反應。

天花病毒是感染人類的病毒中最大的幾種之一，而且大到用光學顯微鏡就能看到。在所謂的巨病毒當中，它是第一個受到描述的。

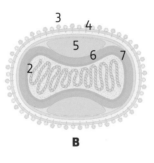

A 有外膜的病毒
B 成熟的病毒體

1 外層套膜蛋白
2 外層脂質包膜
3 成熟病毒體膜蛋白
4 成熟病毒體脂質膜
5 側體 (lateral body)
6 柵狀層 (pallisade layer)
7 有雙股基因體DNA的核鞘

左：在這張**天花病毒**的穿透式電子顯微影像中，可以清晰看見包圍住病毒基因體DNA的內層「啞鈴」型蛋白質結構（以紅色顯示），也能看見病毒的內層膜（綠色）和外層膜（黃色）。

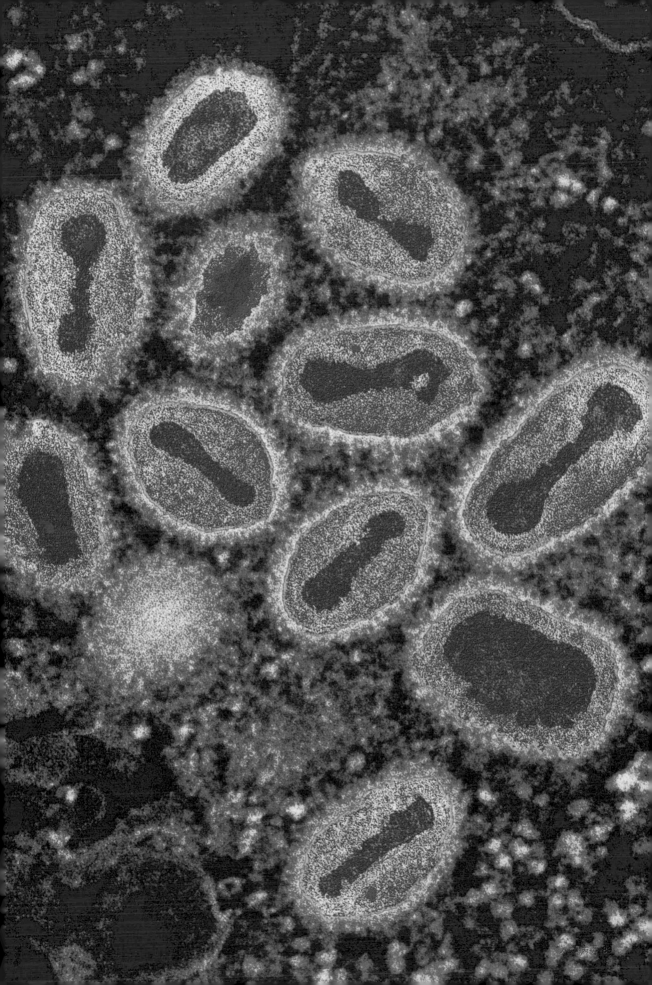

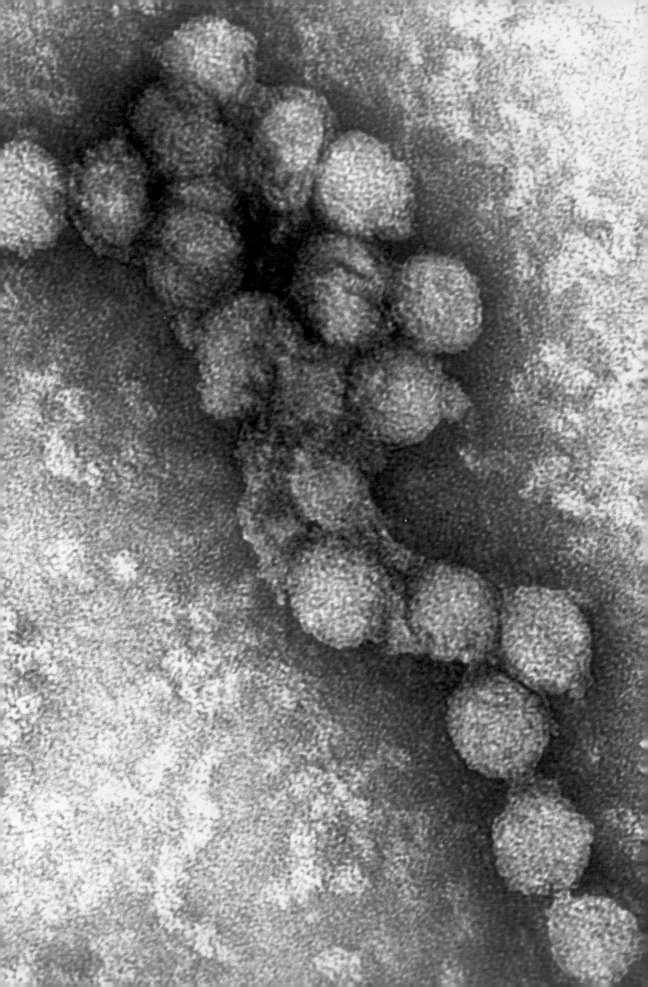

類別	四
目	未分配
科	黃熱病毒科Flaviviridae
屬	黃熱病毒屬Flavivirus
基因體	線型、單一組成、約1萬1000個核苷酸的單股RNA，透過一個多蛋白編碼10個蛋白質
地理分布	非洲、歐洲、北美洲、亞洲、中東
宿主	蚊子、鳥類、人類、馬
相關疾病	西尼羅熱、西尼羅神經侵襲性疾病
傳播方式	蚊子，可能也會經由器官移植和輸血傳播
疫苗	沒有人類的，但有馬用的

西尼羅病毒
West Nile Virus
出現在新環境中的老病毒

通常沒有症狀，但可能造成腦膜炎 西尼羅病毒並不是新的人類病原體，最早是1937年在烏干達發現的，但並未被當成多大的威脅，直到更近期。1990年代，阿爾及利亞和羅馬尼亞爆發了疫情，1999年又出現在紐約，從那時起就擴散到整個北美和歐洲。這種病毒的主要宿主是蚊子，並會在蚊子體內轉移到下一代。第二輪生命週期是在鴉科與鶇科鳥類身上，蚊子會讓病毒在鳥類之間傳播。這種感染對鳥類來說通常是致命的，而死鳥通常就是疫情爆發的第一個跡象。人類和馬是最終宿主：病毒會感染這些宿主，但之後通常就不會從這些宿主身上傳染出去。

感染西尼羅病毒的人中，約有80%不會出現任何症狀，剩下的20%則大部分有類似感冒的症狀，外加嘔吐。極少數人（約1%）會發展成神經性疾病，可能包括腦膜炎、腦炎（腦部發炎）或癱瘓。想控制病毒通常需要控制蚊子。2012年，美國德州北部曾爆發疫情，當地政府迅速反應，噴灑殺蟲劑。2012年，全美共有286人死於西尼羅病毒感染，那一年於是成為至今最要命的一年。

A 剖面圖

1 E蛋白二聚體
2 基質蛋白
3 脂質包膜
4 外殼蛋白
5 單股基因體RNA
6 端帽結構

左：穿透式電子顯微影像所見的一團**西尼羅病毒**粒子（棕色）。這種病毒外層的膜蛋白會形成幾何形狀，看起來很像小型20面體病毒的結構。

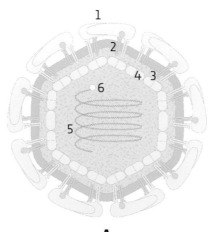

A

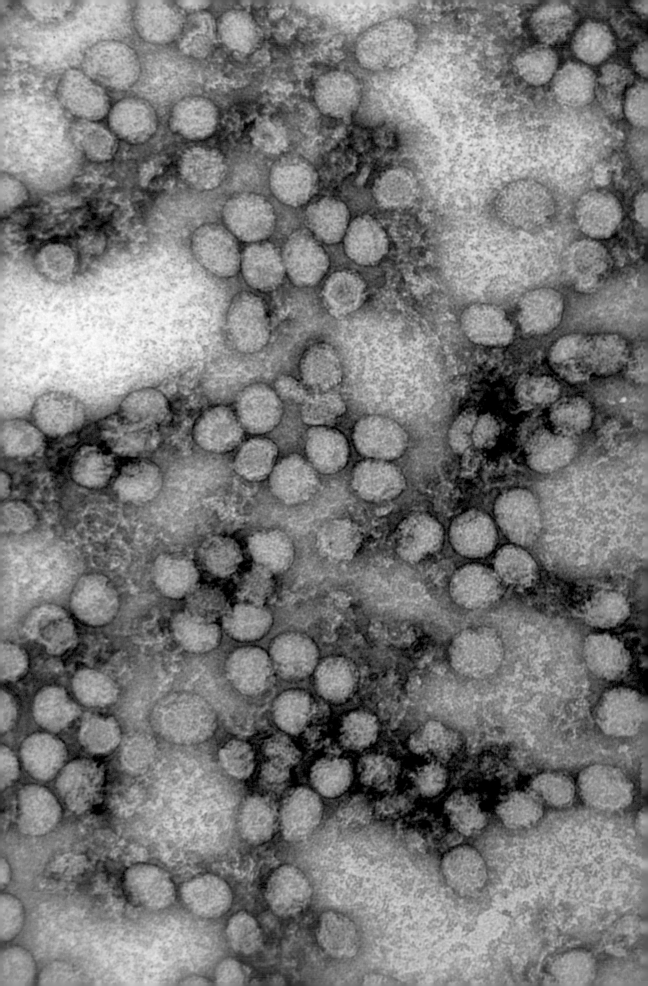

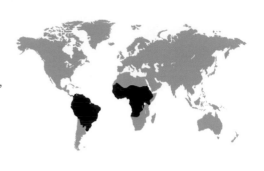

類別	四
目	未分配
科	黃熱病毒科 Flaviviridae
屬	黃熱病毒屬 Flavivirus
基因體	線型、單一組成、約1萬1000個核苷酸的單股RNA，從一個多蛋白編碼10個蛋白質
地理分布	非洲、中美洲、南美洲
宿主	人類
相關疾病	黃熱病、黃傑克、黃色瘟疫
傳播方式	蚊子
疫苗	活性減毒病毒

黃熱病毒
Yellow Fever Virus
第一種被發現的人類病毒

因人類遷徙而傳播的病毒 在16世紀之前，黃熱病只局限在非洲部分地區，而且個體都是在很小的時候就接觸過病毒了，所以許多人都有免疫力。奴隸交易把黃熱病從東非帶到西非，然後再帶到南美洲，後來又在17世紀抵達北美洲。這種疾病可能也助長了奴隸貿易，因為美洲的新開發地區需要有抵抗力的工人，而這樣的人只有東非才有。在20世紀早期以前，北美發生過許多次黃熱病流行。華特・里德爵士（Sir Walter Reed）證實這種病毒由蚊子傳播，這也是第一次證明有病毒由蚊子攜帶。1905年後，這種傳染病在北美洲消失，但仍在世界其他地區肆虐，包括非洲和拉丁美洲，每年造成約3萬人死亡。

感染這種病毒通常會引起非常輕微、類似感冒的短暫疾病，但約有15%的感染者會進入致死率很高的第二階段。到第二階段時，又會開始發燒，並有腹部疼痛以及會導致黃疸的嚴重肝臟損傷，而黃疸就是這種疾病的特徵：皮膚發黃。黃熱病毒的名稱就是這麼來的。在嚴重流行時，致死率可高達50%。

這種病毒是由斑蚊屬（Aedes genus）的埃及斑蚊與白線斑蚊傳播。這種病毒有城市循環與森林循環。城市循環的病毒是在蚊子與人類之間傳播，而森林循環的病毒會在蚊子和其他非人類靈長類之間循環，因此根本無法根除。黃熱病疫苗是在1937年發展出來的減毒疫苗，曾在第二次大戰期間廣泛使用。2006年西非曾發起大規模的疫苗接種行動，不過伊波拉的流行可能對這項行動造成了一些阻礙。

A 剖面圖

1 E蛋白二聚體
2 基質蛋白
3 脂質包膜
4 外殼蛋白
5 單股基因體RNA
6 端帽結構

左：透過穿透式電子顯微影像所見的**黃熱病毒粒子**（以綠色顯示）。這種病毒和西尼羅病毒的結構非常像，外膜蛋白上有幾何圖案。

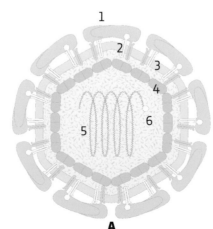

A

類別	四
目	未分配
科	黃熱病毒科Flaviviridae
屬	黃熱病毒屬Flavivirus
基因體	線型、單一組成、約含1萬1000個核苷酸的單股RNA，透過一個多蛋白編碼10個蛋白質
地理分布	全世界的熱帶與副熱帶地區
宿主	人類、其他靈長類
相關疾病	溫和的發燒與起疹子，可能與小頭症以及格林－巴利症候群相關
傳播方式	蚊子
疫苗	無

茲卡病毒
Zika Virus
跳島式擴散全球

想變出新把戲的老病毒？ 茲卡病毒是在1947與1948年的例行調查時，首度在烏干達茲卡森林中的恆河猴與蚊子身上發現的。第一個感染茲卡病毒的人類病例描述是在1952年，但這種病毒可能在那之前就已經擴散到人類身上了。接下來幾十年間，病例出現在中非部分地區，後來又出現在亞洲。在烏干達與奈及利亞調查過去感染的證據時，顯示幾乎有半數人口都曾接觸過這種病毒。這種病毒會在約五分之一的感染者身上引起輕微的、類似感冒的疾病，但大部分人不會有症狀。對茲卡病毒的研究很少，因為這種病很溫和，且同樣的地區還有更嚴重的病毒，像是登革熱病毒和屈公病病毒。這三種病毒都是由埃及斑蚊傳播。

2007年密克羅尼西亞曾爆發茲卡病毒，讓這種病毒受到全球關注。另一次疫情爆發是2013年在法屬玻里尼西亞。這種病毒在2014年抵達新喀里多尼亞、庫克群島和復活節島，並在2015年抵達巴西。科學家可以透過檢視病毒基因體的改變，來推估這隻病毒如何傳播。根據這項資料，茲卡病毒似乎進行了不少次跳島式移動，藉此走遍全球。茲卡病毒如何抵達巴西並不清楚，但2014年舉行的一項國際獨木舟競賽跟許多太平洋島國都有關係，這可能就是美洲茲卡病毒的來源。茲卡病毒在巴西爆發，跟新生兒小頭症的增加有關，而在美洲其他地方，一種名為格林－巴利症候群（Guillain Barré syndrome）的癱瘓性疾病也大幅增加，跟茲卡病毒的感染一致。

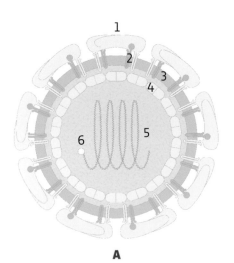

A 剖面圖

1 E蛋白二聚體
2 基質蛋白
3 脂質包膜
4 外殼蛋白
5 單股基因體RNA
6 端帽結構

右：透過穿透式電子顯微鏡所見感染**茲卡病毒**的細胞。這種有結構的病毒粒子以藍色呈現。和其他有親緣關係的病毒一樣，它的膜蛋白也會形成幾何結構。

A

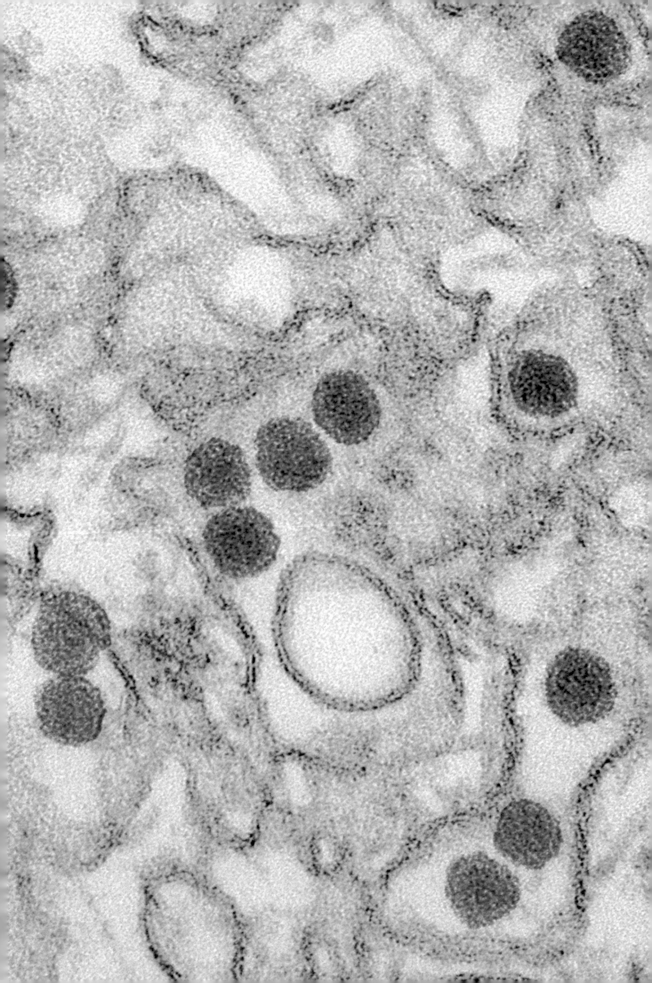

類別	五
目	未分配
科	本揚病毒科Bunyaviridae
屬	漢他病毒屬Hantavirus
基因體	環型、三個組成、約1萬2000個核苷酸的單股RNA，編碼四個蛋白質
地理分布	北美大部分地區
宿主	人類（最終）及小鼠
相關疾病	漢他病毒肺症候群
傳播方式	鼠類排泄物經由空氣傳播感染人類
疫苗	無

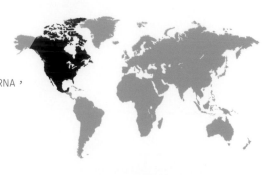

無名病毒
Sin Nombre Virus
從老鼠跳到人類的病毒

到人類就是末端感染 韓國早就發現有一種由漢他病毒引起的肺部疾病，但這個症候群直到1993才出現在美國西南部。這種「無名病毒」從最早的其中一位感染者家附近的老鼠身上分離出來，並在稍後確認是病原體。有幾位年輕的納瓦荷族人感染了這種疾病。這種病毒造成許多恐慌，因為頭兩個受害者一開始出現類似流感的症狀，之後很快就死亡了，早期致死率將近有70%。雖然現在已經很少見，但無名病毒在感染者身上還是有約35%的死亡率。這種病毒最常見的地方是鄉村地區，以及人類經常接觸乾燥老鼠屎的地方。這種病毒原本被命名為「四角病毒」（Four Corners virus），指的是美國發現這種病毒的地區，也就是猶他州、科羅拉多州、新墨西哥州和亞利桑那州交接之處，但當地人反對這個名字，因此將它重新命名為Sin nombre，也就是西班牙文的「沒有名字」。重新檢視歷史記錄後發現，這種疾病過去也曾出現在人類身上，只是並未確認是病毒引起的。納瓦荷族的傳統認為老鼠代表壞運，也是疾病的來源。

無名病毒其實是一種白足鼠病毒，並不會人傳人，這就叫末端感染。北美許多地方的白足鼠都帶有這種病毒，而在這種疾病發生的地區，也會出現零星的漢他病毒肺症候群病例。

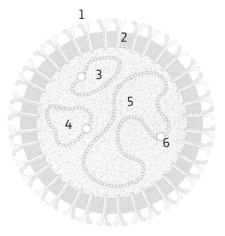

A 剖面圖

1 套膜醣蛋白Gn及Gc
2 脂質包膜

由核蛋白包裹的單股RNA
3 基因體片段 S
4 基因體片段 M
5 基因體片段 L
6 聚合酶

A

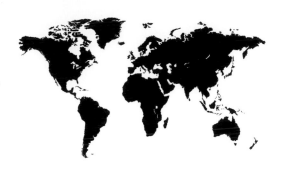

類別	二
目	未分配
科	指環病毒科Anelloviridae
屬	阿爾發細環病毒屬Alphatorquevirus
基因體	環型、單一組成、約3800個核苷酸的單股DNA，編碼二到四個蛋白質
地理分布	全世界
宿主	人類、黑猩猩與非洲的猴類
相關疾病	無
傳播方式	體液，包括唾液
疫苗	無

纖鍊病毒
Torque Teno Virus
一種不會致病的人類病毒

人類身上存在很久且無所不在的病毒 有90%的人都感染了纖鍊病毒，且沒有證據顯示有任何症狀。這種病毒最早是1997年在日本一位肝炎病人身上發現的，但一直沒有跟任何疾病連上關係。靈長類和其他許多動物身上也都發現過同樣的病毒或近緣病毒。在豬身上是由母親傳給子代，有人懷疑人類也是這樣，但尚未證實。

科學家曾在不同的人類族群中做過幾次纖鍊病毒調查。這種病毒在全世界廣泛分布，各個年齡層的人身上都有發現。這種病毒的感染和年紀、性別及出現疾病之間都沒有明確的關係。不過，一個人身上的病毒量，跟免疫系統被抑制的程度有關。免疫被抑制的人，病毒量也較多。這或許可以當作免疫抑制的指標：例如，必須先以藥物對病人的免疫系統進行人為抑制，病人才能接受器官移植，而測量纖鍊病毒含量就能監測藥物的效果。

應該還有其他許多種病毒病不會造成疾病，但人類目前還沒有多大興趣去尋找這類病毒。然而，最近發現了不少病毒是對宿主有益的，對尋找非病原性病毒的興趣也開始增加。未來我們或許會發現到人類「病毒體」（virome，人體內的病毒總和）的重要性，就像我們現在已經意識到微生物組（microbiome）的重要性一樣，而微生物組指的通常是細菌。

A 剖面圖
B 外觀

1 外殼蛋白
2 單股DNA基因體

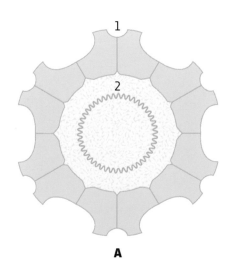

A

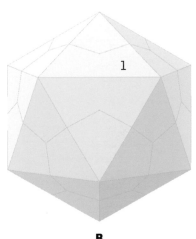

B

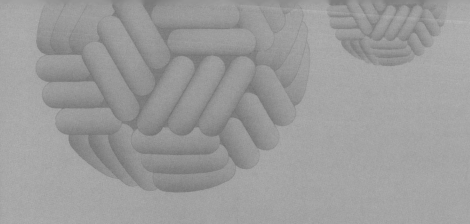

脊椎動物病毒

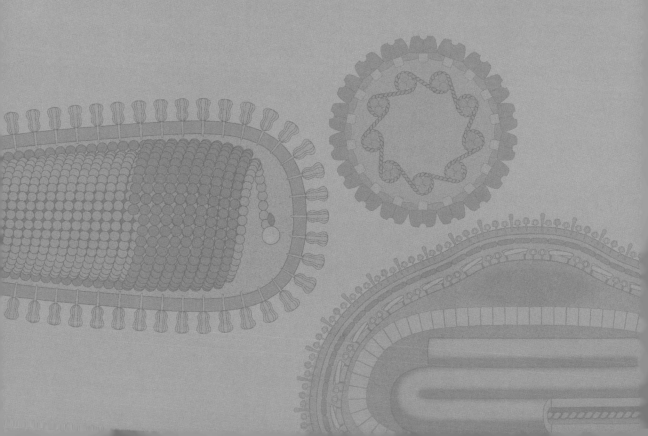

簡介

　　這個章節的病毒跟人類病毒章節的病毒有許多相似之處，其中某些確實也會感染人類，但一般認為那些病毒對非人類的動物宿主比較重要。每個主要分類群都有很多種動物病毒（見前言）。有些飼主可能很熟悉像犬細小病毒、貓白血病毒或狂犬病病毒之類的病毒，因為他們的貓或狗都打過預防這些嚴重疾病的疫苗。本章節中的某些病毒，對飼養蛇之類異國寵物的飼主來說可能很熟悉，還有一些則可能會有釣客知道。這個部分還收錄了一些會感染家畜的病毒，像是蹂躪了養牛產業好幾個世紀的牛瘟病毒。牛瘟病毒最近已經宣布根除，這在病毒學上是個真正的里程碑。

　　有許多病毒只會感染野生動物。一般來說，這類病毒通常不會有人深入研究，除非它們會在對人來說很重要的動物身上引起疾病，或是可能外溢到家畜身上。雖然如植物或細菌之類的宿主身上的病毒生物多樣性已經有人研究，但針對動物病毒生物多樣性的研究還不多。部分原因可能是這類研究很難進行，但可以判定遺傳密碼（也就是病毒或其他物種基因序列）的新技術正在改變我們的理解。最近已經有人從這個角度研究蝙蝠，結果發現蝙蝠帶有各式各樣的病毒。許多會給人類與其他動物造成疾病的病毒，蝙蝠身上也有，但對蝙蝠卻不會引起明顯的疾病。不過狂犬病病毒（也許是最有名的蝙蝠病毒）卻會造成蝙蝠以及已知會感染的所有物種生病。一般來說，動物身上的許多病毒病都不會造成任何已知疾病，但在這些病毒跳到新物種身上、而病毒和宿主都不適應彼此的時候，就會造成問題。

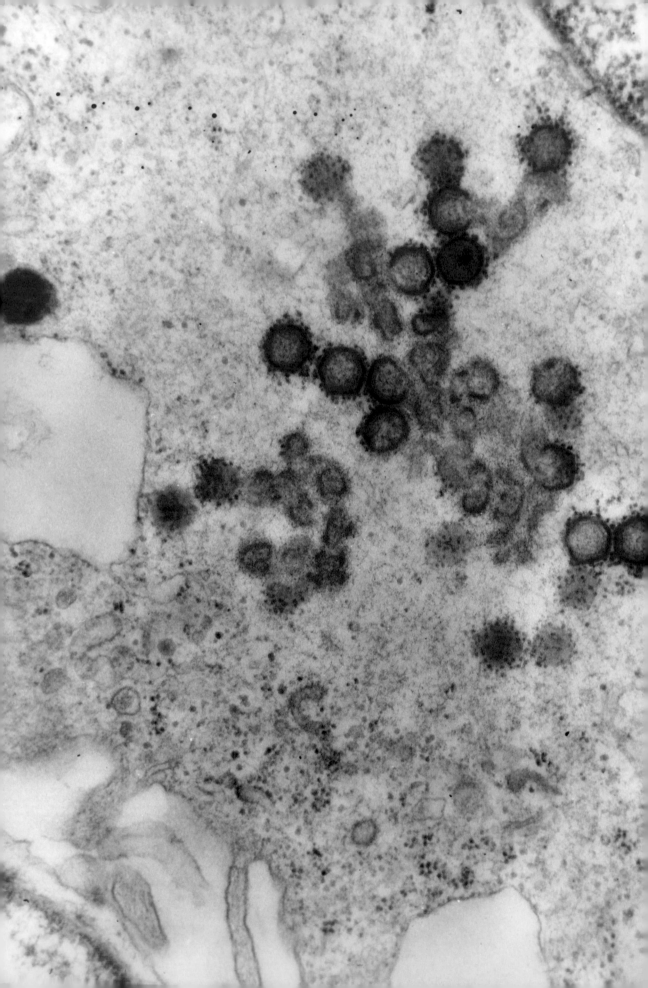

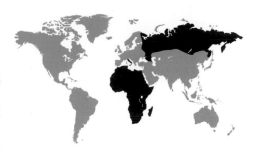

非洲豬瘟病毒
African Swine Fever Virus
讓豬生重病的節肢動物病毒

豬農眼中的嚴重病原體 打從20世紀初，非洲的家豬就爆發過許多次嚴重的非洲豬瘟疫情。因為牛瘟病毒造成許多牛隻死亡，所以肯亞開始進口豬隻，這時就出現了非洲豬瘟的問題。在肯亞，非洲豬瘟病毒原本只出現在豬的野外親緣物種身上，包括疣豬和叢林豬。把家豬引入非洲，等於讓這種病毒有了一個跳到新物種身上的機會。這種病毒在家豬身上通常是致命的，症狀從發燒與躁動開始，然後是食慾不振，接著再進展到出血熱。非洲豬瘟的症狀跟「普通豬瘟」是一樣的，但卻是由另外一種沒有親緣關係的病毒所引起。非洲豬瘟病毒並不會使野豬生病。這可能是因為那些動物是這種病毒的天然宿主，這種病毒也已經非常適應牠們了。當病毒跳到新的宿主物種身上時，可能會引起非常嚴重的疾病。很遺憾的是，這種病毒目前無藥可醫，生產疫苗的努力也還沒有成果。唯一有效的控制方法，是剔除掉感染的動物。

獨特的演化史 非洲豬瘟病毒是唯一由節肢動物傳播的雙股DNA病毒，這個類群（第一類）中大部分的病毒都是靠宿主與宿主接觸傳播。事實上，非洲豬瘟病毒可能是源自於一種蜱病毒。雖然已經發現這種病毒有許多不同的病毒株，但非洲豬瘟病毒是這個科、這個屬已知的唯一一種病毒。

A 剖面圖
B 內蛋白質層的外觀

1 套膜蛋白
2 外層脂質包膜
3 外殼蛋白
4 內層脂質膜
5 基質蛋白
6 雙股基因體DNA

左：感染腎臟細胞的**非洲豬瘟病毒**粒子，此處以紫色顯示。病毒粒子呈現出不同的截面，可以清楚看到膜和內層蛋白質的細節。

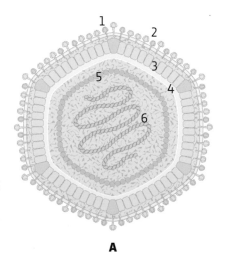

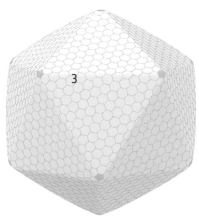

A

B

類別	三
目	未分配
科	呼腸孤病毒科Reoviridae，Sedoreoviranae亞科
屬	環狀病毒屬Orbivirus
基因體	10個片段的線型雙股RNA，共約有1萬9000個核苷酸，編碼12個蛋白質
地理分布	目前世界各地都有發現，高緯度地區除外
宿主	綿羊、山羊、牛和某些野生反芻動物
相關疾病	藍舌病
傳播方式	蠓（糠蚊）
疫苗	有許多種血清型

藍舌病病毒
Bluetongue Virus
綿羊與其他反芻動物的嚴重疾病

正在擴散的非洲疾病 最早關於藍舌病的描述，出現在18世紀的非洲，馴養和野生的反芻動物身上都有出現。1905年發現了引起這種疾病的病毒。藍舌病是一種很嚴重的綿羊疾病，會引起許多不同的症狀，但最明顯的就是腫脹發藍的舌頭。小羊染上這種病毒的死亡率很高，有些病毒株在成年綿羊身上也會造成高死亡率，還會導致牛隻和綿羊流產。

氣候變遷可能助長擴散 藍舌病幾十年都沒有出現在非洲以外的地區。1924年在賽普勒斯有描述，1940年代也還有爆發。接下來，美國在1948年確認發現了這種疾病，1950年代又出現在西班牙和葡萄牙。目前在澳洲、北美和南美洲、南歐、以色列和東南亞都有發現。比較了不同地區的病毒基因體序列後，發現同一地區的分離株都很像，但不同地區的分離株都不像。這意味著這種病毒在那些地方已經很久了，只是最近才被發現。藍舌病病毒的分布，受限於傳播這種病毒的蠓的分布範圍，而隨著氣候變遷，蠓的分布可能也會跟著往高緯度地區擴張。

A 剖面圖
B 中蛋白質層的外觀

外蛋白質層
1 VP2 三聚體
2 VP5 三聚體r

中蛋白質層
3 VP7

內蛋白質層
4 VP3
5 雙股RNA基因體（10個片段）
6 端帽
7 VP 4
8 聚合酶

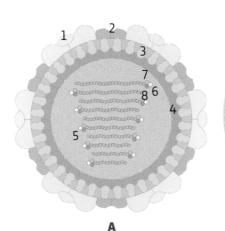

A

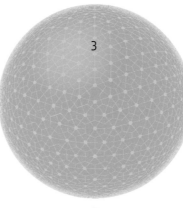

B

右：在洋紅色背景上、以橘色顯示的純化**藍舌病病毒**粒子。

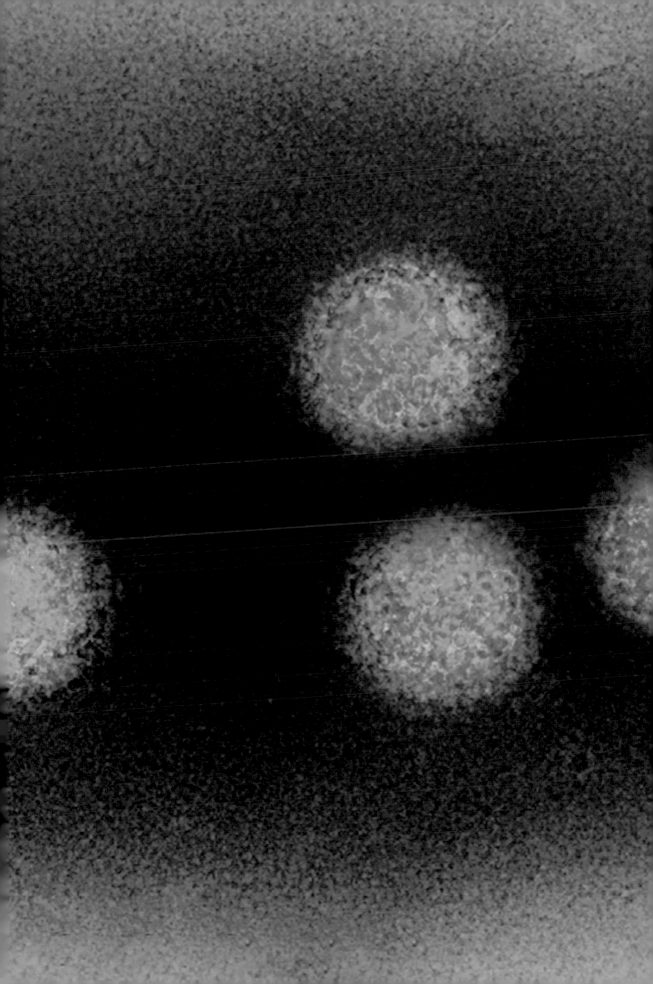

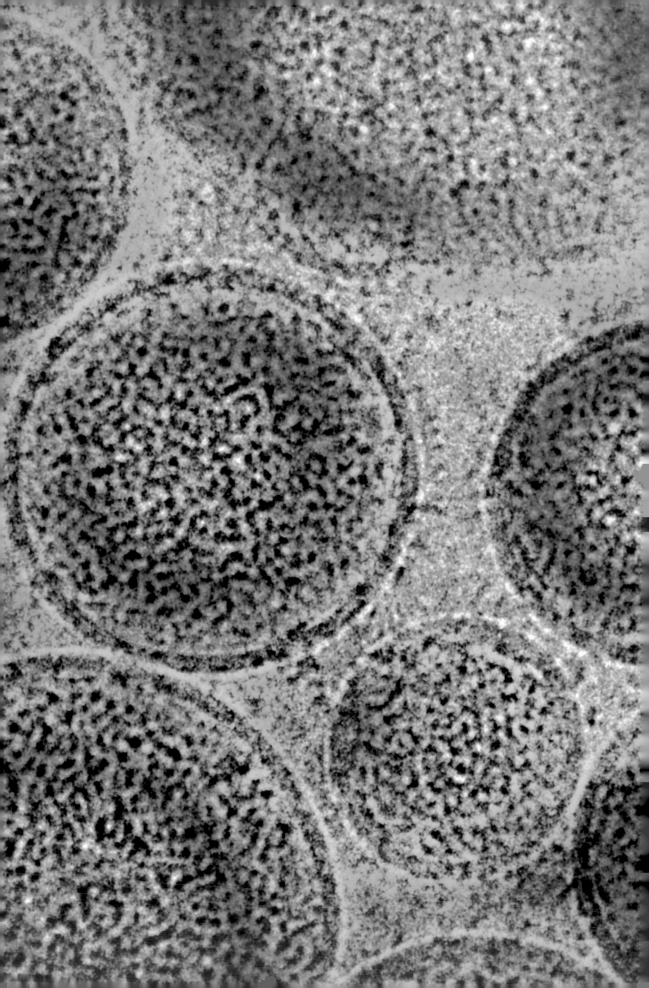

類別	五
目	未分配
科	沙狀病毒科 Arenaviridae
屬	沙狀病毒屬 Arenavirus
基因體	兩個片段、線型、共有約1萬300個核苷酸的單股RNA，編碼四個蛋白質
地理分布	歐洲、亞洲、美洲
宿主	蚺（圈養的蟒和蚺）
相關疾病	蛇包涵體病
傳播方式	不明，可能是蟎
疫苗	無

蛇包涵體病病毒
Boid Inclusion Body disease Virus
解決蛇類嚴重疾病之謎

　　圈養蛇類的疾病　這是一種嚴重的疾病，最早是1970年代在圈養的蚺和蟒族群身上發現的。這種疾病會導致神經性變化及厭食，大部分的蛇都會因為次發性的感染而死亡。在感染的蛇的細胞中，可以看到名為「包涵體」的特殊變化，所以這種病毒就被命名為蛇包涵體病病毒。這種疾病很顯然是會傳染的，因為它可能會讓整個族群都死光，但並不清楚是否為直接傳播。曾有人懷疑蟎是媒介動物，但尚未得到證實。也有人懷疑致病原是病毒，而感染的蛇身上也確實分離出好幾種病毒，但直到最近，才有明確的證據證明這種疾病是由一種特定的病毒引起的。

　　經過柯霍氏假說的部分驗證，證實疾病由這種病毒引起　羅伯特·柯霍（Robert Koch）是著名的德國微生物學家，曾在19世紀末研究過許多細菌性疾病。他發展出一套標準，也就是「柯霍氏假說」（Koch's postulates）。到目前為止，要證明某一種微生物會引起某一種疾病，這仍然是標準：（一）所有受感染個體身上都一定要有這種微生物存在，未感染個體則沒有，（二）必須從受感染個體身上分離出這種微生物，（三）必須把這種微生物轉介到健康個體上，並且使健康個體生病，（四）必須從新感染的個體身上再度分離出這種微生物。蛇包涵體病病毒就是從感染蛇身上的培養細胞分離出來的，也讓健康的蛇感染了這種疾病，但在新感染的蛇身上卻沒有重新分離出這種病毒，儘管整個過程都是用培養細胞完成的。在能夠從另一隻實驗性感染的蛇身上重新分離出這種病毒之前，都不算完全符合柯霍氏假說。這是非常嚴格的標準，也是現代微生物學中不一定能遵守的標準。

左：展現出不同橫截面的**蛇包涵體病病毒**粒子（藍色）。這張影像以名為「冷凍電子顯微術」的技術製作，病毒被放在水中冷凍。這種方法可以為某些非常脆弱的病毒保留更多結構。

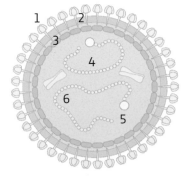

A 剖面圖

1 醣蛋白
2 脂質包膜
3 外殼蛋白
4 包裹在核蛋白中的單股RNA片段S
5 聚合酶
6 被核蛋白包裹的單股RNA片段L

A

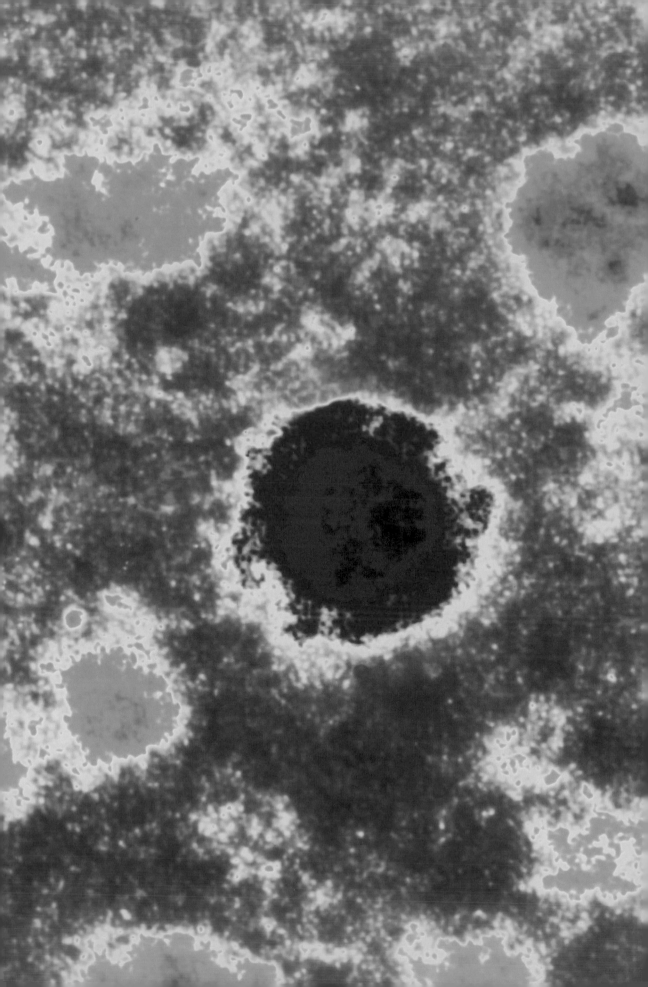

類別	五
目	單股負鏈病毒目Mononegavirales
科	波那 病毒科Bornaviridae
屬	波那病毒屬Bornavirus
基因體	單一組成、線型、約8900個核苷酸的單股RNA，編碼六個蛋白質
地理分布	歐洲、亞洲、非洲、北美洲
宿主	馬、牛、綿羊、狗、狐狸、貓、鳥、齧齒類及靈長類
相關疾病	波那病
傳播方式	鼻分泌物及唾液
疫苗	僅供實驗用

波那病病毒
Bornadisease Virus
改變宿主行為的病毒

嚴重的神經系統疾病 波那病的最早描述是出現在18世紀的德國獸醫教科書上，患者是馬。雖然大約在1900年就已經確認這種疾病是病毒引起的，在整個19世紀與20世紀也都有人研究這種疾病，但這種病毒的細節卻一直到20世紀晚期才為人所知。這種病毒可造成馬和綿羊的嚴重疾病，並迅速死亡，不過最近幾十年來卻變得很少見。這種疾病的發生率為何會出現變化，原因不明，但很可能是因為野生的保毒宿主是齁鼱，而齁鼱族群的變化、家畜和齁鼱的接觸率，都可能是造成這些波動的原因。大鼠的感染實驗顯示，這種病毒會讓齧齒動物變得更具攻擊性，出現咬人行為，因此加強了病毒的擴散。這種病毒感染有一個很有趣的特色，就是免疫功能受損的動物不會發病。有人提出，這種病毒可能跟人類的某些神經系統疾病有關，但未能證實，而最近的研究證據則大抵駁斥了這種想法。

在人類DNA中發現的第一個非反轉錄RNA病毒 21世紀早期，因為新技術的關係，要判定DNA序列已經便宜許多。第一個人類基因體序列在2003年完成，之後也完成了許多其他的基因體。在基因體中發現了許多反轉錄病毒序列，因為些病毒會把自己的RNA轉成DNA，並在複製時嵌入宿主的基因體。但波那病病毒的序列是在人類基因體中發現的，其他靈長類、蝙蝠、大象、魚、狐猴與齧齒動物的基因體中也有。這些序列是怎麼跑進去的？有一個（尚未證實的）假說是，這些序列是受到一種反轉錄病毒的協助，把它們的RNA基因體轉成DNA。

A 剖面圖

1 醣蛋白
2 脂質包膜
3 外殼蛋白
4 被核蛋白包圍的單股RNA基因體
5 聚合酶
6 磷蛋白

左：細胞中的**波那病病毒**粒子。外膜以藍色顯示，內層的粒子則以洋紅色顯示。

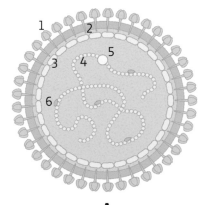

A

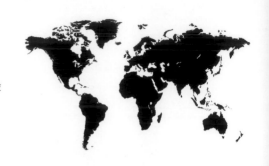

第一型牛病毒性下痢病毒
Bovine Viral Diarrhea Virus 1
家牛的病毒

疾病會造成各種結果 未懷孕的成年母牛若感染牛病毒性下痢病毒，通常只會出現輕微的症狀，包括某些呼吸道疾病、產乳量減少、無精打采和咳嗽。這種疾病可能會因為病毒株的不同、感染牛隻的年紀和感染的途徑不同，而產生非常不一樣的狀況。在不足兩歲的小牛身上，常會引起嚴重的疾病。

母子垂直傳染讓病毒一直存在群體內 母牛若是在孕期的特定階段感染，可能會造成流產，但若是逃過流產命運，小牛出生時就會成為無症狀感染者，一輩子都在排出病毒（也就是說，製造病毒並釋出病毒）、感染牛群中的其他牛隻，但對病毒又有某種耐受力。因為這個緣故，一般都會檢測小牛有沒有感染這種病毒，檢測方法有很多種。被感染的小牛通常成長緩慢，也比較容易感染其他疾病。有時候小牛還會發展成黏膜性疾病，非常嚴重，通常還會致命，症狀包括嚴重下痢，黏膜組織也會出現潰瘍和損傷。目前還不清楚這是怎麼造成的，但病毒的突變會使病毒更容易致病，也有可能小牛是被另外一種近緣病毒感染。

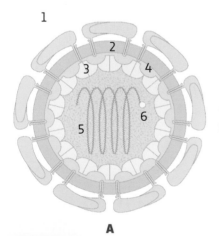

A 剖面圖
B 外觀

1 E蛋白二聚體
2 脂質包膜
3 外殼蛋白
4 基質蛋白
5 單股基因體RNA
6 端帽結構

右：此處可見為感染細胞內的**牛病毒性下痢病毒**。病毒粒子是名為內質網（以藍色和紅色顯示）的細胞結構內的紅色小圓形。

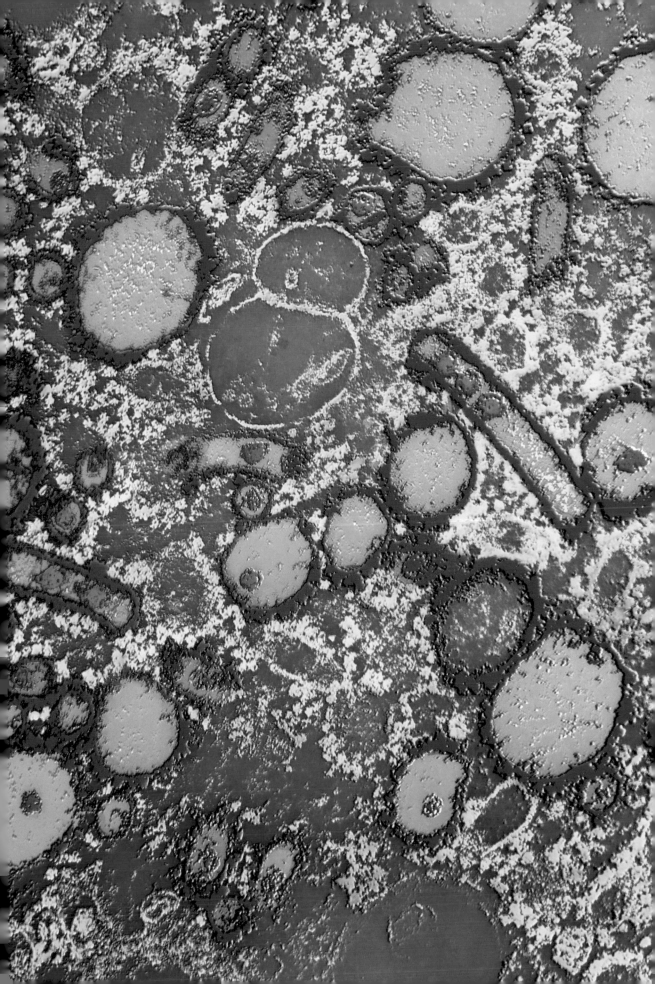

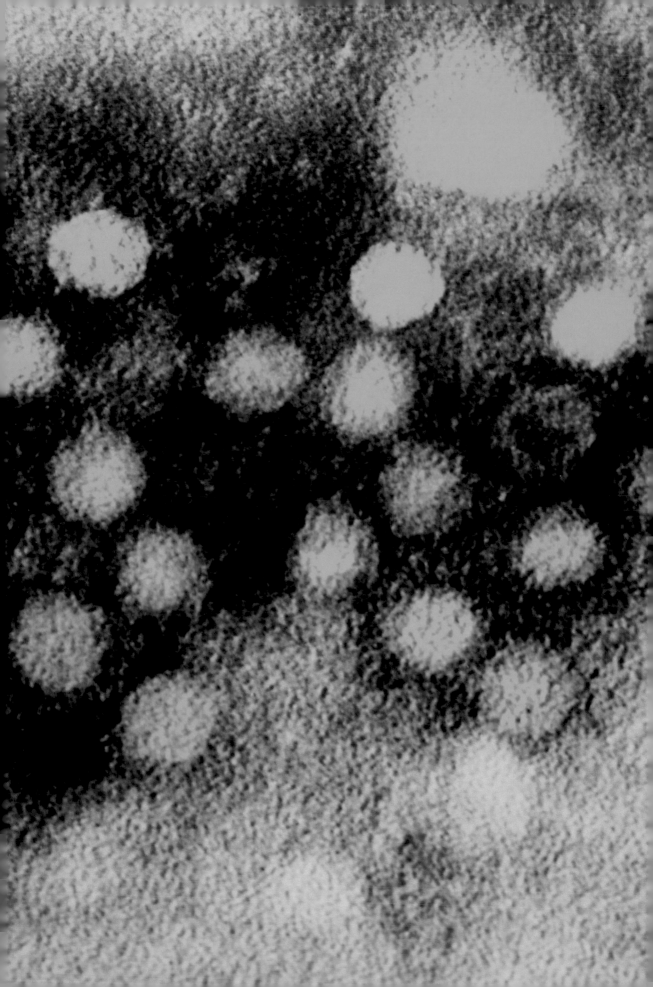

類別	二
目	未分配
科	小DNA病毒科Parvoviridae（又名細小病毒科）、 小DNA病毒亞科Parvovirinae
屬	細小病毒屬Parvovirus
基因體	單一組成、環形、約5000個核苷酸的單股DNA， 編碼三個主要蛋白質
地理分布	全世界
宿主	家犬與野犬
相關疾病	消化道疾病
傳播方式	口部接觸到受感染的泥土、排泄物或汙染物
疫苗	減毒活疫苗

犬小病毒
Canine Parvovirus
從貓跳到狗

幼犬的大問題 在成犬身上，犬小病毒非常溫和，也可能沒有症狀，但在幼犬身上就會造成嚴重疾病，而且常會致死，通常需要非常嚴肅的醫療介入才能存活。已經有成功的疫苗可用，但幼犬還在哺乳期或剛斷奶幾週時都不能用，因為母體的抗體會讓疫苗失去活性。也就是說，幼犬有非常容易感染這種疾病的機會窗口。這種病毒非常穩定，在土壤中可維持一年或一年以上時間。要從物品表面清除也很困難。狗一旦感染到這種病毒，就會開始排出病毒，甚至在症狀出現之前就開始了，痊癒以後也會繼續排出病毒好幾天。檢測是很重要的，育犬人士一定要非常小心預防自家設施內出現犬小病毒，要是發現了病毒檢測呈陽性的狗，就要採取嚴格的隔離措施。

來自貓的病毒 犬小病毒幾乎跟一種貓病毒一模一樣，也就是貓泛白血球減少症病毒（Feline panleukopenia virus）。這種病毒從1920年代開始就已經為人所知，很多種肉食動物身上也都曾發現近緣的小病毒。這種病毒在1970年代晚期首度出現在狗身上。這種病毒幾乎可以確定是從貓身上「跳」到狗身上的，因為最早的狗病毒基因體，和貓病毒的基因體相比，只有兩個小變異。這種病毒一旦適應了狗之後，便迅速擴散到全世界的犬族群。犬小病毒是個絕佳案例，證明了病毒可以多麼迅速地演化並轉換到新宿主身上，而且一旦發生，也會擴散得很快。

A 剖面圖
B 外觀

1 外殼蛋白
2 單股DNA基因體

左：純化後的**犬小病毒**粒子，在此以綠色呈現。其中一些粒子上可以看到這種非常微小的病毒的各個平面。

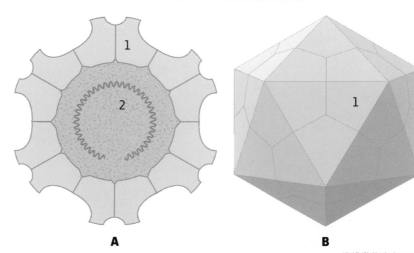

A

B

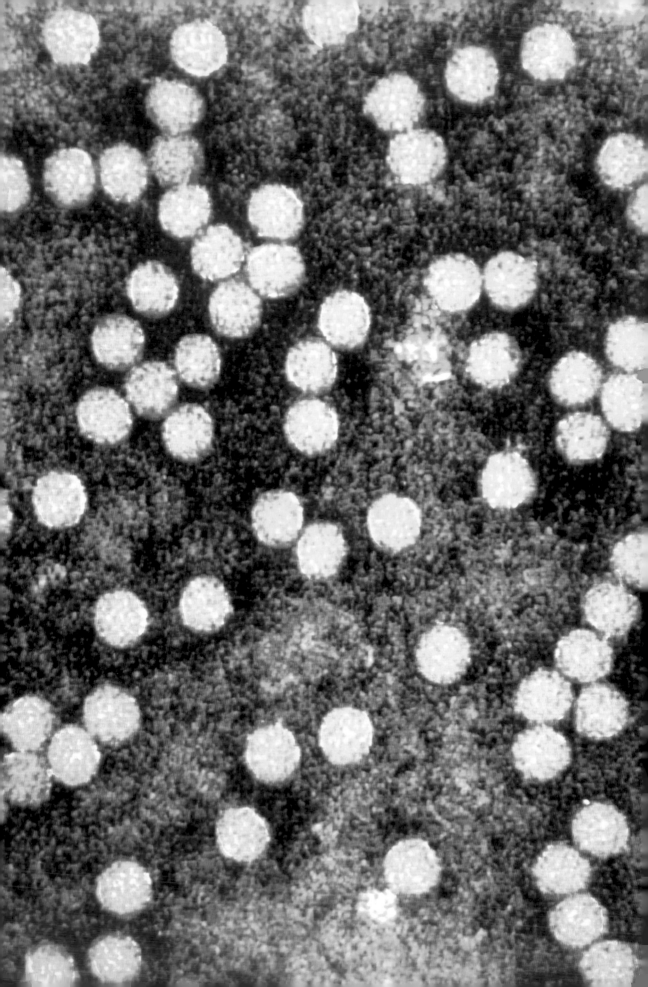

類別	四
目	小RNA病毒目 Picornavirales
科	小RNA病毒科 Picornaviridae
屬	口蹄疫病毒屬 Aphthovirus
基因體	單一組成、線型、約有8100個核苷酸的單股RNA，從一個多蛋白編碼九個蛋白質
地理分布	中東、東南歐、亞洲部分地區及撒哈拉沙漠以南非洲的地方流行病，偶爾會在其他地區爆發
宿主	大部分為偶蹄動物，家畜和野生動物都有
相關疾病	口蹄疫（發燒、口部和腳上出現水泡）
傳播方式	傳染性強，空氣傳播，也存在於所有體液中
疫苗	死病毒疫苗

口蹄疫病毒
Foot and Mouth Disease Virus
第一種被發現的動物病毒

依然荼毒著家畜的老疾病 口蹄疫是一種非常老的疾病。早在16世紀的義大利，就已有牛隻疫情的文字記錄，但致病原因要到19世紀末期才為人所知。研究人員發現，口蹄疫的致病原可以通過連細菌都能濾掉的極細過濾器，跟菸草鑲嵌病毒一樣，這種病毒也因此成為第二種被發現的病毒。

口蹄疫爆發通常都很嚴重，因為這種病毒傳染力很強，擴散速度又非常快。唯一的控制方法就是銷毀所有感染的動物。有些疫情發現得早，也迅速控制下來，但2001年在英國爆發的口蹄疫，導致超過400萬頭動物遭撲殺。在病毒原生的非洲，野生動物爆發疫情就跟家畜一樣常見。在美國，這種病毒在19世紀早期就已經根除，不過在普倫島（Plum Island）上還有人研究。這是一座位於長島東北部外海的小島，島上有一個動物疾病研究機構，生物安全等級為第三級（最高為第四級）。靠疫苗預防這種疾病不一定有用，因為有好幾個容易變異的病毒株，但在南美洲，疫苗接種在疾病控制方面扮演了關鍵的角色。

A 剖面圖
B 外觀

外殼蛋白
1 VP1
2 VP2
3 VP3
4 VP4
5 單股RNA基因體
6 VPg
7 多腺核苷酸尾

左：電子顯微鏡影像中，純化後的**口蹄疫病毒**粒子以黃色顯示。

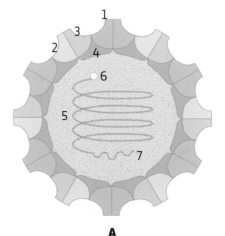

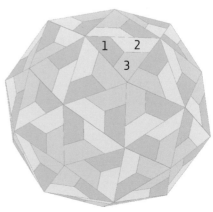

A   B

類別	—
目	未分配
科	虹彩病毒科Iridoviridae
屬	蛙病毒屬Ranavirus
基因體	單一組成、線性、約10萬6000個核苷酸的雙股DNA，編碼97個蛋白質
地理分布	南北美洲、歐洲、亞洲
宿主	蛙、蟾蜍、有尾目、蠑螈、蛇、龜、魚
相關疾病	兩棲類日漸衰弱並逐漸死亡
傳播方式	水、攝入、直接接觸
疫苗	無

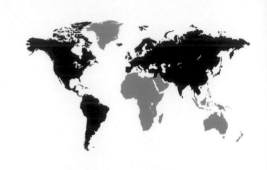

蛙病毒三型
Frog Virus 3
壓垮蛙類的最後一根稻草？

瀕絕物種的可能病原體 近幾十年來，全世界許多種蛙類都歷經大規模的族群衰退，很大原因是一種名為壺菌的感染性真菌。這種真菌迅速擴散到全世界，可能是直接或進接地隨著人類移動。蛙病毒三型是1960年代早期在一隻患有某種癌症的牛蛙身上發現的，原本是當成人類癌症的可能模型來研究，但結果發現這種病毒並非癌症的成因。一直到1980年代中期，才有人把蛙病毒跟兩棲類的疾病連結在一起。從1990年代開始，世界各地都出現跟蛙病毒三型有關的蛙類大量死亡報告，而且不只是蛙，還有蟾蜍、蠑螈和有尾目。現在已經知道蛙病毒的分布遍及全球，也會造成多種兩棲類疾病。有好幾種蛙類的族群衰退被歸因於這類病毒。蛙病毒也因為兩棲類的全球交易而流行，影響了這個類群的超過100個物種。蛙病毒三型也是日本與美國水產養殖業的一大問題。該如何在本來就已經深陷危機的物種身上控制這種病原體，是許多保育生物學家擔憂的問題。

蛙病毒屬於虹彩病毒科，會如此命名是因為這類病毒當中有一些在純化後會散發出紫色、藍色或藍綠色的虹彩。這種顏色並不來自色素，而是非常複雜的病毒粒子折射光線造成的。

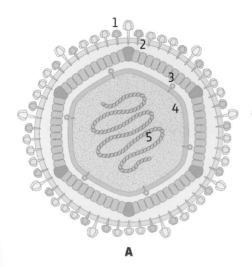

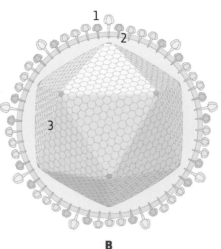

A	剖面圖
B	殼體外的截面

1	套膜蛋白
2	外層脂質包膜
3	外殼蛋白
4	內層脂質膜
5	雙股基因體DNA

右：圖中可見以深藍色呈現的**蛙病毒**三型正從被感染的細胞中鑽出來。有一顆病毒粒子正處於從膜中出芽的階段。

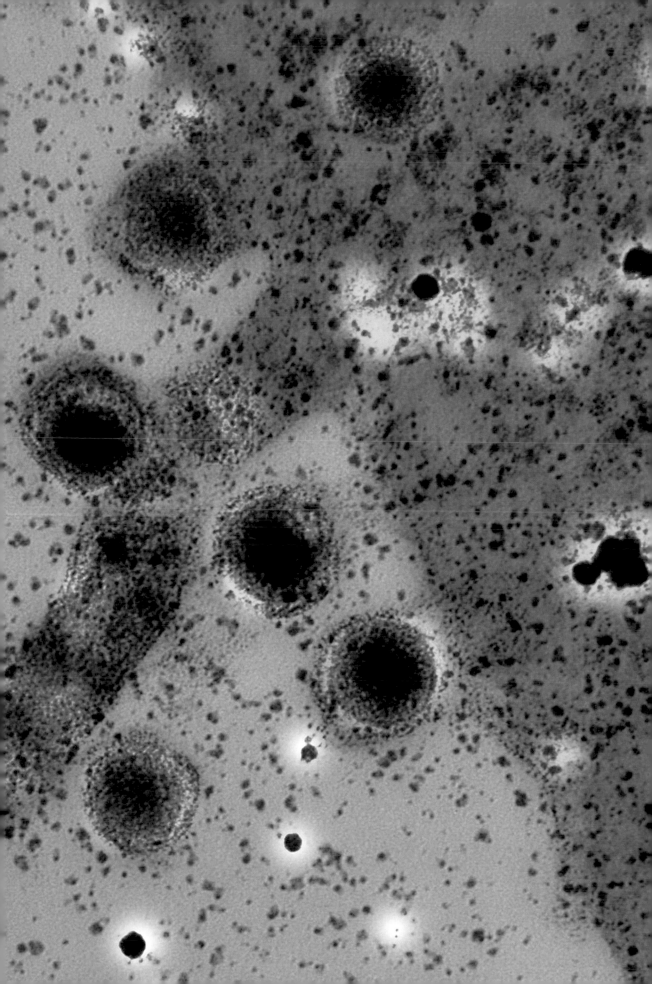

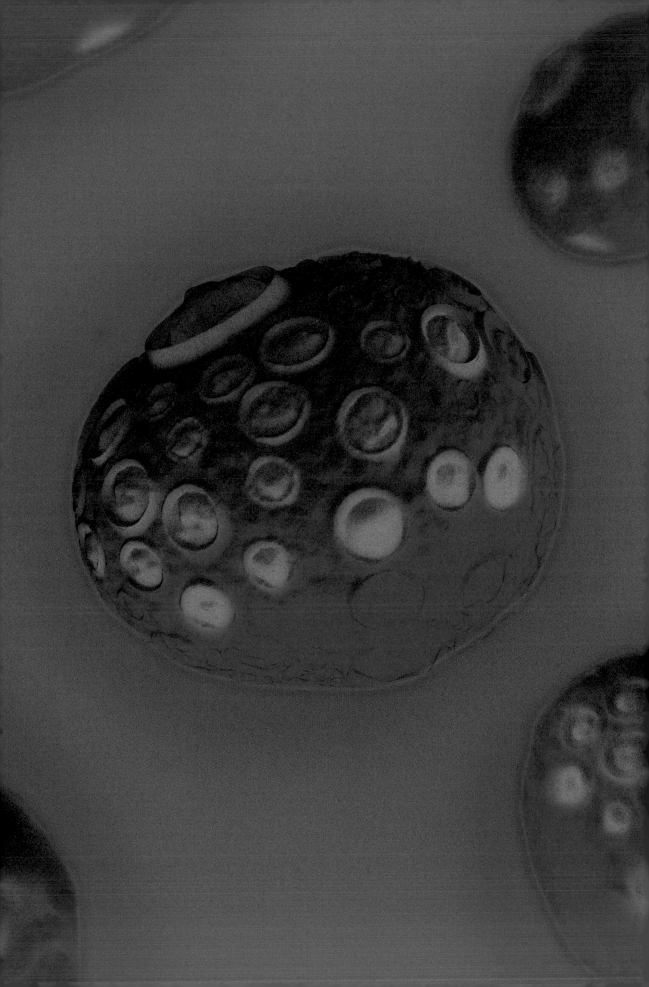

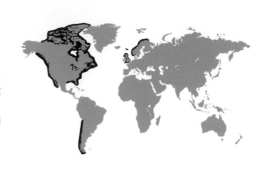

類別	五
目	未分配
科	正黏液病毒科Orthomyxoviridae
屬	傳染性鮭魚貧血病毒屬Isavirus
基因體	八個片段、線型、總共約1萬3500個核苷酸的單股RNA，編碼八個蛋白質
地理分布	挪威、蘇格蘭、英國、法羅群島、美國、加拿大和智利
宿主	大西洋鮭魚、其他鮭科魚類、其他海洋魚類
相關疾病	貧血，一種紅血球疾病
傳播方式	與分泌物接觸，由海水攜帶
疫苗	不活化病毒與基因改造病毒

傳染性鮭魚貧血病毒
Infectious Salmon Anemia Virus
控制疾病但並未消滅病毒

鮭魚養殖業的威脅 大西洋鮭魚是密集養殖的魚類，而傳染性鮭魚貧血病毒是這個產業的一大威脅。這種病毒會感染鮭魚的紅血球。哺乳類動物的成熟紅血球中並不含任何DNA，通常也不會被病毒感染，但魚類的紅血球還是保有細胞核和DNA。有些被感染的魚並不會出現症狀，但會突然死亡；有些魚的鰓會變白，可能會靠近水面游動，並張口呼吸空氣。

在實驗室中，太平洋鮭魚也可以感染這種病毒，但不會發展成疾病。有些鱒魚也是無症狀感染。這些魚就可能成為病毒帶原者。這種疾病最早是1980年代在挪威的養殖場觀察到的，並於1990年代中期出現在美加太平洋沿岸的養殖魚身上。到了1990年代晚期，這種疾病出現在蘇格蘭，而在加拿大發生的疫情則造成了幾百萬條魚死亡。2007-2009年，發生在智利的疫情重創了鮭魚養殖業。野生魚類身上的溫和傳染性鮭魚貧血病毒，到了養殖魚類身上卻演化成嚴重的病毒株，但蘇格蘭和法羅群島都採取非常嚴格的控制手段，成功消滅了這種疾病，不過這種病毒依舊存在。

A 剖面圖

1 血球凝集素
2 神經胺酸酶
3 脂質膜
4 基質蛋白
5 由核蛋白包裹的單股RNA
　基因體（八個片段）
6 聚合酶複合體
　（Polymerase complex）

左：由電子顯微影像與X光晶體繞射資訊合成的**感染性鮭魚貧血病病毒**模型，以藍色顯示。

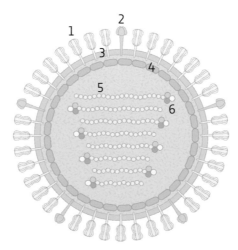

A

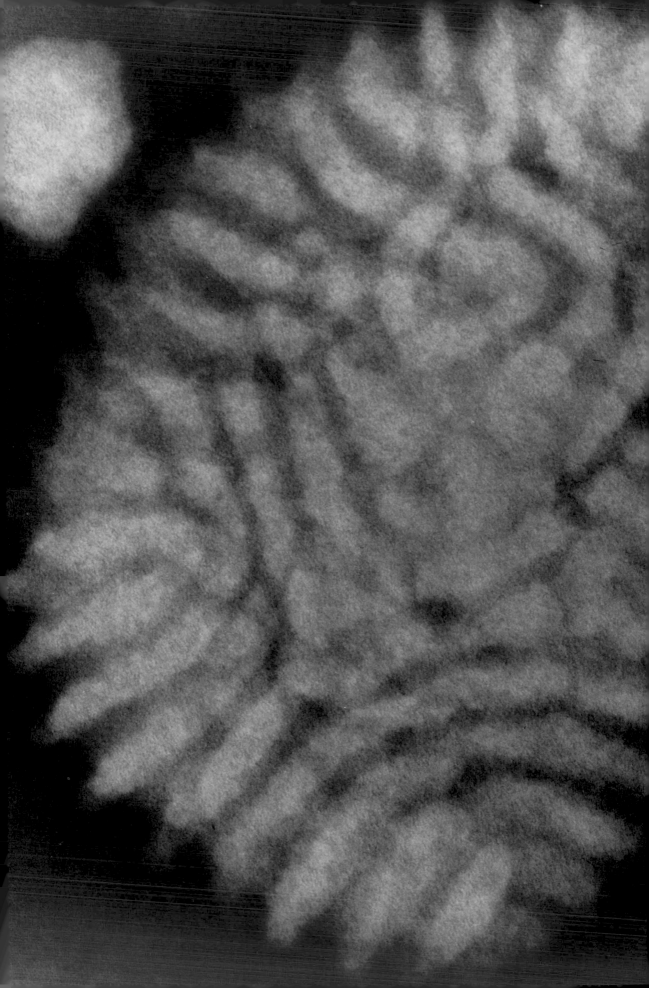

類別	—
目	未分配
科	痘病毒科Poxviridae，痘病毒脊索亞科Cordopoxvirinae
屬	兔痘病毒屬Leporipoxvirus
基因體	線型、單一組成、約有16萬個核苷酸的雙股DNA，編碼約158個蛋白質
地理分布	中美洲、北美洲、南美洲、澳洲、歐洲
宿主	兔子
相關疾病	家兔感染會造成多發性黏液瘤病（Myxomatosis），野兔感染則為良性的
傳播方式	蚊子和跳蚤，在實驗研究中是直接接觸
疫苗	減毒病毒、有親緣關係的病毒、改造病毒

黏液瘤病毒
Myxoma Virus
澳洲兔子的生物防治法？

新興疾病實驗的經典案例 歐洲家兔在18世紀就被英國殖民者帶到澳洲了，但在19世紀中，又引進了24隻野兔供狩獵之用。約在60年內，這些兔子便大幅擴散，分布到澳洲大部分地區，有時也被稱作「灰毯子」。到了1950年，澳洲已經有幾億隻兔子。對這個國家來說，入侵的兔子是生態浩劫，破壞了原生棲地與農作物。

黏液瘤病毒出現在南美洲的實驗室兔子（最早源自歐洲兔）身上，是從原生的野兔那裡感染來的，但野兔卻沒有出現任何症狀。家兔若感染多發性黏液瘤病，通常會致命。早在1910年就有人提出將黏液瘤病毒引入澳洲，以控制入侵的兔子，但早期的幾個實驗失敗了，可能是因為缺乏載體傳播病毒。但在1950年代，有一年夏季特別潮溼，蚊子大量孳生，當時釋放的病毒就讓兔子大量死亡。某些地區的兔子死亡率甚至超過99%。但有些兔子活了下來，是感染了較溫和病毒株的兔子。結果，經過宿主得以存活的較弱病毒株的天擇、以及對耐受力更佳的兔子的強選擇（strong selection），這次生物防治實驗並不算完全成功，不過兔子的數量還是比引入病毒之前少了非常多。從這次超大規模的實驗中，人類也學到很多關於病毒如何出現然後適應宿主的知識。一般來說，既然病毒必須完全仰賴宿主才能生存，所以病毒若是讓宿主病得太重，尤其是因此阻礙了傳播，那對它而言反而沒好處。

A 剖面圖

1 外層套膜蛋白
2 外層脂質包膜
3 成熟的病毒體膜及蛋白
4 側體
5 柵狀層
6 核鞘
7 雙股基因體DNA

左：一顆**黏液瘤病毒**粒子，呈現出病毒粒子上不規則排列的管狀結構。

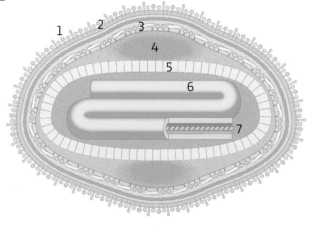

A

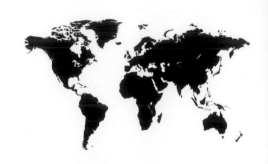

類別	二
目	未分配
科	環狀病毒科Circoviridae
屬	環狀病毒屬Circovirus
基因體	環型、單一組成、約1770個核苷酸的單股DNA，編碼三個蛋白質
地理分布	全世界
宿主	豬，家豬和野豬都有
相關疾病	豬環狀病毒相關疾病
傳播方式	直接接觸
疫苗	不活化病毒或基因改造的部分病毒

豬環狀病毒
Porcine Circovirus
已知的最小動物病毒

出現致病變化的良性病毒 這種非常微小而簡單的病毒感染了全世界的豬。第一個分離病毒株是在培養用的細胞品系中找到的，而在幫豬做檢測的時候，世界各地的豬身上都有這種病毒，但並未造成疾病。但後來就發現了這種病毒的第二型，現在命名為「豬第二型環狀病毒」，以跟第一型區別。這個病毒就會讓豬生病，尤其是小豬，會出現消瘦、呼吸困難及腹瀉等症狀。這種病毒在全世界大部分有養豬的地方都有發現，也曾經造成養豬產業的嚴重損失。大部分患有豬環狀病毒相關疾病的豬，也同時感染了其他的豬病毒，所以不清楚豬第二型環狀病毒本身是否就足以造成疾病。

輪狀病毒疫苗中的病毒 2010年，有兩個常見品牌的輪狀病毒疫苗，也就是避免小孩腹瀉的疫苗，被發現遭到豬環狀病毒汙染。這種病毒到底是怎麼跑到疫苗裡的，原因並不清楚，但並沒有任何已知人類疾病跟這種病毒有關，且人類應該也因為吃豬肉的關係而常常接觸到這種病毒。

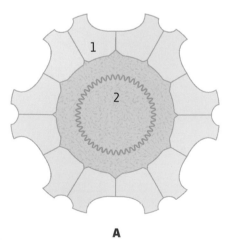

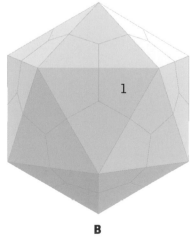

A 剖面圖
B 外觀

1 外鞘蛋白質
2 單股DNA基因體

右：**豬環狀病毒**粒子排列在受感染細胞內的包涵體（以藍色呈現）中。

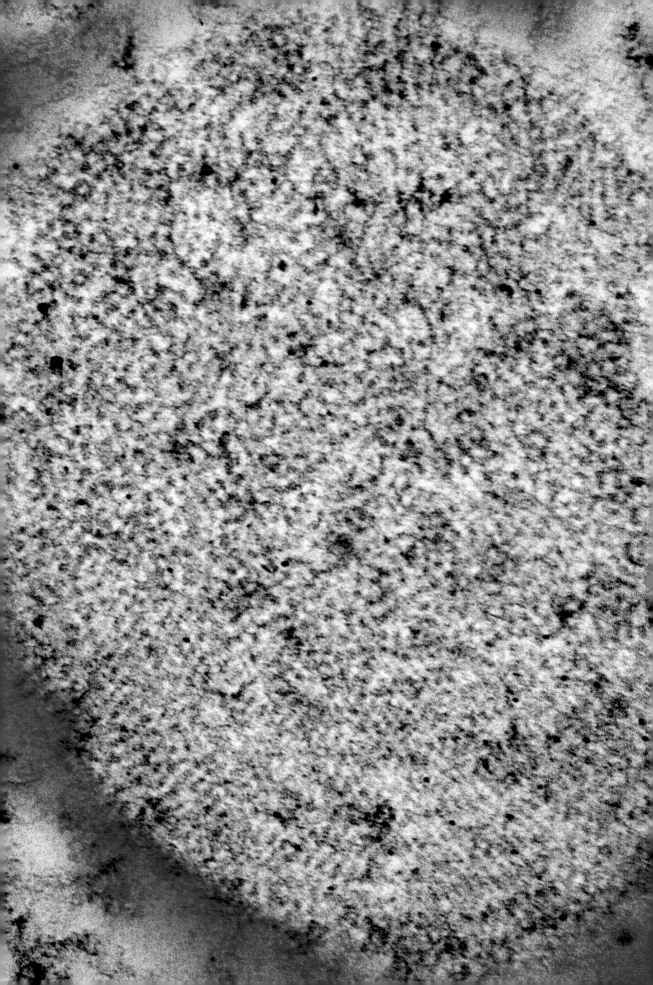

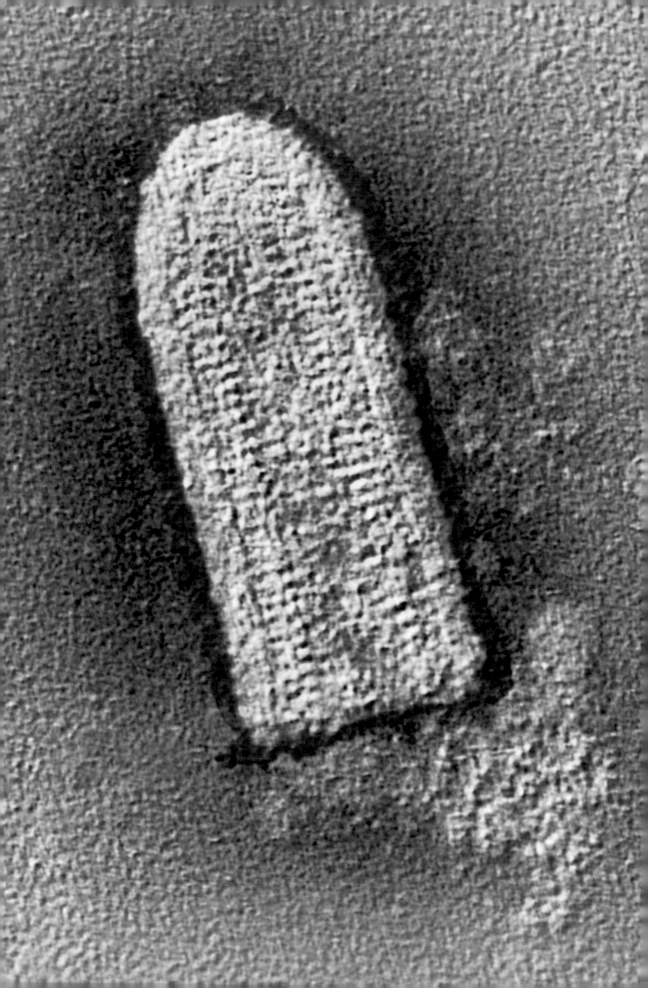

類別	五
目	單股負鏈病毒目Mononegavirales
科	子彈狀病毒科Rhabdoviridae
屬	麗沙病毒屬Lyssavirus
基因體	線型、單一組成、約有1萬2000個核苷酸的單股RAN，編碼五個蛋白質
地理分布	全世界
宿主	許多哺乳動物
相關疾病	狂犬病
傳播方式	咬傷
疫苗	活性減毒病毒或不活化病毒

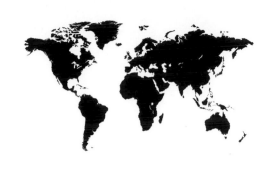

狂犬病病毒
Rabies Virus
有時會外溢到人類身上的恐怖動物病毒

沒有解藥，但疫苗可有效預防，甚至在接觸之後也有用 狂犬病病毒會引起一種很可怕的疾病，幾乎都會致命。這種疾病過去曾被稱為恐水症，因為症狀之一就是很明顯地怕水。狂犬病曾在許多種野生動物身上發現，而野生動物也是家畜的感染源之一。每個地方主要的野生動物傳染源都不同，可能是浣熊、臭鼬、狐狸、胡狼或獴。蝙蝠也是著名的狂犬病病毒帶原者。在歐洲、澳洲和美洲，這種病毒鮮少感染人類，因為家畜普遍都會施打疫苗，但在非洲與亞洲的鄉村地區，人類感染就比較常見了。大部分的人類感染都是來自於那些通常不會幫寵物施打狂犬病疫苗的地區的狗。在美洲地區，人類感染狂犬病的案例極少，通常是源自蝙蝠，這可能是因為蝙蝠咬傷通常會被忽略。

感染狂犬病病毒的宿主，通常會出現攻擊行為，讓牠們去咬人，藉此把唾液中含量很高的病毒傳播出去。接觸過病毒之後，感染其實發展得很慢，若是在接觸後立刻注射疫苗，效果是非常好的，尤其如果接觸程度有限，不過這通常還要搭配注射對抗狂犬病病毒的中和血清。全世界每年大約會用掉1500萬劑暴露後的接種疫苗，世界衛生組織估計，這阻止了幾十萬的人類病例。

A 剖面圖

1 醣蛋白
2 脂質包膜
3 基質蛋白
4 殼核體(包裹著單股RNA基因體的殼蛋白)
5 聚合酶
6 磷蛋白

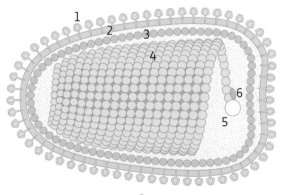

左：子彈狀的**狂犬病病毒**粒子。可以看到以紅色呈現的外膜與黃色的病毒內部結構。

A

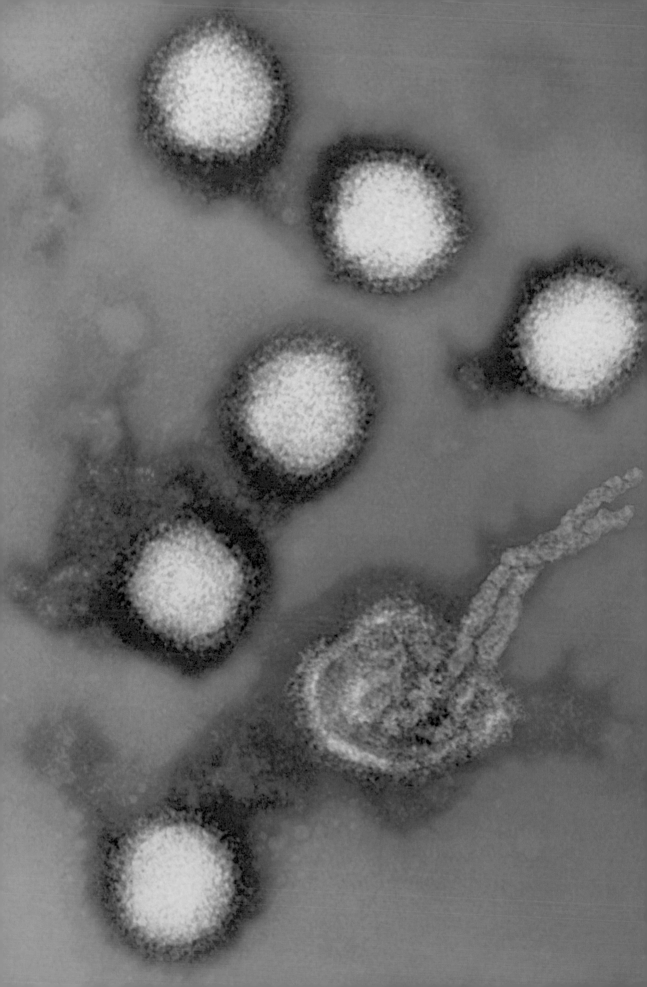

類別	五
目	未分配
科	本揚病毒科　Bunyaviridae
屬	白蛉熱病毒屬 Phlebovirus
基因體	三個片段、環型、總共約1萬1500個核苷酸單股RNA，編碼六個蛋白質
地理分布	非洲與馬達加斯加、中東
宿主	家畜與野生反芻動物
相關疾病	裂谷熱
傳播方式	蚊子、直接接觸
疫苗	熱滅活病毒或減毒病毒（僅供家畜使用，無人類疫苗）

裂谷熱病毒
Rift Valley Fever Virus
偶爾會外溢到人類身上的家畜疾病

非洲家畜的毀滅性疾病 裂谷熱病毒曾在非洲造成無數次家畜疫情爆發，導致嚴重的經濟損失。這些疫情通常跟反常的大雨有關，因為大雨會導致蚊蟲孳生，促進病毒的傳播。最大的一次疫情是發生在1950年代早期的肯亞，估計約有10萬隻綿羊死亡。病毒在每次疫情爆發之間到底躲在哪裡，沒有人知道，但這種病毒在蚊子身上可以垂直傳播（從雌蚊傳給後代）。它也有可能是躲藏在野生反芻動物身上。病毒感染早期通常不會出現什麼特定症狀，所以常被忽略。這種病毒對小羊或小牛來說通常是致命的，也會造成成年動物流產。疫苗效果很好，但懷孕動物不應施打。

裂谷熱也會感染人類，病毒來自感染的家畜，可能是透過蚊子叮咬，或是在屠宰時直接接觸。這種疾病在人類身上通常很溫和，就算有症狀，也只是很快就會好的發燒、虛弱和背痛，但也有可能進展成比較嚴重的型態，包括眼部疾病、腦炎、出血熱及死亡。人類感染雖不常見，但1970年代曾在埃及爆發嚴重疫情，造成約600人死亡。家畜及人類的疫情爆發常跟降雨有關，因為蚊子的族群會增加。

A 剖面圖

1 套膜醣蛋白Gn及Gc
2 脂質包膜

由核蛋白包裹的單股RNA
3 基因體片段S
4 基因體片段 M
5 基因體片段 L
6 聚合酶

左：以綠色呈現的**裂谷熱病毒**粒子。其中一顆粒子裂開了，其基因體RNA也從粒子中溢了出來，也就是圖中那兩股粗粗的條狀物。

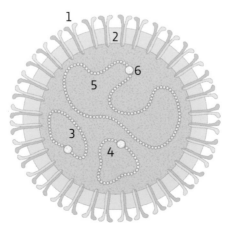

A

類別	四
目	單股負鏈病毒目Mononegavirales
科	副黏液病毒科Paramyxoviridae
屬	麻疹病毒屬Morbillivirus
基因體	線型、單一組成、約1萬6000個核苷酸的單股RNA，編碼八個蛋白質
地理分布	之前在非洲、亞洲與歐洲，目前已絕跡
宿主	偶蹄動物，尤其是牛
相關疾病	牛瘟
傳播方式	直接接觸、汙染的水
疫苗	減毒病毒

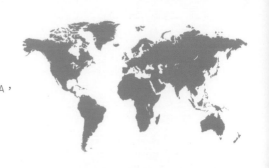

牛瘟病毒
Rinderpest Virus
第一種根除的動物病毒

在2011年宣布根除的最嚴重牛隻疾病 牛瘟的描述已經有數百年歷史了，推測大部分應該都是牛瘟病毒造成的。牛瘟病毒的英文名稱是Rinderpest，也就是德文的「牛的瘟疫」。一般認為牛瘟最早源自亞洲，隨著牛隻移動進入非洲和歐洲。18和19世紀，歐洲曾爆發多次疫情，而在19世紀晚期，非洲爆發了一次大規模疫情，據信非洲南部大約80%到90%的牛隻都因此死亡。從18世紀起，就開始斷斷續續有人研究如何靠預防接種製造免疫力。1762年，法國設立了第一間獸醫學校，教人如何控制牛瘟。1918年，一支早期的疫苗被研發出來，用的是受感染動物的不活化組織。到了20世紀初，因為牛瘟的問題實在太嚴重，所以帶動了「世界動物衛生組織」的發展。控制牛瘟通常需要銷毀大量的動物。1957年，一支可靠的疫苗開發出來，真正控制這種疾病才終於成為可能之事。但要一直到1990年代中期，全世界的根除計畫才宣告展開。這個計畫相當成功：最後一個有記錄的牛瘟病例出現在2001年，而到了2011年，牛瘟就成為第二個正式宣布根除的病毒（第一個是造成天花的天花病毒）。

　　牛瘟病毒跟感染人類的麻疹病毒有很近的親緣關係，也被認為是麻疹病毒的祖先。牛瘟病毒的根絕帶來了希望，因為麻疹病毒最後也有可能透過疫苗接種而根絕。

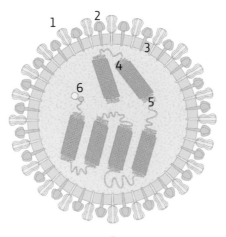

A 剖面圖

1 血球凝集素
2 融合蛋白
3 脂質包膜
4 基質蛋白
5 包裹單股基因體RNA的核蛋白
6 聚合酶

右：感染了**牛瘟病毒**的細胞。這裡可以看見處於不同組裝階段的病毒組成，最典型的就是長條型的核鞘結構，最後會被源自宿主、上面有病毒棘蛋白的膜包裝起來。

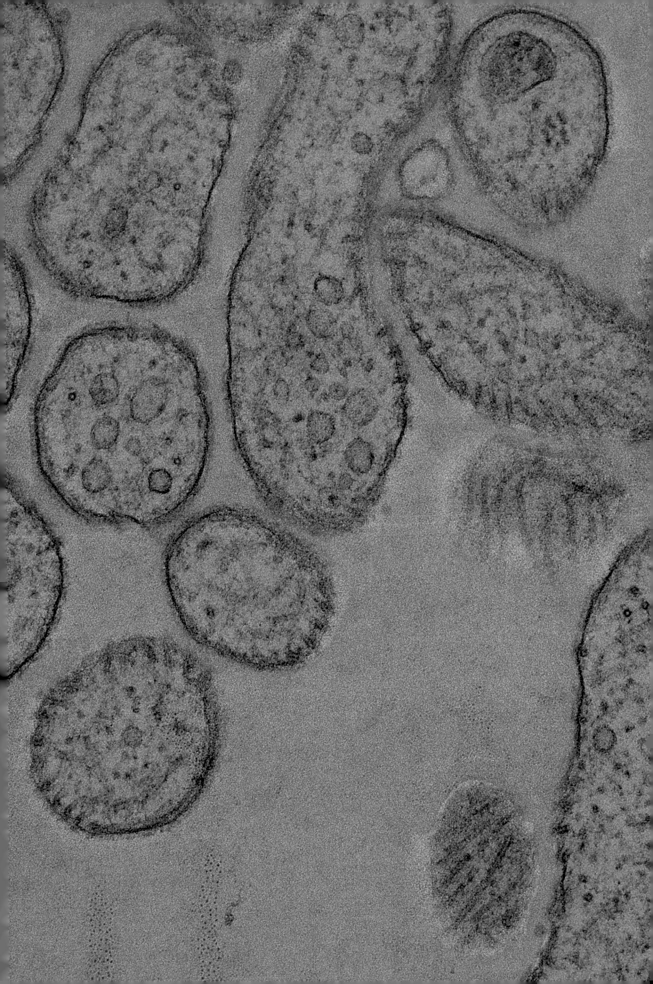

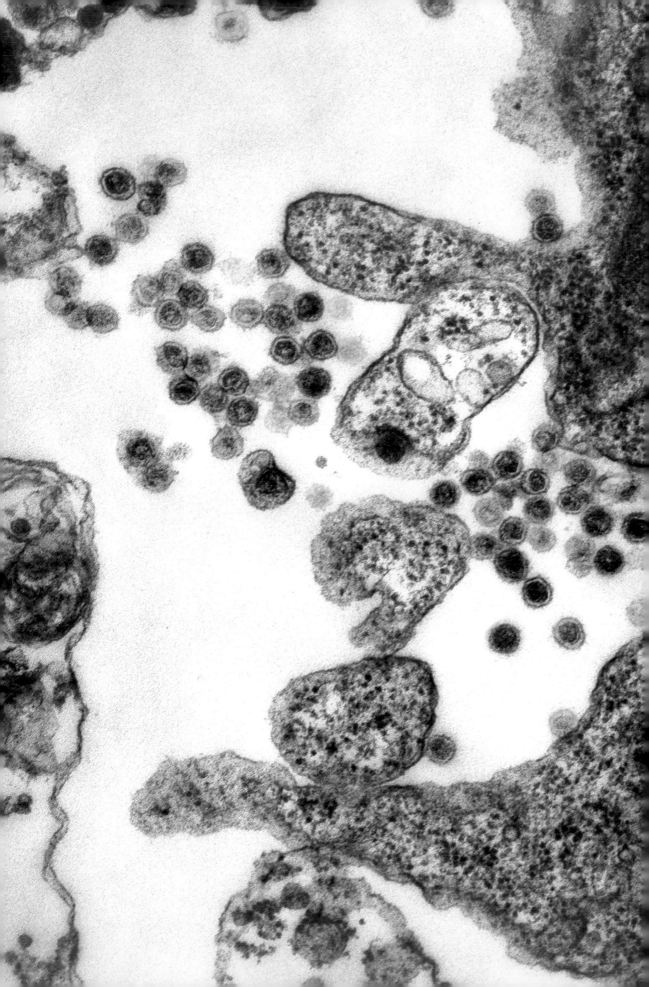

類別	六
目	未分配
科	反轉錄病毒科Retroviridae、正反轉錄病毒亞科 Orthoretrovirinae
屬	阿爾法反轉錄病毒屬Alpharetrovirus
基因體	單一組成、線型、約1萬個核苷酸的單股RNA，編碼10個蛋白質，有些是透過一個多蛋白
地理分布	全世界
宿主	雞
相關疾病	肉瘤，一種結締組織癌症
傳播方式	母雞到雞蛋；接觸到受感染鳥類的排泄物
疫苗	實驗性質

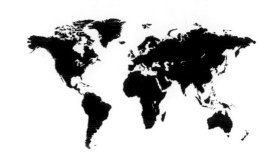

勞斯肉瘤病毒
Rous Sarcoma Virus
人類發現的第一種致癌病毒

一個病毒，三座諾貝爾獎 當裴頓・勞斯（Peyton Rous）發現有一種病毒能在雞隻之間傳播癌症時，科學界並不歡迎這種想法。一般都認為癌症是不會傳染的。接下去幾年間，勞斯仍努力嘗試分離這種病毒和它的致癌能力，然後才轉往其他研究。他這份研究的重要性一直沒有受到認可，直到很久之後的1966年，他才因為自己55年前的發現而獲得了諾貝爾獎。1970年，霍華・田明和大衛・巴爾迪摩同時發現了勞斯肉瘤病毒的基因體複製酵素：反轉錄酶，這種酵素會把RNA複製成DNA，跟當時的中心法則相反，因為當時認為DNA只能複製成RNA，無法反其道而行。田明和巴爾迪摩因為發現了反轉錄酶而在1975年共同獲得諾貝爾獎。勞斯肉瘤病毒帶有一個來自雞宿主的基因，這個病毒的致癌能力就是這麼來的。這種可能引起癌症的基因就叫「致癌基因」（oncogene），所有高等生物都有，包括人類。1989年，第三座諾貝爾獎頒給了哈洛德・瓦慕斯（Harold Varmus）和麥可・畢夏普（Michael Bishop），因為他們發現了致癌基因。

雞很常感染勞斯肉瘤病毒或是與它有親緣關係的病毒。這些病毒多半不會讓雞生病，但也可能會造成惡性腫瘤。從雞媽媽那裡感染到病毒的小雞以及某些特定品系的雞比較容易長腫瘤，但無法傳染給人類。正常細胞要變成癌細胞有很多種不同的途徑，病毒只是其中一種，但無論如何，這種轉變在自然界都是很少見的。

A 剖面圖

1 套膜醣蛋白
2 脂質包膜
3 基質蛋白
4 外殼蛋白
5 單股基因體RNA（兩個複本）
6 嵌入酶
7 反轉錄酶

左：以綠色呈現的**勞斯肉瘤病毒**粒子，正從被感染的雞纖維母細胞中釋放出來。

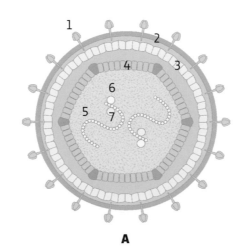

A

類別	一
目	未分配
科	多瘤病毒科Polyomaviridae
屬	多瘤病毒屬Polyomavirus
基因體	環型、單一組成、約5000個核苷酸的雙股DNA，編碼七個蛋白質
地理分布	全世界
宿主	靈長類
相關疾病	腫瘤
傳播方式	未知，可能是經由接觸
疫苗	無

猿猴病毒40
Simian Virus 40
研發培養細胞時發現的猴類病毒

許多小兒麻痺症疫苗中都有的病毒 猿猴病毒40是一種小DNA病毒，在特定狀況下會引起腫瘤。這種病毒在受感染動物體內通常是潛伏狀態，只有在免疫受到抑制時才會活化。1960年，有幾批小兒麻痺症活減毒疫苗中發現了這種病毒。那些疫苗是以培養的猴子細胞培育的，後來又發現，要是沒有輔助病毒（helper virus），小兒麻痺症病毒就無法在猴子細胞中複製。大部分在1961年之前接種沙克小兒麻痺症疫苗的人，很可能也接種了猿猴病毒40。而沙賓的疫苗裡面可能也有這種病毒存在。現在人類族群中常發現猿猴病毒40，但似乎是潛伏狀態，不過也有人提出，這種病毒可能跟某些類型的人類惡性腫瘤有關。

在1950和1960年代，開始有了培養細胞以供實驗研究的想法。在建立細胞株的時候，猴子細胞是很受歡迎的選擇，因為猴子細胞跟人類細胞很相似。在這個過程中，常常會有潛伏的病毒跑出來，而這些病毒是按照發現的順序編號的。這類猿猴病毒總共約有80種，但只有少數幾種經過深入研究，而猿猴病毒40就是研究得最多的一種，可能是因為把這種病毒注射到倉鼠身上時，會讓倉鼠長出腫瘤。其他大部分猿猴病毒都沒有造成顯著的病變。這也證明了病毒研究的偏頗：致病性的病毒有人研究，而在自然界中可能最普遍的非致病性病毒卻受到忽視。猿猴病毒40是了解分子生物學基本原則的重要工具，也是研究哺乳動物細胞中許多基因時所使用的系統。

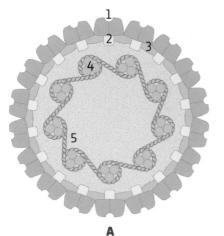

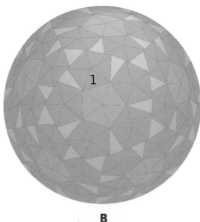

A 剖面圖
B 外觀

1 外殼蛋白VP1
2 外殼蛋白VP2
3 外殼蛋白VP3
4 宿主組織蛋白
5 雙股基因體DNA

右：以洋紅色呈現的**猿猴病毒40**純化病毒粒子。此處可以看到外部結構的許多細節。

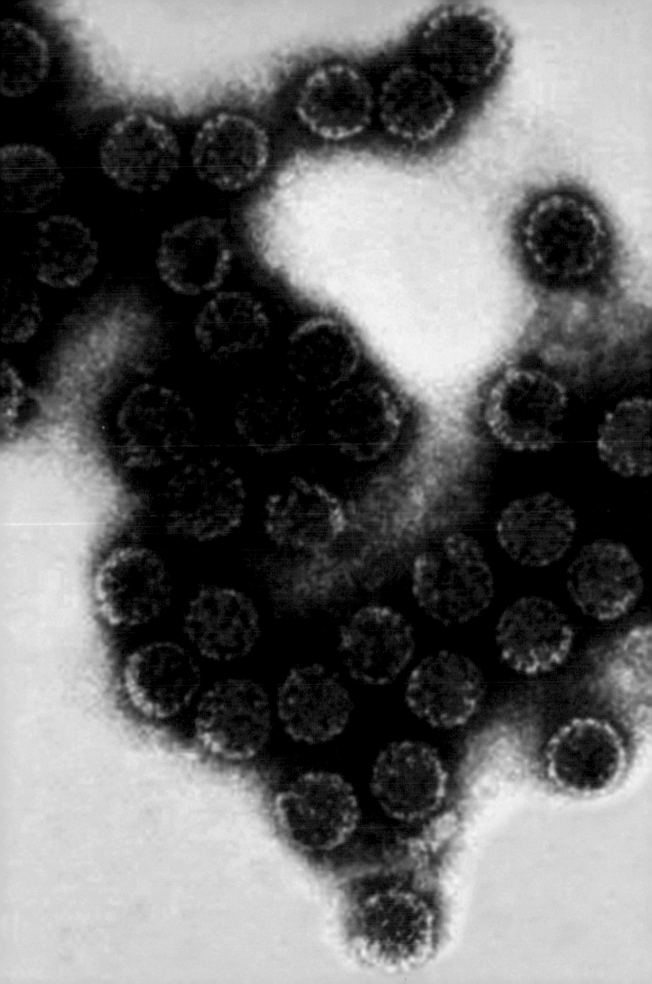

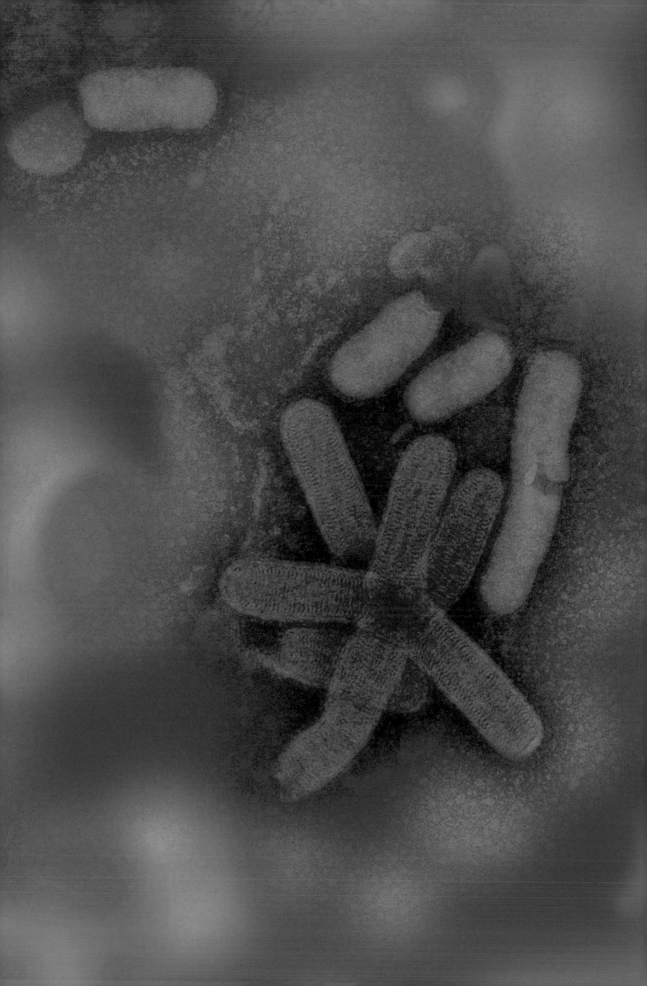

類別	五
目	單股負鏈病毒科Mononegavirales
科	子彈型病毒科（又名彈狀病毒科）Rhabdoviridae
屬	粒外彈狀病毒屬Novirhabdovirus
基因體	線型、單一組成、約1萬1000個核苷酸的單股RNA，編碼六個蛋白質
地理分布	北半球水域
宿主	多種魚類，包括鮭魚、鯡魚、比目魚
相關疾病	出血性敗血症
傳播方式	經由水傳播，也會透過卵和汙染的餌或飼料傳播
疫苗	開發中

病毒性出血性敗血症病毒
Viral Hemorrhagic Septicemia Virus
致命的新興魚類疾病

始於養殖魚類的疾病，但如今愈來愈多族群都有發現 感染性出血性敗血症是一種嚴重的魚類疾病，最早的描述是1950年代出現在歐洲養殖鱒魚身上的問題。後來在返回繁殖水域的太平洋鮭魚身上也發現了這種病毒，但卻未造成這些魚生病。野生魚類調查發現，這種病毒廣泛出現在許多種海洋魚類身上，通常不會致病。但在養殖魚類身上，過去幾十年來已有許多個病毒株在北半球好幾處水域導致魚類生病，包括北歐、不列顛群島、韓國、日本，以及美國的大湖區。感染的魚會變得無精打采，也可能會出現間歇性的狂亂行為。眼睛可能會外凸，腹部也常發生腫脹。這種病毒不斷出現在新的地區，大部分是因為野生魚類的自然感染外溢。人為搬動受感染的魚，以及把生魚餵給養殖魚食用，可能都助長了這種疾病的傳播。

因為爆發嚴重疫情，魚類養殖場會採取非常嚴格的衛生手段來防堵病毒。為了避免病毒在自然魚類族群中傳播，預防的手段包括使用乾淨的餌料，並徹底清潔會到不同淡水湖作業的船隻和捕魚設備。

A 剖面圖

1 醣蛋白
2 脂質包膜
3 基質蛋白
4 殼核體（包圍單股RNA基因體的殼蛋白）
5 聚合酶
6 磷蛋白

左：**病毒性出血性敗血症病毒**粒子在此以粉紅色呈現。子彈型病毒科這種典型的子彈狀病毒體的詳細結構明顯可見。

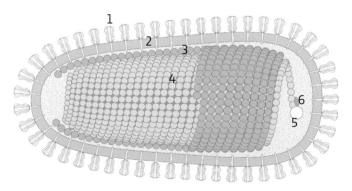

A

植物病毒

大。
許多
就可
DNA
位置
變成
命的

25%
對新
是否

簡介

　　植物跟動物宿主有一些不同之處，因此植物病毒很獨特。動物細胞外面有一層膜，而植物細胞在細胞膜之外還有一層細胞壁。許多動物病毒會利用細胞膜來包裹病毒粒子，這能協助病毒進入宿主細胞。植物病毒則很少有外膜，少數幾種有外膜的其實應該是昆蟲病毒，只是也會在植物體內複製而已。植物病毒面對的是另一種挑戰：如何穿透植物的細胞壁。病毒一定要能辦到這件事，才能感染植物，而且一旦進入植物體內，也必須能夠四處移動。為了進入植物體內，這類病毒通常會利用攝食植物的昆蟲，但其他生物也有這種功能，包括吃草的動物、以植物根部為家的線蟲，甚至是真菌。這些生物都能擔任載體，讓病毒在植物之間移動，因為除了種子以外，植物體大部分都是固定不動的。對某些植物病毒來說，還有其他東西也能當作載體，包括修枝剪、割草機，以及直接碰觸處理植物。

　　如果載體能解決進入植物宿主的問題，那麼植物病毒接下來又如何在植物細胞之間移動呢？大部分植物病毒都有編碼一種名為移動蛋白（movement　protein）的蛋白質。這種蛋白質能改變連結植物細胞的小孔的尺寸，讓病毒得以通過。有些病毒是以原本的病毒粒子狀態通過這些小孔，有些則是以裸露的基因體方式通過。植物細胞有自己的蛋白質，用來協助物質在細胞之間的移動，病毒有可能就是從宿主身上取得這種移動的基因。然而，病毒與宿主之間的基因交換，大多是另一種方向，也就是從病毒到宿主。

　　有一大群植物病毒並不會在細胞之間跑來跑去，但會在細胞分裂時被一起帶過去。這就是所謂的持續性病毒（persistent virus），因為這類病毒是經由種子傳播，會在宿主植物體內停留好幾代。對這類病毒的研究非常少，因為根據目前所知，這類病毒並不會引起疾病，但它們在植物上卻非常普遍，而且跟感染真菌的病毒有相似之處。本書收錄了兩種這類病毒：秈稻內源RNA病毒以及白三葉草潛隱病毒。

　　植物病毒還有另一種動物病毒沒有的特徵，跟植物病毒包裝自己基因體的方式有關。許多基因體有分段的病毒，會把每一段基因體都包裝成個別的病毒粒子。如此一來，它們就能擁有非常簡單的病毒粒子，但同時又有較複雜的基因體，但這也代表這類病毒必須讓所有病毒粒子都進入宿主的同一個部位，才能展開新一輪的感染。

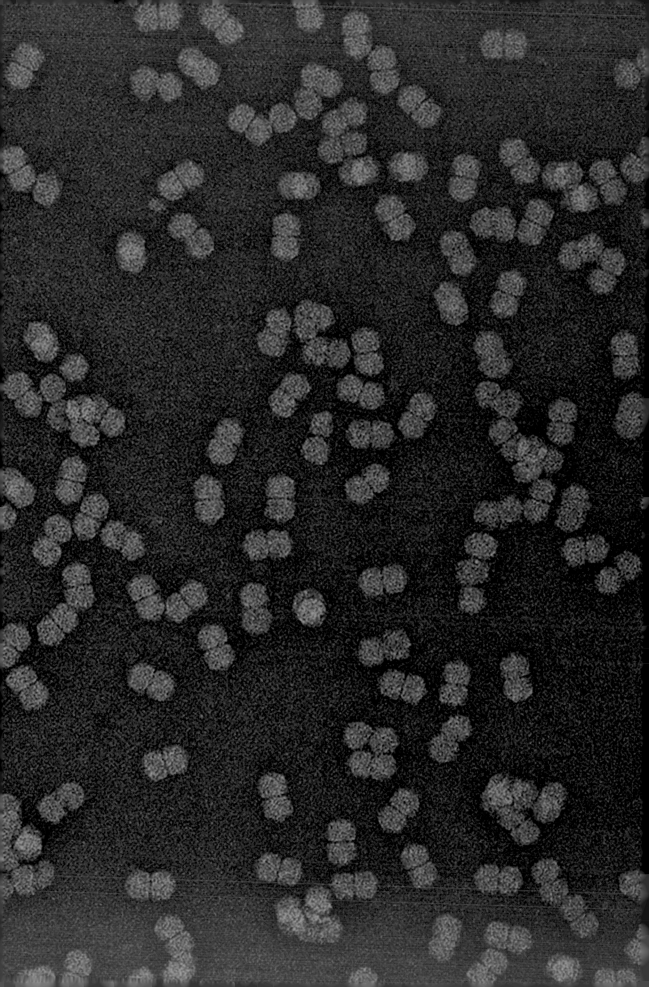

類別	二
目	未分配
科	雙生病毒科 Geminiviridae
屬	豆類金黃嵌紋病毒屬 Begomovirus
基因體	環型、兩個組成、編碼約5200個核苷酸的單股 DNA，編碼八個蛋白質
地理分布	撒哈拉沙漠以南非洲
宿主	木薯
相關疾病	木薯嵌紋病
傳播方式	粉蝨

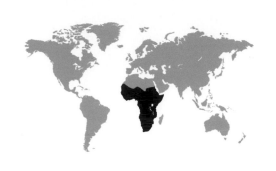

非洲木薯嵌紋病毒
African Cassava Mosaic Virus
摧毀非洲重要主食

為非洲引進一種新作物，結果冒出病毒性疾病 木薯是南美洲的原生植物，在16世紀時被葡萄牙人引進非洲，原本只是零星栽種，直到20世紀初有人大力推動以木薯作為重要主食。到了1920年代，報告指出有一種嚴重的木薯嵌紋疾病在中非擴散，1920年代和1930年代也有流行病的報告。1930年代證實了這種疾病為病毒感染，且傳播媒介是粉蝨。培育抗病木薯的行動一開始很成功，但最後疾病還是捲土重來，而且一直為患非洲。分子工具問世之後，病毒的特性開始受到描繪，結果發現非洲木薯嵌紋病毒只是會造成木薯嵌紋病的相關病毒的其中一種。這些病毒都屬於雙生病毒科，會這樣命名是因為這種病毒的粒子是孿生的20面體。控制非洲木薯嵌紋病毒的其中一個問題是：病媒粉蝨數量太多，這種昆蟲在木薯嵌紋病流行時會更常見。當植物感染了兩種不一樣的病毒時，還可能發生另一種問題：出現混合了兩種病毒基因的新病毒。當我們檢視病毒的基因體時，可以看出許多病毒都是這樣演化出來的，也就是兩種不同的病毒經過重新組合，變成一種新病毒。這樣的新病毒可能會比原本的病毒更危險，有時可以逃過宿主的抵抗力。

可能加重疾病的第三個問題是一種新型的小DNA分子，這種小分子稱為「衛星DNA」（satellite DNA），是寄生在病毒上的。這種小DNA會增加親代病毒的複製率，而在有親緣關係的病毒中，還會觸發植物體內能增加病媒昆蟲繁殖率的基因。國際間都致力於研究控制木薯嵌紋病的手段，因為這種病對中非最重要主食作物的打擊實在太大了。法傳染給人類。正常細胞要變成癌細胞有很多種不同的途徑，病毒只是其中一種，但無論如何，這種轉變在自然界都是很少見的。

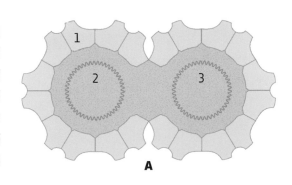

A 剖面圖
B 外觀

1 外殼蛋白
2 單股DNA基因體片段A
3 單股DNA基因體片段B

左：純化後的**非洲木薯嵌紋病毒**以藍色顯示。兩個20面體結構融合，形成「孿生」的粒子。

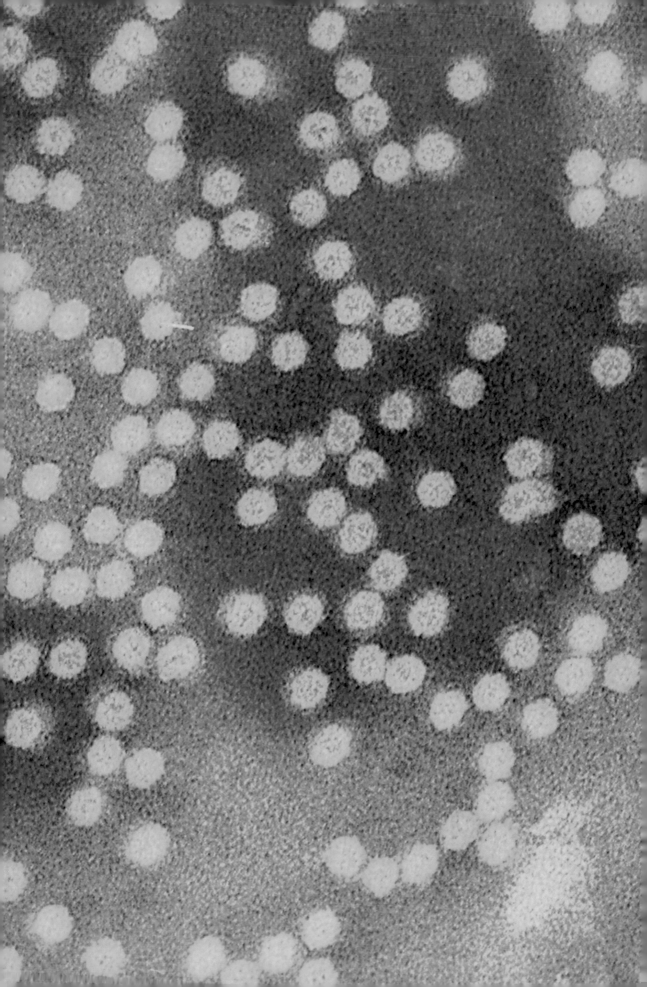

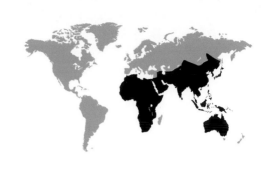

類別	二
目	未分配
科	矮化病毒科Nanoviridae
屬	香蕉頂束病毒屬Babuvirus
基因體	六個組成、環型、總共約7000個核苷酸的單股DNA，編碼至少六個蛋白質
地理分布	亞洲、非洲、澳洲、夏威夷
宿主	香蕉、煮食蕉（大蕉）
相關疾病	萎縮病
傳播方式	蕉蚜

香蕉萎縮病毒
Banana Bunchy Top Virus
威脅全世界大部分香蕉的疾病

從斐濟到全球 香蕉萎縮病是香蕉與煮食蕉最嚴重的病毒性疾病，在全世界大部分香蕉種植地區都有發現，只有美洲例外。這種疾病最早的描述是在1889年的斐濟，儘管那個時候還不知道這種疾病是由病毒引起的。1940年就有人提出這種疾病是病毒造成，但直到1990年才辨識出真正的病毒。這種病毒的傳播靠的是受感染植物體的移動，地區性的傳播則是靠蚜蟲。對香蕉這種不是靠種子、而是靠母株長出的吸芽來繁殖的植物來說，要根除病毒性疾病是非常困難的。這種病毒已經擴散到全世界大部分地區，但它的病媒昆蟲——蕉蚜——在中美洲或南美洲都沒有，這可能就是這種疾病尚未出現在中南美洲的原因。

這種讓人著迷的病毒有一些獨一無二的特性。它終其一生都在植物的韌皮部度過，也就是植物體內上下運送光合作用製造的糖分與其他營養物質的管子。也就是說，若要傳播病毒，病媒蚜蟲必須刺入韌皮部，而蚜蟲唯有在安定下來、準備長時間進食時才會有這種行為。蚜蟲短暫戳刺時能取得葉子細胞內的病毒，並加以傳播。這種病毒會把自己的每一個基因體片段都用個別的殼體包裹起來。這應該能讓病毒的蛋白殼保持簡單，但這也表示，必須把至少六顆不同的病毒粒子搬到新的植物體，才可能感染另外一株植物。我們目前還不是很了解這項壯舉。

A 剖面圖
B 外觀

1 外殼蛋白
2 單股DNA基因體片段（六個片段的其中之一，每一段都分別包裝在不同粒子中）

左：此處的**香蕉萎縮病毒**粒子以綠色顯示。一個完整的病毒包括六顆不同的病毒粒子，在電子顯微鏡底下看起來全都一模一樣。

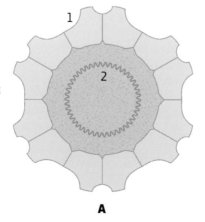

A

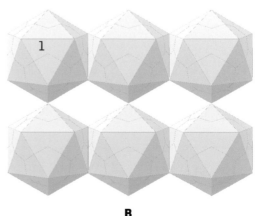

B

類別	四
目	未分配
科	黃症病毒科Luteoviridae
屬	黃症病毒屬Luteovirus
基因體	線型、單一組成，有約6000個核苷酸、編碼六個蛋白質的單股RNA
地理分布	全世界
宿主	大麥、燕麥、小麥、玉米、稻米、諸多栽培種與野生禾本科植物
相關疾病	穀類變黃及矮化，紅燕麥病（red oat disease）；也有無症狀感染
傳播方式	蚜蟲

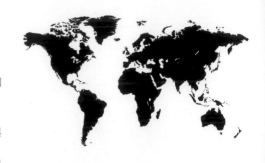

大麥黃矮病毒
Barley Yellow Dwarf Virus
異國禾草入侵的助力

穀類的重要病毒性疾病 大麥黃矮病毒是以這種病毒第一個被辨識出來的宿主命名，但它其實會讓世界各地的許多種穀類作物都生病。19世紀末和20世紀初的「紅燕麥」傳染病就是這種病毒引起的，被感染的燕麥植株在田裡就會變紅，產量也大幅降低。這種病毒會感染栽培種的禾草，也會感染野生禾本科植物。許多禾本科植物並不會出現病癥，但會成為作物感染的病毒來源。在美國西部部分地區，大麥黃矮病毒也助長了異國禾草的入侵，嚴重威脅到本土的禾草。遭到嚴重感染的外來種禾草會吸引病媒蚜蟲，然後蚜蟲再把病毒傳播給本土禾草，而本土禾草比較無法抵抗這種病毒造成的疾病。

大麥黃矮病毒是一種經過深入研究的病毒，與病媒蚜蟲有非常緊密的關係。特定的病毒株由不同種類的蚜蟲傳播，而且蚜蟲一定要在植株上攝食，不只是戳探植物，才能取得病毒並加以傳播。在實驗室中，攜帶病毒的蚜蟲喜歡取食沒有染病的植株，而沒有帶病毒的蚜蟲則喜歡取食染病的植株。病毒會操縱植物，製造能吸引蚜蟲的化合物，以促進自己的傳播。

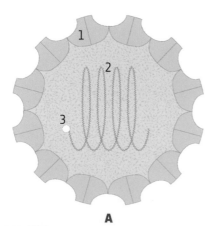

A 剖面圖
B 外觀

1 外殼蛋白
2 單股RNA基因體
3 VPg

右：純化後的**大麥黃矮病毒**粒子，以紅色顯示。大部分展現的都是病毒的外觀，少數可看到橫截面。

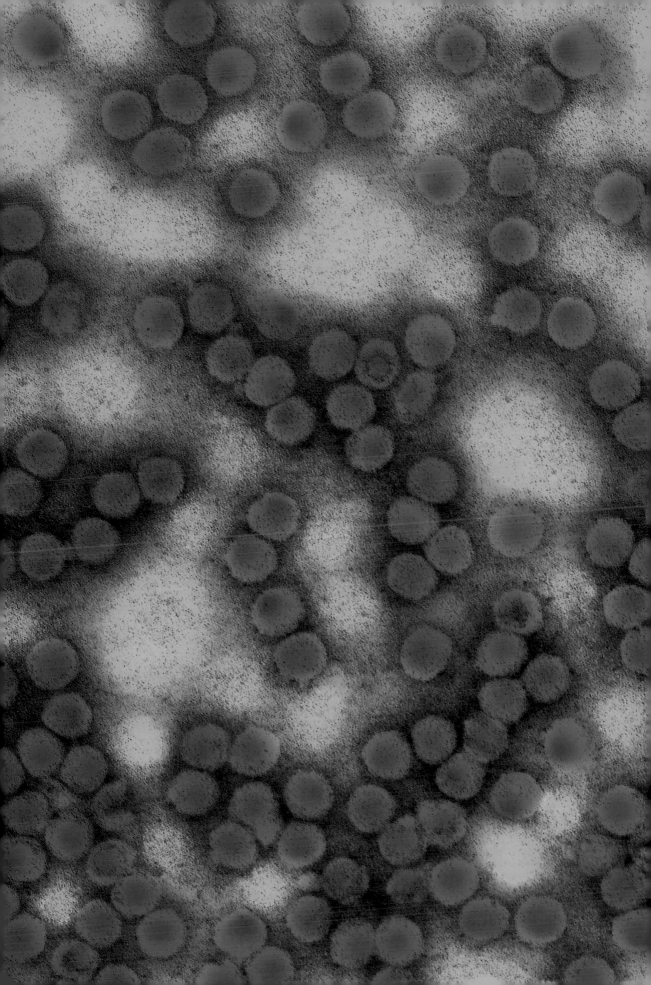

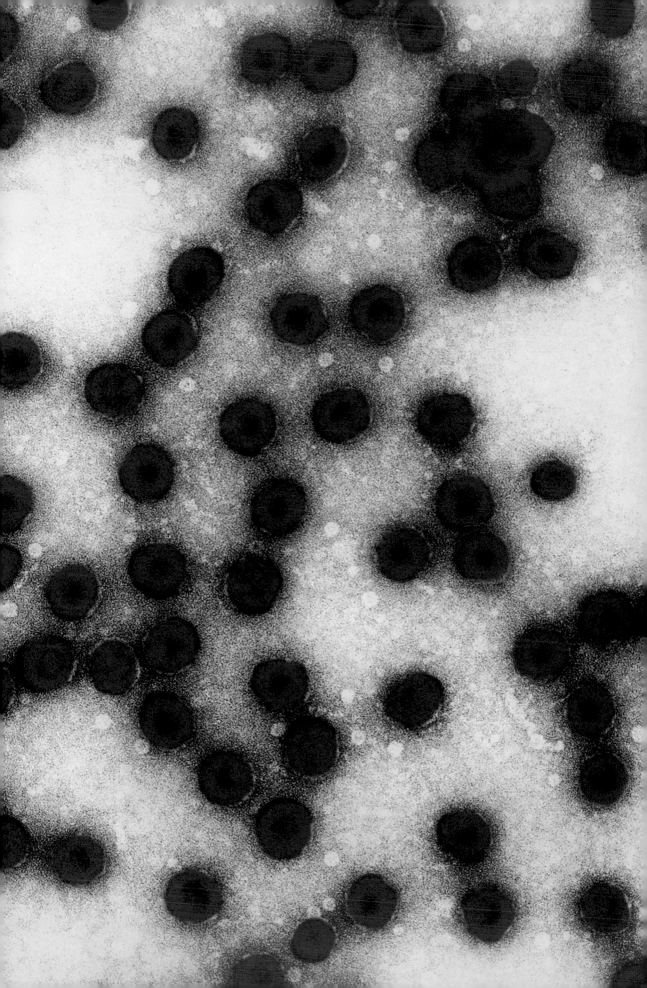

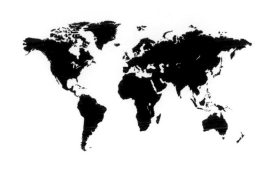

類別	七
目	未分配
科	花椰菜病毒科Caulimoviridae
屬	花椰菜鑲嵌病毒屬Caulimovirus
基因體	環型、單一組成、約8000個核苷酸的雙股DNA，編碼七個蛋白質
地理分布	全世界，尤其是溫帶地區
宿主	大部分的十字花科植物，有時候也會感染茄科植物
相關疾病	嵌紋、葉脈透化
傳播方式	蚜蟲

花椰菜嵌紋病毒
Cauliflower Mosaic Virus
開啟植物生物技術的病毒

有許多個第一的病毒 花椰菜嵌紋病毒在1937年受到描述。它是第一個發現有DNA基因體的植物病毒、第一個確認基因體序列的植物病毒，也是第一個經過人為轉殖複製以便用於感染植物並製造病毒後代的植物病毒。還有一項第一是：這種病毒在複製時用的是反轉錄酶，也就是把RNA複製成DNA的酵素。這點令人驚訝，因為大部分使用這種酵素的病毒都是RNA基因體。花椰菜嵌紋病毒和其他有親緣關係的病毒都會製造完整長度DNA基因體的RNA副本，然後再轉錄回DNA。這種病毒的DNA有一個成分，名為啟動子（promoter），負責指揮RNA的合成，負責合成RNA的植物酵素也認得啟動子。正是這個特徵讓生物科技得以運用啟動子，將取自另一個來源的基因連接在這個啟動子上，並在把這段基因放進植物的DNA時加以啟動。絕大部分的基因改造植物（GMO植物）都有這一小段花椰菜嵌紋病毒。這也造成某些人對基改植物的擔憂，但吃蔬菜的人其實經常會接觸到食物中的這種病毒，所以這在我們常吃的植物中並不是什麼新來的東西。近年對植物基因體的研究顯示，花椰菜鑲嵌病毒的祖先是在100多萬年前自然嵌入植物基因體的。

花椰菜鑲嵌病毒還有其他不少有趣的特徵。最近有一項發現，是這種病毒能感知到有蚜蟲開始取食自己的植物宿主，於是迅速製造出一種讓蚜蟲可以取得的新形態。這提高了它的傳播效率。這種病毒的另一個特徵是它已經發展出一種獨特的方法，可避開植物的免疫反應。植物會利用跟病毒基因體片段很像的小段RNA，鎖定病毒並使它降解。花椰菜嵌紋病毒會製造許多小段RNA當誘餌，吸收植物所有的小段RNA機制，避免病毒本身的基因體被鎖定。

A 剖面圖

1 外殼蛋白
2 VAP
3 部分為雙股的DNA基因體

左：**花椰菜嵌紋病毒**的純化粒子，可以看到各種不同的截面。這張電子顯微影像中的視覺平面不固定。

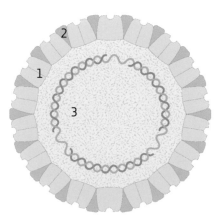

A

類別	四
目	未分配
科	長線型病毒科Closteroviridae
屬	黃化病毒屬Closterovirus
基因體	單一組成、線型、約1萬9000個核苷酸的單股RNA，編碼17-19個蛋白質，有些是來自一個多蛋白
地理分布	全世界
宿主	數種柑橘科植物
相關疾病	木質部凹陷、幼苗黃化、柑橘迅速萎縮
傳播方式	蚜蟲

柑橘萎縮病毒
Citrus Tristeza Virus
挑戰世界各地的柑橘類作物

變化多端的複雜病毒　20世紀，植物體加速運往世界各地之際，柑橘萎縮病毒也成了一大問題。在那之前，大多數長途運送的柑橘都是種子，而病毒並不會感染種子。在1930年代，巴西爆發了嚴重的柑橘疾病，造成大批樹木死亡。這隻病毒名為「翠斯泰莎」（tristeza），也就是葡萄牙文的「悲傷」，因為病毒造成的破壞令人悲傷。全球約有將近1億棵柑橘樹死亡。但整體來說，柑橘在感染這種病毒時，會出現多種不同結果：有時候不會有症狀，而真的出現症狀時，症狀可能也會有很大的差異。此外，田間遭感染的植物通常會同時感染好幾個不同的病毒株，這對疾病的結果會有什麼影響，目前還不清楚。有些柑橘種類或栽培品系是有抗病力的，也就是說這些樹並不會感染病毒；有些樹則有耐受性，意思是感染了病毒也不會引起疾病。

傳播向來是疾病擴散的重要因素。有好幾種蚜蟲都會傳播柑橘萎縮病毒，但大桔蚜是效果最好的傳染媒介。這種蚜蟲在1990年代從古巴引進美國佛羅里達州，病毒的傳播因此大幅增加。這種蚜蟲在亞洲、撒哈拉沙漠以南非洲、紐西蘭、澳洲、太平洋島嶼、南美洲和加勒比海地區也都有分布。大體而言，地中海一帶並沒有這種蚜蟲，牠們也尚未遷移到佛羅里達州以外的美國地區，但那些地方還有其他種類的蚜蟲可以傳播這種病毒。

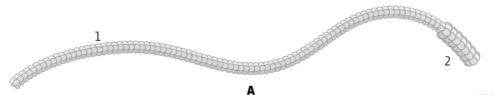

A

A 外觀

1 外殼蛋白
2 響尾蛇結構

右：**柑橘萎縮病毒**是一種彎彎曲曲的長條型病毒，此處以粉紅色背景中的金色呈現。某些病毒上可以看見其中一端略寬的響尾蛇結構。長度的不同反映出這些病毒粒子的脆弱，有些會在純化與染色的過程中斷裂。

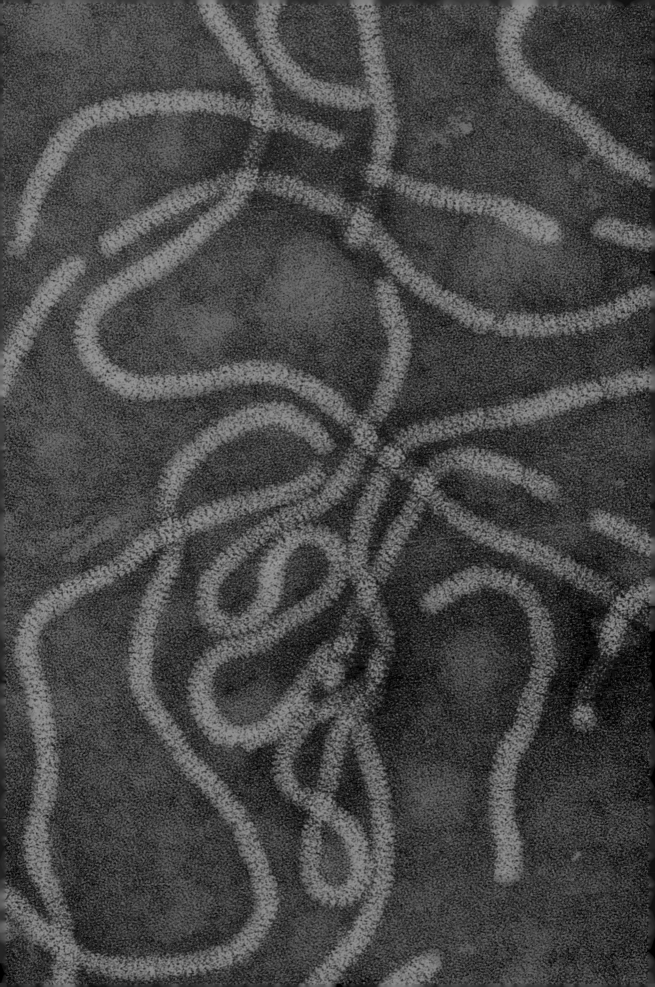

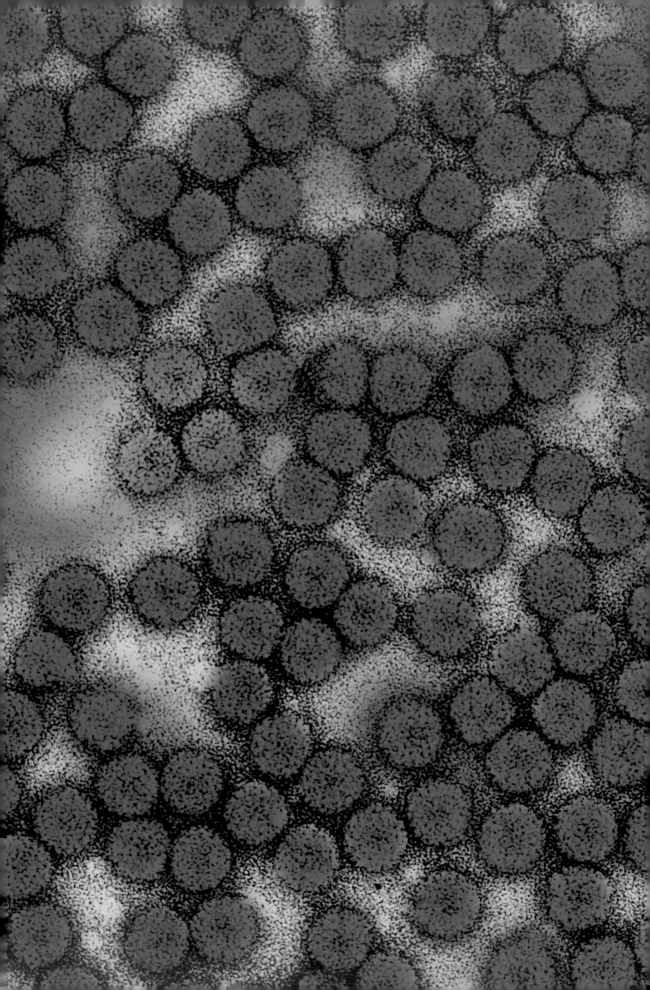

類別	三
目	未分配
科	雀麥鑲嵌病毒科　Bromoviridae
屬	黃瓜鑲嵌病毒屬　Cucumovirus
基因體	三個片段、線型、總共約有8500個核苷酸的單股RNA，編碼五個蛋白質
地理分布	全世界
宿主	多種植物
相關疾病	嵌紋、發育遲緩、葉片畸形
傳播方式	蚜蟲

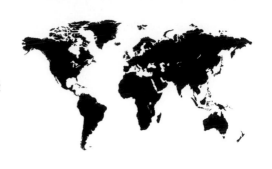

胡瓜嵌紋病毒
Cucumber Mosaic Virus
1200種宿主且持續增加中

演化與基礎病毒學研究的病毒模型　最早關於胡瓜嵌紋病毒的描述，是1916年出現在美國密西根州的胡瓜。後來又在南瓜和甜瓜上發現。在植物病毒學研究的早期，新發現的病毒是以宿主及造成的症狀命名，所以如果在新的宿主上發現了一種病毒，通常就會給個新名字，因為當時並沒有工具可以判斷到底是不是一種已知的病毒。後來有了分子工具之後，發現約有40種描述過的植物病毒其實都是胡瓜嵌紋病毒。胡瓜嵌紋病毒曾被記錄到出現在1200種不同的植物上，這種病毒也因此成為已知宿主範圍最廣的病毒，會感染多種作物和庭院植物，在世界各地造成嚴重疾病。這種病毒由30多種蚜蟲傳播。很有趣的是，現在的胡瓜栽培種，大多對這種病毒有抗病力。儘管會造成許多作物生病，但胡瓜嵌紋病毒也能賦予植物對乾旱與寒冷的耐受力，因此對嚴酷環境下的植物來說反而是個好處。

胡瓜嵌紋病毒是第一種應用在演化研究方面的病毒。早在了解遺傳物質或突變的本質之前，就已經有人利用這種病毒連續感染植物，以展現其症狀在長時間後會出現的變化或演化。很久之後，到了1980年代，終於找到了會造成這種變化的特定突變。有了轉殖複製病毒的能力之後，這也成為研究病毒與宿主如何互動、如何引起症狀，以及其RNA基因體如何演化的重要工具。

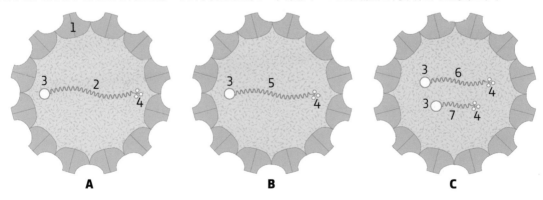

A **B** **C**

左：**胡瓜嵌紋病毒**的純化粒子以藍色呈現。此處共有三種不同類型的病毒粒子，每一種都含有不同的RNA，但從外表無法區分。

A 包裝了RNA1 的病毒粒子剖面圖
B 包裝了RNA2 的病毒粒子剖面圖
C 包裝了RNA 3和4的粒子剖面圖

1 外殼蛋白
2 單股基因體RNA 1
3 端帽結構
4 類似tRNA的結構

5 單股基因體 RNA 2
6 單股基因體 RNA 3
7 單股基因體 RNA 4

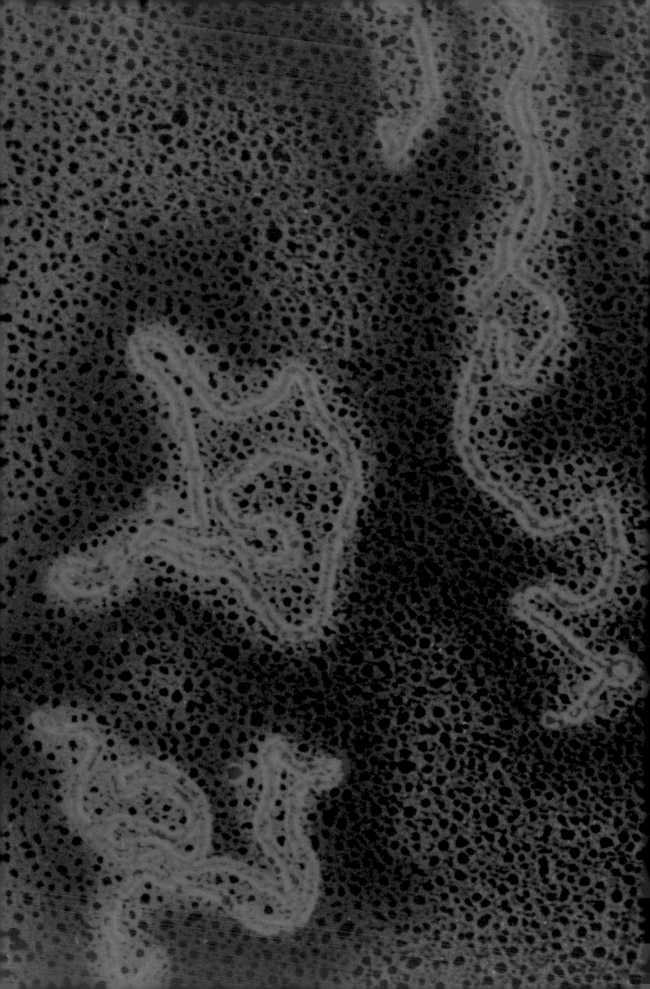

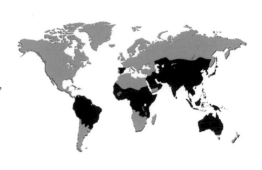

類別	四
目	未分配
科	內源RNA病毒科Endornaviridae
屬	內源RNA病毒屬Endornavirus
基因體	單一組成、線型、約1萬3000個核苷酸的單股RNA，編碼一個大的多蛋白
地理分布	全世界栽種稻米的地區
宿主	粳稻粳栽培品系
相關疾病	無
傳播方式	種子

稻內源RNA病毒
Oryza Sativa EndoRNAvirus
有1萬年歷史的稻米病毒

幾乎已是植物宿主一部分的神祕病毒 內源RNA病毒科是非常有意思的一個科，能感染許多種植物、真菌和至少一種卵菌類，卵菌綱的生物跟真菌有點類似，但在遺傳上並不相近。內源RNA病毒似乎並沒有殼體，只會以大的雙股RNA型態出現在宿主體內，不過它真正的基因體可能是單股的RNA。這類病毒屬於一個名為持續性植物病毒的類群，只會透過種子傳播。持續性病毒通常會出現在某一種栽培種宿主的所有個體中，跟宿主的關係會延續非常長的時間。以粳稻來說，這就代表其實全世界每一棵粳稻都感染了稻內源RNA病毒。

稻內源RNA病毒出現在所有的粳稻栽培植株上，還有另一種近緣的病毒也可以在馴化稻米的祖先野生稻（*Oryza rufipogon*）上找到，但栽培種的秈稻則無。稻米的這兩個支系大約在1萬年前馴化的時候分道揚鑣，因此這個病毒至少有1萬年的歷史。這個病毒的編碼能力足以製造一個非常大的蛋白質，裡面有些部分跟其他已知的蛋白質很像，包括有一個RNA依賴性RNA聚合酶（RNA dependent RNA polymerase），也就是會複製病毒RNA的蛋白質。目前這種病毒對其稻米宿主並沒有已知的影響，但這一點很難確定，因為沒有未感染的類似稻米栽培種可供比較。

A

左：稻內源RNA病毒並不會製造病毒粒子，這幅電子顯微影像中所見的是雙股的RNA基因體，以亮藍色顯示。

A 剖面圖

1 雙股的複製中間形式RNA
2 RNA編碼股的鏈裂 (nick)
3 聚合酶

類別	四
目	未分配
科	未分配（孤兒）
屬	歐爾密病毒屬 Ourmiavirus
基因體	線型、三個組成、約4800個核苷酸的單股RNA，編碼三個蛋白質
地理分布	伊朗西北部
宿主	甜瓜與有親緣關係的植物
相關疾病	甜瓜嵌紋
傳播方式	未知

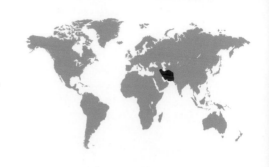

歐爾密甜瓜病毒
Ourmia Melon Virus
來自植物病毒與真菌病毒的嵌合病毒

結構非比尋常的病毒 歐爾密甜瓜病毒有兩個獨特的特徵。這種病毒的病毒粒子是長形的，還有好幾種不同的大小。能這樣是因為這種病毒會先以外殼蛋白形成基本的盤狀結構，之後再任意堆疊。在電子顯微影像中曾觀察到多達五種不同的殼體，但常見的只有兩種。

驚人的演化史 歐爾密甜瓜病毒基因體的研究顯示，這種病毒源自至少兩群不同病毒，也就是感染真菌的裸露RNA病毒（narnavirus）和感染植物的番茄叢矮病毒（tombusvirus）。說不定還有第三種祖先，不過距離太遠無法明確判定到底可能是什麼。發現源自兩種不同植物病毒的植物病毒並不令人意外，但擁有真菌病毒祖先就很不尋常了。植物和真菌在大自然中有非常親密的互動，而就算不是全部，大部分的野生植物上也都有為植物提供重要好處的真菌群殖。在這樣的互動中催生出歐爾密甜瓜病毒，好像也蠻有道理的。這種病毒的RNA依賴性RNA聚合酶（RNA dependent RNA polymerase, RdRp），也就是在複製過程中負責製造RNA複本的，是源自真菌病毒的部分。由於真菌病毒並沒有能協助病毒在細胞之間移動的蛋白質，這種病毒很可能必須在感染植物之前先取得這種蛋白質。

A 外觀

1 外殼蛋白；取決於外殼蛋白盤的組合數量，所以病毒粒子會有不同的外型

右：以綠色及黃色呈現的**歐爾密甜瓜病毒**純化粒子。此處至少可見三種不同的病毒粒子類型，代表殼體蛋白盤的組成數目不同。

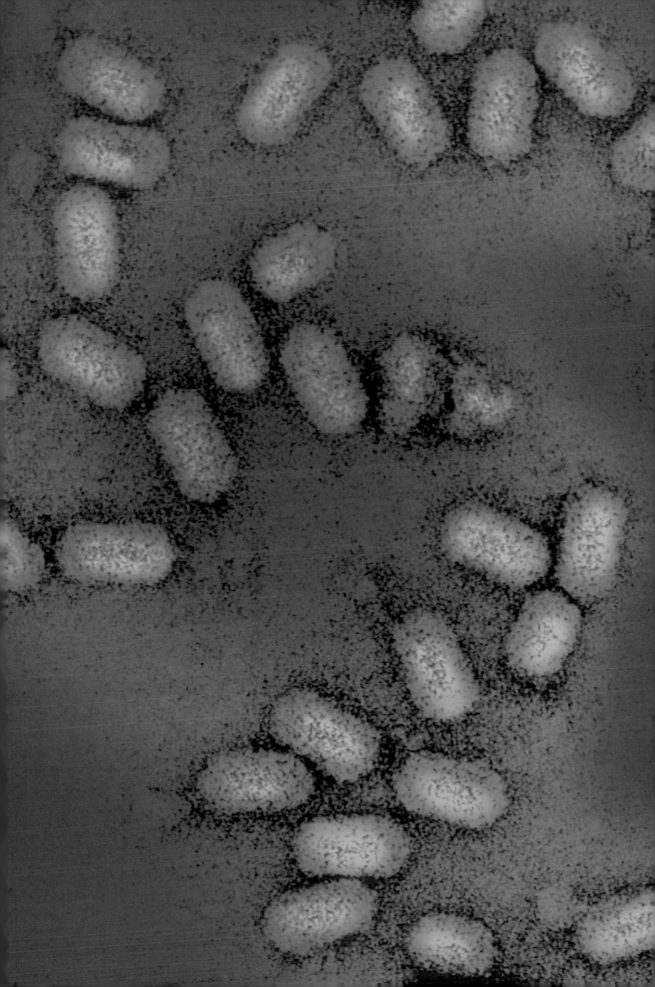

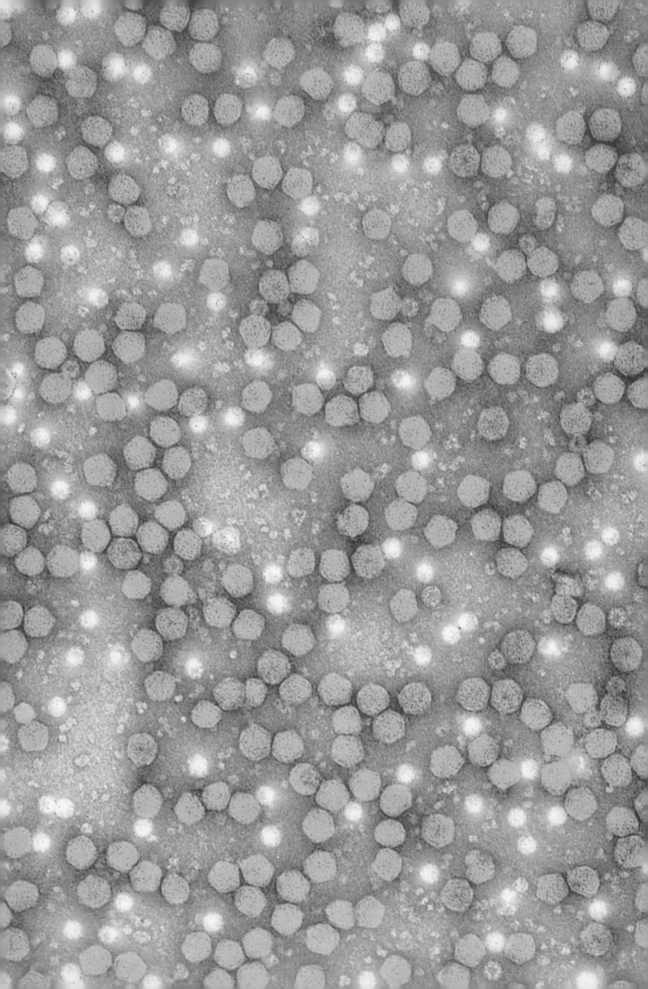

類別	四
目	未分配
科	黃症病毒科Luteoviridae
屬	突起鑲嵌病毒屬Enamovirus／幽影病毒屬Umbravirus
基因體	兩種病毒各有一個組成、線型、約5700個核苷酸、編碼五個蛋白質的單股RNA，跟有4300個核苷酸、編碼四個蛋白質的單股RNA
地理分布	全世界
宿主	豌豆與其他豆類
相關疾病	葉片贅生與嵌紋
傳播方式	蚜蟲

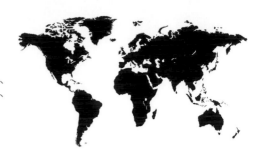

豌豆腫突鑲嵌病毒
Pea Enation Mosaic Virus
二合一的病毒

病毒互相依賴的案例 豌豆腫突嵌紋病毒其實是兩種沒有彼此就無法生存的病毒。每一種病毒都會製造自己的RNA依賴性RNA聚合酶，也就是在複製時用來複製RNA的酵素。豌豆腫突病毒1號，負責編碼兩種病毒的殼體所需的外殼蛋白，以及一種讓蚜蟲能傳播病毒的蛋白質。豌豆腫突病毒2號負責編碼能讓兩種病毒在植物細胞間移動及離開韌皮部的移動蛋白。韌皮部是植物用來輸送光合作用產物到植物體其他部分的管狀組織，而大部分的黃症病毒是無法離開韌皮部的。2號病毒也是病毒在機械性傳播（mechanical transmission）時所必須的，機械性傳播就是倚賴任何東西傷害植物、並破壞細胞壁所完成的傳播，能讓病毒進入植物細胞。這兩種特徵是有關係的：大部分的黃症病毒無法進行機械性傳播，因為它們只生活在韌皮部內，單純的葉片損傷無法輕易觸及韌皮部，因此它們會仰賴探入植物攝食的蚜蟲來傳播。兩種病毒的複合體，是專性共生的迷人病毒案例，是兩種不同實體的親密關係。這種病毒可能是演化上的中間型態，隨著時間過去，可能會失去其中一種複製酵素，成為單一的新病毒物種。

A 黃症病毒剖面圖
B 幽影病毒剖面圖

1 外殼蛋白
2 黃症病毒的單股RNA基因體
3 VPg
4 幽影病毒的單股RNA基因體

左：以綠色顯示的**豌豆腫突嵌紋病毒**粒子。這種病毒是兩種不同病毒的混合體，必須依賴彼此才能感染宿主。儘管在這幅電子顯微影像中難以區別這兩種粒子，但它們的相異度已經足以用某些純化方式加以分離。

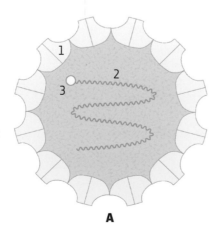

A

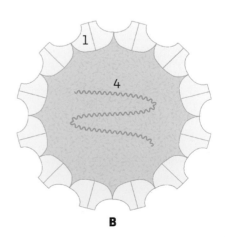

B

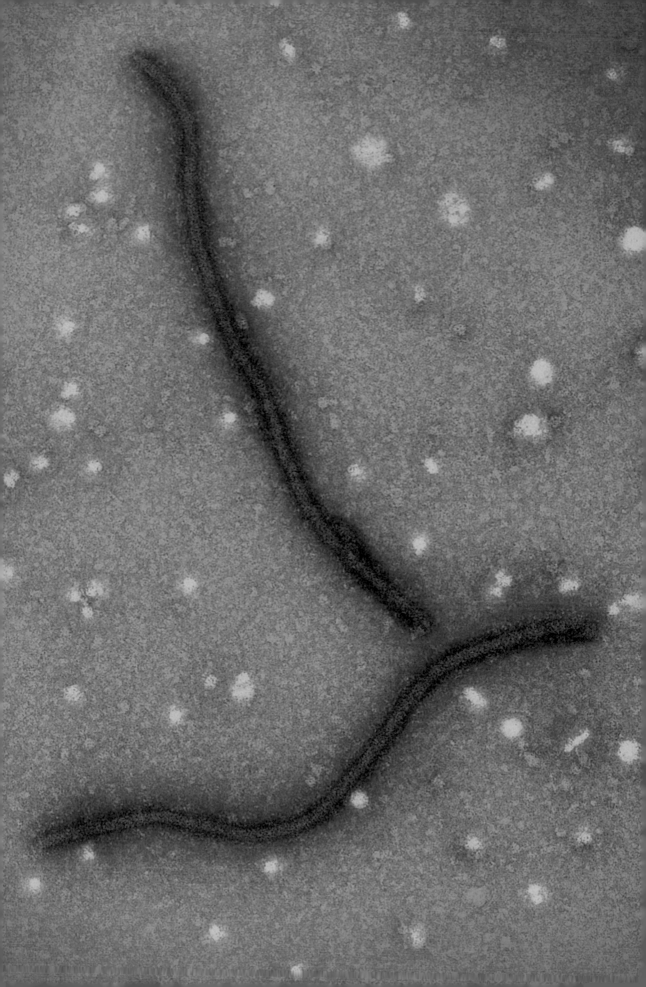

類別	四
目	未分配
科	馬鈴薯Y病毒科Potyviridae
屬	馬鈴薯Y病毒屬Potyvirus
基因體	線型、單一組成、約9800個核苷酸的單股RNA，透過一個多蛋白編碼11個蛋白質
地理分布	歐洲大部分地區、加拿大與南美洲有限分布，也被引進埃及和亞洲
宿主	有硬核的水果果樹
相關疾病	李痘瘡病
傳播方式	蚜蟲

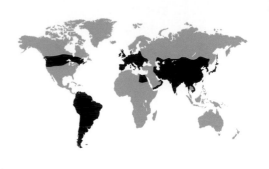

李痘瘡病毒
Plum Pox Virus
硬核水果的毀滅性疾病

持續擴散的疾病 李痘瘡病毒會引起一種毀性疾病，這種病會在李、桃、杏桃、扁桃、櫻桃和近緣果樹的果實上造成像痘瘡般的損傷，讓這些水果變得無法使用。唯一有效的控制方法，是一發現染病的果樹就迅速移除並銷毀。這種策略在美國部分地區有效，那些地方的李痘瘡病毒在1999年被帶入賓州，之後就根除了。儘管美國目前沒有任何這種病毒出現的報告，但鄰國加拿大卻有，所以為了阻擋這種病毒，持續監測是必要的。

李樹染病的報告最早出現在1917年的保加利亞，而確定這種疾病是由病毒引起的報告，則是在1930年代。這種病毒擴散到整個歐洲和地中海地區，而且不斷出現在更多國家。這種疾病能靠蚜蟲短距離傳播，長距離則是透過植物體的運輸。許多國家都運用龐大的系統來檢查所有苗木是否有病毒，並對進口材料隔離檢疫，以控制擴散。

這種病毒對水果產業相當重要，所以受到廣泛研究。由於這種病毒感染的是壽命很長的植物，所以曾被用來研究病毒在相對較長時間中的演化。有趣的是，在植株遭到感染幾年之後，可以在不同的樹枝上找到不同的病毒族群。這表示儘管植株是遭到單一病毒分離株的感染，但在樹的一生中，這種病毒卻會在樹的不同部位以不同方式慢慢變化。以大多數生命形式而言，想在這麼短的時間內觀察到演化是不可能的。基於這種快速演化的特徵，病毒也成為研究演化機制的絕佳工具。

A

左：兩顆純化的**李痘瘡病毒**粒子，以洋紅色呈現。這種病毒具有長而柔軟的桿狀外型。

A 外觀與剖視圖

1 外殼蛋白
2 單股基因體RNA
3 VPg
4 多腺核苷酸尾

類別	四
目	未分配
科	馬鈴薯Y病毒科Potyviridae
屬	馬鈴薯Y病毒屬Potyvirus
基因體	線型、單一組成、約9700個核苷酸的單股RNA，透過一個多蛋白編碼11個蛋白質
地理分布	全世界
宿主	多種茄科植物
相關疾病	嵌紋、皺葉嵌紋、植株發育遲緩、塊莖點狀壞死
傳播方式	蚜蟲

馬鈴薯Y病毒
Potato Virus Y
足以媲美枯萎病的馬鈴薯剋星

馬鈴薯是病毒磁鐵 馬鈴薯在世界各地都是很重要的主食。這種植物不是用種子而是以塊莖種植，而以這種方式（稱為營養繁殖）栽種的植物，比較容易有慢性的病毒感染。大部分病毒透過種子的傳播率都不會很高，所以種子具有某種純化的效果，可以把病毒自下一代移除。傳統上，在大部分國家，生產「種子馬鈴薯」的過程是需要經過認證的，必須先檢測做種用的馬鈴薯是否感染馬鈴薯Y病毒和其他馬鈴薯病毒，才能釋出給農民，讓他們去生產馬鈴薯農和家庭農園使用的小塊莖。在生長季，這些農民必須監測植株，看是否出現症狀。直到最近，這個程序都運作得相當好。但打從21世紀初，這種病毒就再度成為馬鈴薯農的一大問題。這是因為出現了新的病毒株，有好幾個栽培品系的馬鈴薯對這些新病毒有耐受力，也就是說這些馬鈴薯會感染病毒，但卻不會生病。病毒就悄悄躲在這些馬鈴薯身上，並在下一個生長季成為其他易受感染品系的傳染源。在北美洲，這個問題也因為美加引入了一種新的蚜蟲——大豆蚜——而雪上加霜，因為大豆蚜傳播這種病毒的效率非常好。這種病毒對西班牙、法國和義大利的馬鈴薯也是一大憂患，還會造成世界各地的青椒與番茄生病。

　　馬鈴薯Y病毒是在1920年代發現的，也是所謂的馬鈴薯Y病毒科的第一個成員，這個科就是以這種病毒命名。目前已經辨識出好幾百種屬於這個科的病毒，這個科也是已知最大、也最麻煩的植物致病病毒科。

A

A 外觀與剖視圖

外殼蛋白
2 單股基因體RNA
3 VPg
4 多腺核苷酸尾

右：這幅電子顯微影像中可見幾顆純化後的**馬鈴薯Y病毒**粒子，以紅色呈現。

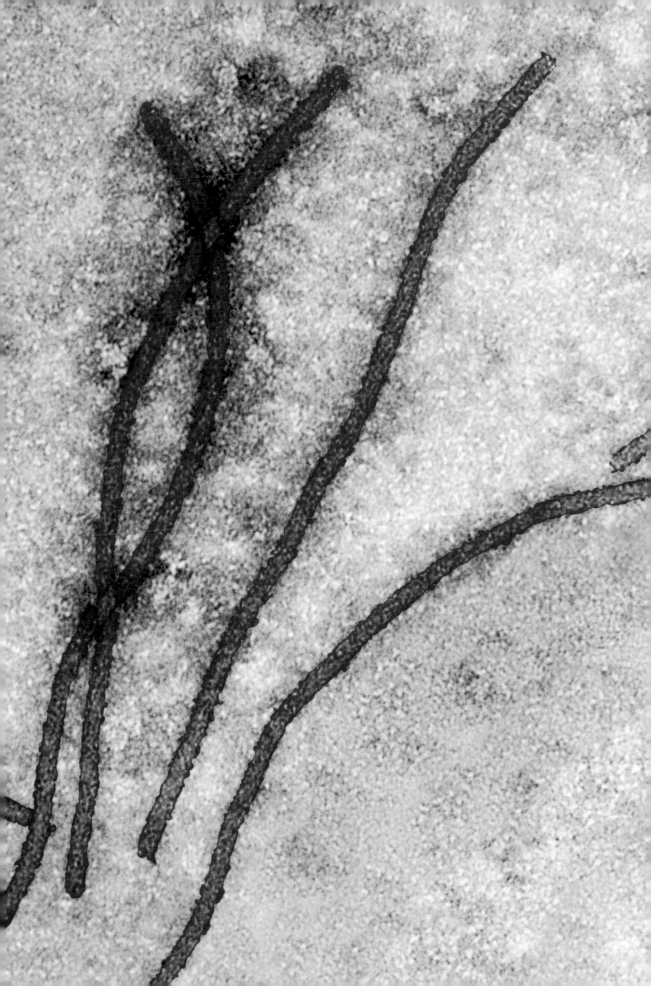

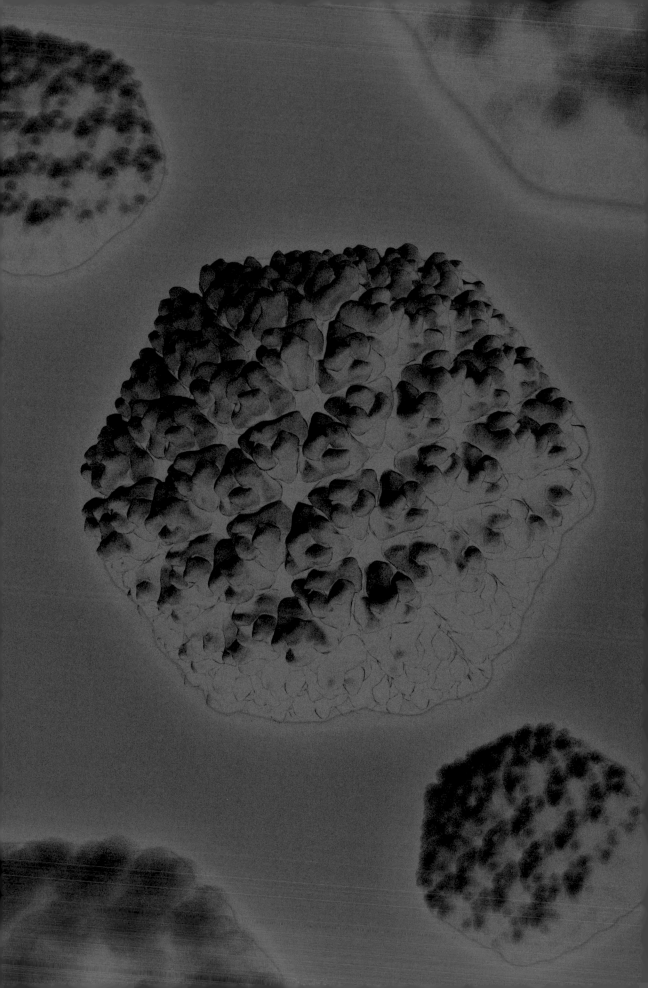

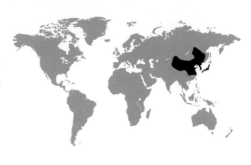

類別	三
目	未分配
科	呼腸孤病毒科Reoviridae
屬	植物呼腸孤病毒屬Phytoreovirus
基因體	線型、12個片段、含有約2萬6000個核苷酸的雙股RNA，編碼15個蛋白質
地理分布	中國、日本、韓國、尼泊爾
宿主	稻米與有親緣關係的禾本科、葉蟬
相關疾病	發育遲緩
傳播方式	葉蟬

稻萎縮病毒
Rice Dwarf Virus
對植物宿主來說是病原體，對昆蟲宿主來說卻不是

農業模式的改變造成更多病毒性疾病 關於稻萎縮病最早的報告出現在1896年的日本，不過後來才會知道原來是病毒造成的。這是非常嚴重的稻米疾病，感染的植株會生長遲緩，產量也會大幅減少。和其他的稻米病毒性疾病一樣，這種病毒本來只是零星爆發，直到農耕方式改變。現代農業採用的大面積單一作物栽培（只栽種一種生物）方式，其實強化了病毒性疾病。因為在一個植物密集的地區有幾千株植物可供病毒感染，卻只有很少、甚至沒有非宿主植物，所以可以非常迅速地擴散。稻萎縮病毒同時也是其病媒昆蟲的病毒，不過並沒有造成那些昆蟲生病的報告。冬季時，受感染的昆蟲會蟄伏在禾本科雜草或小麥之類的冬季穀類作物上休眠，等作物長出來時，就會移到稻田中。每季不只種植一批稻米的地區，第二期的稻米就會更容易感染稻萎縮病。1960和1970年代進行的稻米品種改良，讓稻米可以種植兩期（double cropping），這也讓病媒昆蟲有了能持續取食的植物來源，病媒昆蟲的族群數量得以維持，病毒量也跟著居高不下。使用殺蟲劑可降低稻萎縮病毒的發生率，但這不只昂貴，可能連有益的昆蟲也都跟著一起處理了。

A 剖面圖
B 中蛋白質層外觀

1 P2, 外蛋白質層
2 P8, 中蛋白質層
3 P3, 內蛋白質層
4 雙股RNA基因體 (12個片段)
5 聚合酶

左：以藍色呈現的**稻萎縮病毒**模型，參考X光晶體繞射影像繪製。

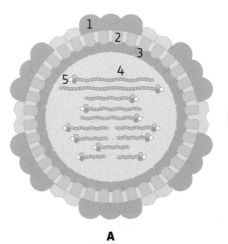

A

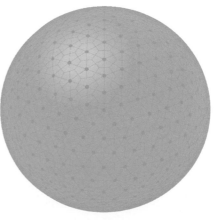

B

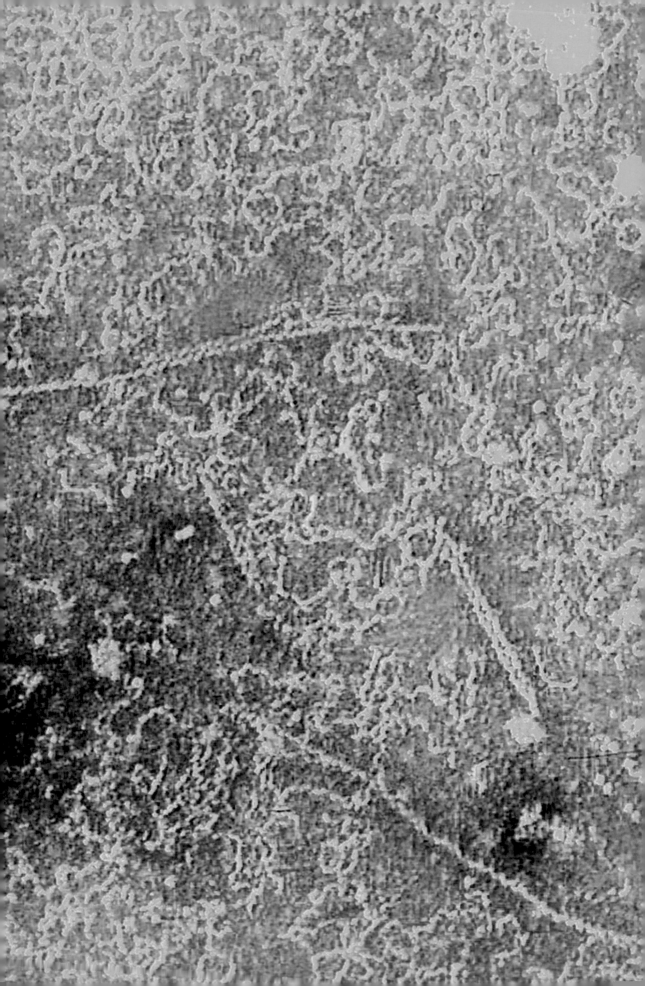

類別	五
目	未分配
科	未分配
屬	纖細病毒屬Tenuivirus
基因體	線型、四個片段，共含有約1萬7600個核苷酸的單股RNA，編碼七個蛋白質
地理分布	拉丁美洲、北美洲南部
宿主	稻米
相關疾病	白葉病
傳播方式	飛蝨

水稻白條病毒
Rice Hoja Blanca Virus
昆蟲與植物病毒

稻米栽培的週期性問題　稻米白葉病最早是1930年代在哥倫比亞發現的。後來這種疾病又在南美洲其他地方出現，然後移往中美洲和古巴。這種疾病會出現個幾年，然後又消失個十年或更長時間，接著又從其他地方冒出來。出現這種疾病時，稻米的產量會大幅降低。起初，這種流行病的週期性特質與長距離傳播方式非常令人費解，直到確認了傳染媒介。水稻飛蝨其實是病毒的一個宿主，病毒在飛蝨體內複製，然後傳給下一代。因此病毒可能會有許多年時間都維持昆蟲病毒的身分，不傳染給植物。感染這種病毒會讓昆蟲的產卵數下降，所以在傳染病末期，在稻米栽種地區，這種昆蟲的數量會大幅下跌。不同的環境狀況也會影響水稻飛蝨的生命週期，因為水稻飛蝨需要高溼度，在灌溉栽植稻米的地區常有這種環境。這種非常小的昆蟲能飛行非常遠的距離，甚至遠達1000公里，無須落地，這就解釋了長距離傳播。目前保護稻米作物對抗水稻白條病毒的策略，是培育對病毒與／或昆蟲有抵抗力的稻米品系。然而，目前還沒有找到完美的解決之道。有些稻米栽培品系對這種病毒有部分抵抗力，但那些是稉稻，而不是拉丁美洲人偏愛的秈稻品系。

1 由殼蛋白覆蓋的單股RNA 1
2 由殼蛋白覆蓋的單股RNA 2
3 由殼蛋白覆蓋的單股RNA 3
4 由殼蛋白覆蓋的單股RNA 4

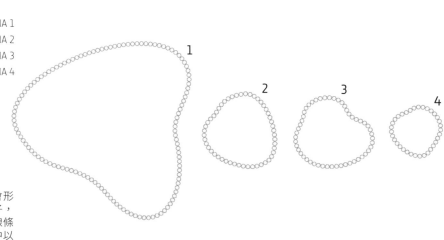

左：**水稻白條病毒**並不會形成高度結構化的病毒粒子，而比較像是彎彎曲曲的線條（在這幅電子顯微影像中以黃色顯示），那就是由殼蛋白包裹的病毒RNA。

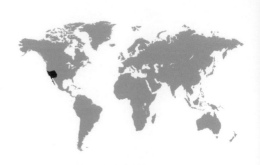

類別	四
目	未分配
科	未分配
屬	未分配
基因體	線型、單一組成、約有1100個核苷酸的單股RNA，編碼兩個蛋白質
地理分布	加州南部與墨西哥西北部
宿主	野生粉藍菸草（又名野菸樹）
相關疾病	無
傳播方式	自然的傳播方式不明，在實驗中則是透過機械傳播

衛星菸草鑲嵌病毒
Satellite Tobacco Mosaic Virus
病毒的病毒

演化之謎　有時候，病毒自己也會有寄生蟲。這在植物病毒上最常發現，就稱為衛星病毒。有些衛星病毒只是小的RNA或DNA分子，利用病毒（稱為輔助病毒）來為自己複製、包裝和傳播。第一次發現衛星病毒是在1960年代，目前也只有描述過四種植物衛星病毒。衛星病毒編碼一個外殼蛋白，但沒有能讓它們複製或在植物體內移動的蛋白質。衛星病毒完全仰賴輔助病毒達成這些功能，但會製造自己的殼體。

衛星菸草鑲嵌病毒是菸草微綠嵌紋病毒（tobacco mild green mottle virus）的寄生蟲。菸草微綠嵌紋病毒是菸草鑲嵌病毒的親緣物種，在實驗中菸草鑲嵌病毒也可支援衛星病毒，但自然界中並未發現這種案例。這種衛星病毒是在調查原生於加州南部的野生粉藍菸草時發現的。雖然宿主與輔助病毒已經從美洲擴散到世界其他地方，但其他地方都沒有發現衛星病毒。目前還不知道為什麼這種衛星病毒沒有跟著植物宿主和輔助病毒一起被帶到世界各地。在實驗中，菸草微綠鑲嵌病毒和衛星菸草鑲嵌病毒可以感染其他某些跟菸草有親緣關係的植物，但除了粉藍菸草以外，從來沒有在野外發現過。在大部分案例中，衛星病毒不太會影響輔助病毒的症狀，不過在甜椒上，這種病毒可以大幅降低植物體內的輔助病毒數量，症狀也會因為甜椒的品系而有增減。

有一個懸而未決的問題，就是衛星和衛星病毒到底是怎麼來的。遺傳上來說，它們和輔助病毒完全沒有共通點。它們是失去了自己大部分基因的退化病毒嗎？它們代表的是某種更古老、可追溯到更早期的生物嗎？目前這個問題還是沒有答案。

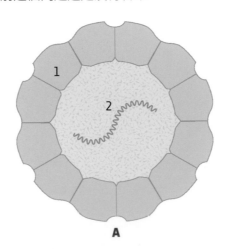

A 剖面圖

1 外殼蛋白
2 單股RNA基因體

右：這幅電子顯微影像中可以看到**衛星菸草鑲嵌病毒**的球型小病毒粒子，另外還有少數菸草微綠鑲嵌病毒的粒子（長桿狀），那是複製所需的輔助病毒。

A

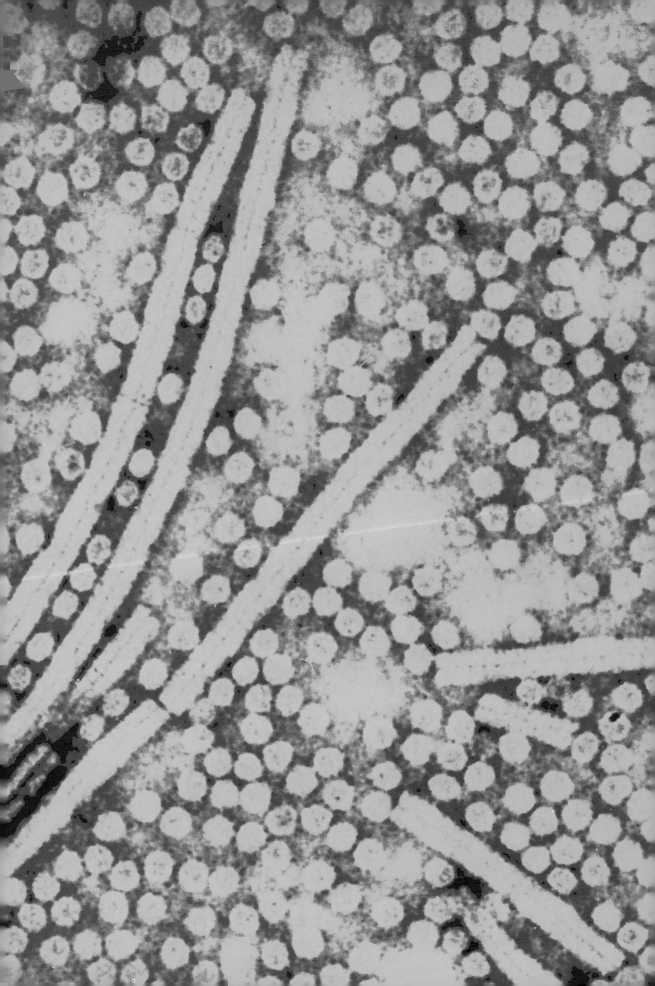

類別	四
目	未分配
科	馬鈴薯Y病毒科Potyviridae
屬	馬鈴薯Y病毒屬Potyvirus
基因體	線型、單一組成、約有9500個核苷酸的單股RNA，透過一個多蛋白編碼11個蛋白質
地理分布	美洲全境、夏威夷
宿主	茄科植物與其他雜草
相關疾病	葉片蝕刻、生長遲緩、葉脈透化、出現色斑
傳播方式	蚜蟲

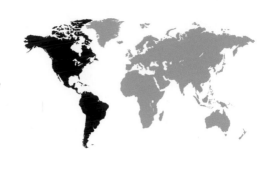

菸草蝕刻病毒
Tobacco Etch Virus
揭開植物後天免疫系統的病毒

分子生物學的重要工具　植物病毒學家早就知道，讓植物感染溫和的病毒分離株，能讓植物對更嚴重的病毒株免疫，就像以減毒的病毒株製成人類與其他動物的疫苗一樣。在有更好的病毒辨識工具出現之前，這種作法也被用於判斷某種病毒跟先前描述過的病毒是否為同一物種。不過我們之前都還不了解植物的後天免疫機制，直到1992年證明了只要有菸草蝕刻病毒的RNA，就能激發植物的這種免疫，不需要完整的病毒、甚至任何病毒蛋白質。這也造就了RNA靜默的發現，現在已經知道許多生物都有這種機制。RNA靜默會以非常特殊的方式鎖定RNA並使之退化，是對抗病毒的重要防禦，但類似的機制也用於管控其他基因。

除了發現以RNA為基礎的植物免疫系統以外，菸草蝕刻病毒也是了解植物病毒學其他許多方面的重要模型，包括蚜蟲如何傳播植物病毒、病毒如何影響植物細胞、病毒的多蛋白如何被切成感染循環所需的較小蛋白，更近期還了解了病毒如何隨著時間演化。

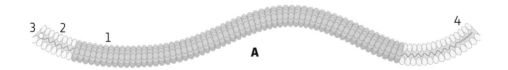

左：**菸草蝕刻病毒**在感染植物細胞的細胞質內形成了這些迷人的結構，名為風車狀內含體（粉紅底色上的黑色圖案）。

A 外觀與剖視圖

1 外殼蛋白
2 單股基因體RNA
3 VPg
4 多腺核苷酸尾

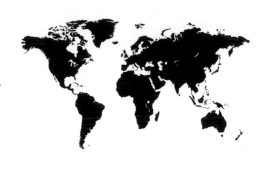

類別	四
目	未分配
科	帚狀病毒科Virgaviridae
屬	菸草鑲嵌病毒屬Tobamovirus
基因體	線型、單一組成、有約6400個核苷酸的單股RNA，編碼四個蛋白質
地理分布	全世界
宿主	多種植物
相關疾病	葉片嵌紋、嚴重發育遲緩、對某些宿主是致命的
傳播方式	機械性

菸草鑲嵌病毒
Tobacco Mosaic Virus
開啟病毒學領域的病毒

研究一種病毒，結果發現了分子生物學的許多面向　19世紀晚期，荷蘭學者描述了一種在菸草上發現的新嵌紋疾病，可藉由染病植物的汁液傳播。俄羅斯與荷蘭的科學家證明，這種傳染媒介可以通過用於消滅細菌的、非常細緻的篩子，而荷蘭學者認為這是一種新型態的傳染媒介物，並將之命名為病毒。其他還有許多第一，都要歸功於這種病毒，包括對RNA遺傳本質的了解、遺傳密碼（RNA如何用於製造蛋白質），還有大分了在植物細胞中如何移動。菸草鑲嵌病毒是第一個判斷出結構的病毒，而因為研究DNA結構而聲名卓著的羅莎琳·富蘭克林，也曾經做出菸草鑲嵌病毒的模型，在1958年的布魯塞爾世界博覽會中展出。於卓鑲嵌病毒也是第一個用於基因改造作物的病毒：為了示範其中原理，科學家培育出有攜帶菸草鑲嵌病毒外殼蛋白基因的菸草，並證明可以抵抗病毒感染。

　　菸草鑲嵌病毒會感染許多種作物和庭園植物，包括番茄，而且對番茄植株來說可能會致命。這種病毒在菸草製品中很常見，也非常穩定，通過人類消化道後仍具有傳染力。癮君子和其他菸草使用者很容易就會因為曾經碰觸過植物而散布病毒。幸好許多現代的番茄栽培品系都對這種病毒有抵抗力，但大部分的家傳品系則沒有。

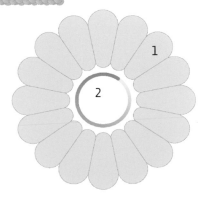

A

左：電子顯微影像中可以看見細節清晰的桿狀**菸草鑲嵌病毒**粒子。從這兩顆上了色的病毒上，可以看出個別外殼蛋白的亞單位。

A 外觀
B 剖面圖

1 外殼蛋白
2 單股RNA基因體，盤捲在外殼蛋白螺旋內

B

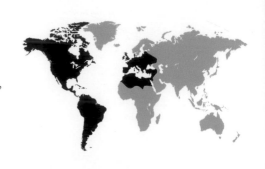

類別	四
目	未分配
科	番茄叢矮病毒科Tombusviridae
屬	番茄叢矮病毒屬Tombusvirus
基因體	線型、單一組成、有約4800個核苷酸的單股RNA，編碼五個蛋白質
地理分布	南北美洲、歐洲及地中海
宿主	番茄及自然界中少數親緣物種
相關疾病	發育不良、植株變形、黃化
傳播方式	種子，機械性

番茄叢生矮化病毒
Tomato Bushy Stunt Virus
用途多多的工具

影響深遠的簡單小病毒　番茄感染番茄叢生矮化病毒的第一份報告，是在1930年代的英格蘭，且從那時候開始，世界其他地方也都有發現。這種病毒也會感染甜椒、茄子和有親緣關係的宿主。在實驗中還能感染其他多種植物。

　　番茄叢生矮化病毒是已知最小的植物病毒之一，也是第一個判斷出高解析度結構的病毒（1978年）。更早之前的結構模型，並未展示出由這種先進分析法所發現的細節。番茄叢生矮化病毒的基因體很小、很簡單，因此也廣泛運用在非常多樣的研究上，研究病毒如何與宿主互動，還有如何演化。在實驗室環境中，這種病毒能感染酵母細胞，提供了研究病毒生命週期諸多方面的遺傳學和細胞生物學方法。酵母菌被開發作為不同基因上有數千種突變缺陷的模系，可供實驗研究之用。酵母菌是相對簡單的真核生物（指具有細胞核的生物，如植物和動物），所以這個系統在病毒和宿主如何共生方面，帶來了許多新的見解。

　　材料科學家早就已經認可把植物病毒當作非常有效的奈米微粒使用，目前也正在開發番茄叢生矮化病毒在奈米科技方面的用途。

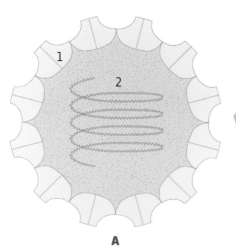

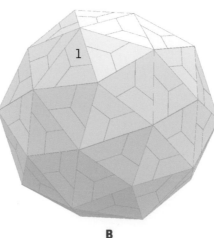

A 剖面圖
B 外觀

1 外殼蛋白
2 單股RNA基因體

右：以藍綠色呈現的**番茄叢生矮化病毒**粒子。在這幅高倍率電子顯微影像中，可以分辨出粒子表面的個別蛋白質。

A　　　　　　　　**B**

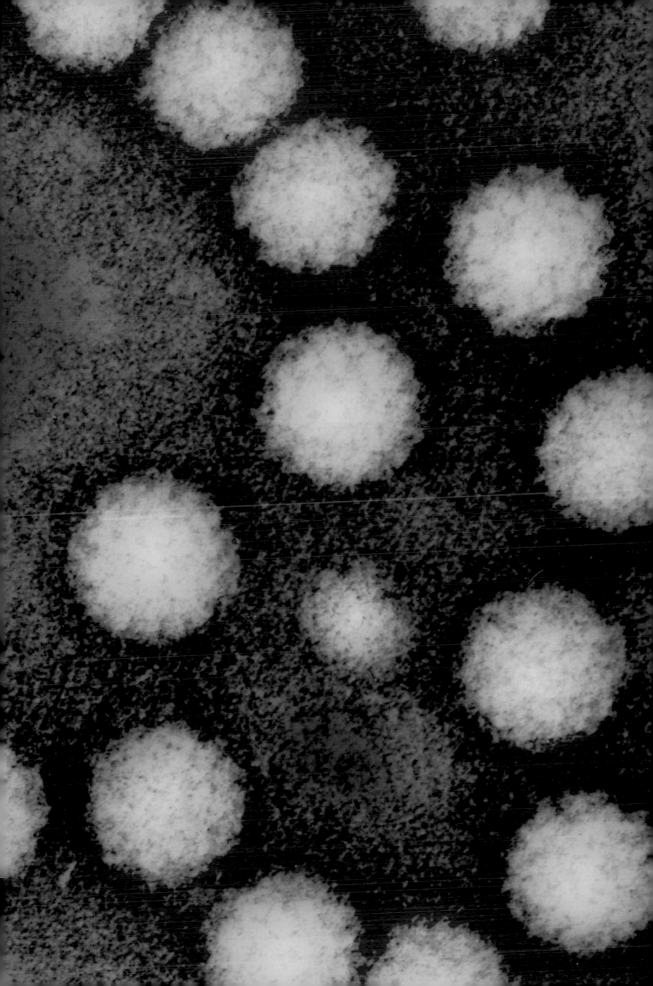

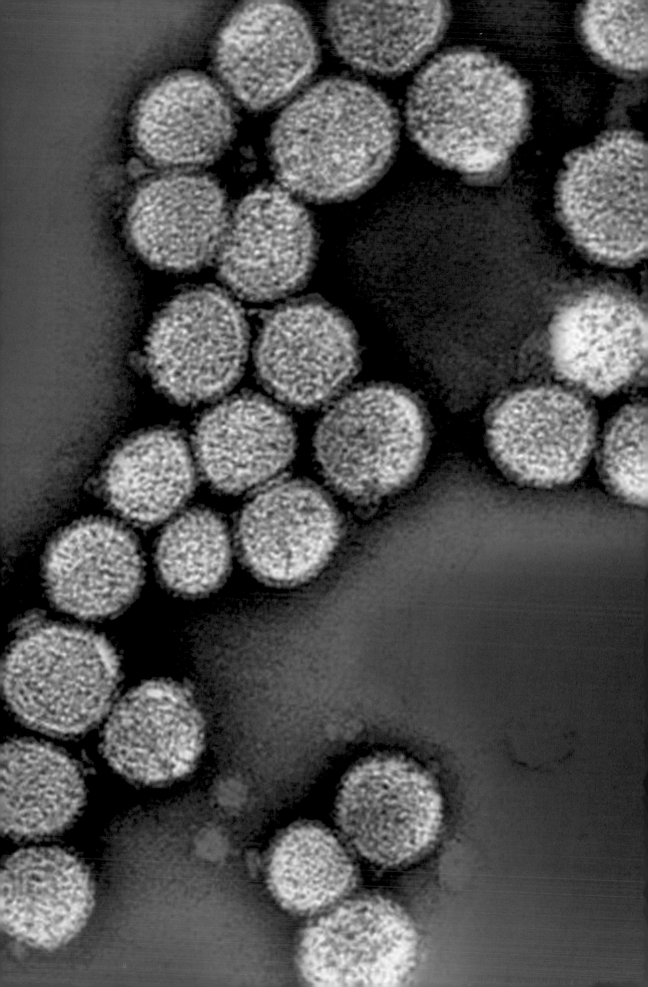

類別	五
目	未分配
科	本揚病毒科Bunyaviridae
屬	番茄斑萎病毒屬Tospovirus
基因體	環型、三個組成、有約1萬6600個核苷酸的單股RNA，編碼六個蛋白質
地理分布	全世界
宿主	超過1000種植物，薊馬
相關疾病	番茄萎凋與斑點、發育不良、壞死
傳播方式	薊馬

番茄斑點萎凋病毒
Tomato Spotted Wilt Virus
屬於動物病毒科別的植物病毒

昆蟲也是宿主　番茄斑點萎凋病毒於1915年在澳洲發現，之後很長一段時間都沒有發現類似的植物病毒，但現在已經辨識出十多種不同的親緣病毒。這種病毒會造成許多重要農作物生病及產量減少。本揚病毒科的病毒感染的大多是昆蟲與動物，而番茄斑點萎凋病毒也是一種昆蟲病毒，同時還是非常少數幾種外面有脂質膜包裹的植物病毒。脂質膜是動物病毒進入細胞的有效方法，但在植物方面沒有明確的用途，因為植物細胞周圍有細胞壁。番茄斑點萎凋病毒和薊馬有複雜的關係，這種取食植物的小昆蟲也是植物之間的病毒傳播媒介。被薊馬破壞的植物通常會製造抗蟲取食的化合物，對薊馬幼蟲來說是品質不良的宿主，但如果該植物也感染了番茄斑點萎凋病毒，對幼薊馬來說就會是比較好的宿主。所以這種病毒協助了幫忙傳播的昆蟲，但是由植物付出代價。雄薊馬是比雌薊馬更好的病毒傳染媒介，而感染了番茄斑點萎凋病毒的雄薊馬會更頻繁地戳探植物，增加病毒在植物間傳播的機會。本揚病毒科中其他會感染動物的病毒也會影響昆蟲宿主／傳染媒介的行為。例如，拉克里斯病毒（La Crosse virus）是一種由蚊子傳播的人類病原體，會誘導蚊子更頻繁地叮人，增加病毒的傳播。

A 剖面圖

1 醣蛋白Gn及Gc
2 脂質包膜

由核蛋白包裹的單股RNA
3 基因體片段S
4 基因體片段M
5 基因體片段L
6 聚合酶

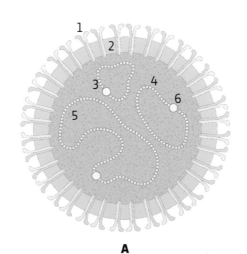

左：**番茄斑點萎凋病毒**粒子（藍色），呈現出插在病毒外膜中的醣蛋白棘。

A

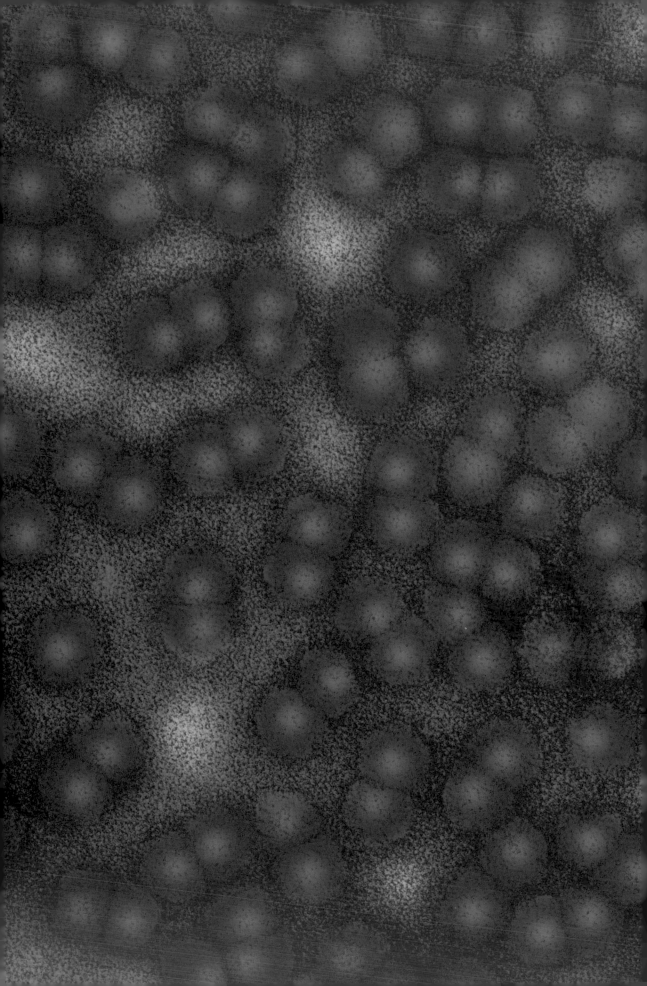

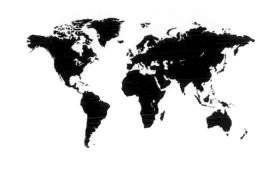

類別	二
目	未分配
科	雙生病毒科Geminiviridae
屬	豆類金黃嵌紋病毒屬Begomovirus
基因體	環型、單一組成、約2800個核苷酸的單股DNA，編碼六個蛋白質
地理分布	中東，目前已擴散到全世界有栽種番茄的地方
宿主	番茄
相關疾病	黃化、嵌紋、葉片發育不良及變形、產量減少
傳播方式	粉蝨

番茄黃化捲葉病毒
Tomato Yellow Leaf Curl Virus
遷移一種作物，得到一種新病毒

「新世界」作物上的「舊世界」病毒 豆類金黃嵌紋病毒屬中的病毒多半都由兩個DNA組成，但有些只有一個。這些病毒被稱為「舊世界」病毒，是因為它們通常不會出現在西半球。所以，舊世界病毒到底是怎麼出現在新世界作物上的？這牽涉到兩個因素。一是在幾世紀之前，番茄從原生的南美洲被帶往世界各地栽種。這就讓這種可能是原生於中東地區野生植物上的病毒，有機會感染番茄。番茄感染這種疾病的最早描述出現在1930年代，發生在今日的以色列，但當時只是地區性的問題。第二個因素，是一種名為B型生物小種（biotype B）的粉蝨，牠們在1990年代擴散到全球的熱帶與副熱帶地區。B型生物小種粉蝨所取食的宿主植物比其他粉蝨更多樣，自然提高了這種病毒從野生植物傳給番茄的機會。這種粉蝨於1990年代崛起於許多地方，讓番茄黃化捲葉病毒在許多番茄栽種地區迅速擴散開來，也包括番茄起源的西半球。近年來，除了番茄黃化捲葉病毒以外，還有多種有親緣關係的病毒在B型生物小種粉蝨出現的地方被發現。這類病毒有些會在植物體內混雜出現，因此可以利用每種病毒的不同部分，演化出新的病毒。在某些案例中，感染病毒的植物對B型生物小種粉蝨來說是更好的宿主，能提高產卵量與孵化量。這又增進了病毒的傳播，也同樣加強了B型生物小種粉蝨的入侵。

A 剖面圖
B 外觀

1 外殼蛋白
2 單股DNA基因體

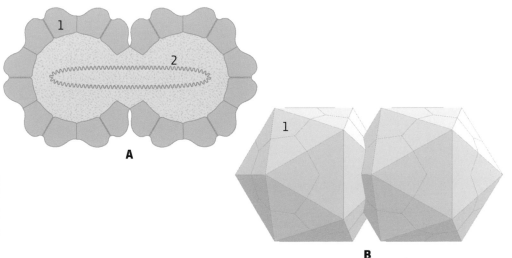

左：以紅色顯示的**番茄黃化捲葉病毒**純化粒子。這種粒子是孿生結構，也是這類群的病毒命名為雙生病毒的原因。

類別	三
目	未分配
科	分體病毒科Partitiviridae
屬	阿爾發分體病毒屬Alphapartitivirus
基因體	線型、兩個組成、含約3700個核苷酸的雙股RNA， 編碼兩個蛋白質
地理分布	全世界的苜蓿
宿主	苜蓿
相關疾病	無
傳播方式	100%透過種子

白三葉草潛隱病毒
White Clover Cryptic Virus
對三葉草有益的病毒

持續性植物病毒　持續性植物病毒在作物與野生植物中都很常見。受感染植物的每一個細胞裡都會有病毒，並且會經由種子遺傳給子子孫孫，為時可能超過千年。這類病毒沒有很多人研究，因為似乎不會引起疾病。在野生植物的病毒研究方面，分體病毒科（如此命名是因為其基因體分成兩條RNA）的病毒有時候就是最常找到的病毒。

　　白三葉草潛隱病毒是很簡單的病毒，只編碼一個外殼蛋白和一個聚合酶，也就是複製其RNA的酵素。白三葉草跟其他所有豆類一樣，跟形成根部器官「根瘤」的細菌有共生關係。根瘤可以固氮，也就是說，能把大氣中的氮轉成植物能使用的型態。這對植物來說是很重要的程序，但會耗費許多資源。除了把病毒包被起來外，白三葉草潛隱病毒的外殼蛋白基因也會抑制植物體內製造根瘤的基因，但只會在土壤中的氮足夠的時候才會抑制。病毒的外殼蛋白到底是怎麼辦到的，目前還不清楚，但在植物不需要的時候就不製造根瘤，對植物來說是一大好處。或許其他的持續性病毒對宿主來說也是有益的，但對這類病毒的研究很少。

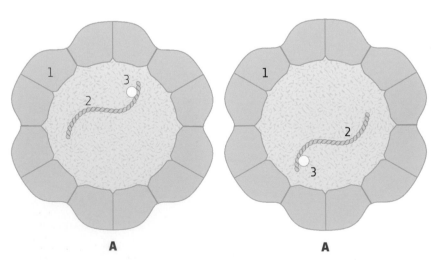

A 剖面圖

1 外殼蛋白
2 雙股RNA基因體（兩個
　　片段）
3 聚合酶

右：藍綠色背景上可見以棕色顯示的**白三葉草潛隱病毒**粒子。儘管在電子顯微影像中無法分辨，但其實每個這種病毒都有兩顆粒子，各含有一段不同的基因體RNA。

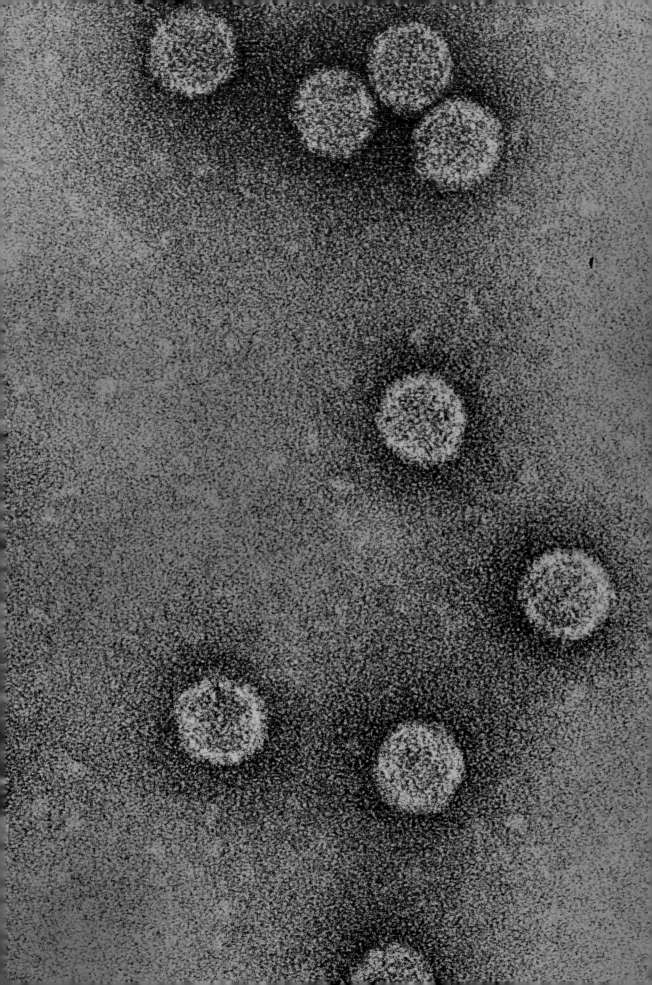

類別	二
目	未分配
科	雙生病毒科 Geminiviridae
屬	豆類金黃嵌紋病毒屬 Begomovirus
基因體	環型、兩個組成、約5200個核苷酸的單股DNA，編碼八個蛋白質
地理分布	南美洲熱帶地區
宿主	豆類與野生豆科植物
相關疾病	金黃嵌紋
傳播方式	粉蝨

豆類金黃鑲嵌病毒
Bean Golden Mosaic Virus
新興的植物疾病

對豆類這種重要蛋白質來源的嚴重打擊 雙生病毒是相當重要的新興植物病毒。許多都由少數幾種粉蝨傳播，而其實也是因為粉蝨擴散，才造成這些疾病出現在世界各地。豆類金黃鑲嵌病毒的最早描述是出現在1976年哥倫比亞的豆類身上。目前這種疾病是拉丁美洲豆類生產方面最大的問題，估計造成了數十萬噸豆類的損失，而豆類是這個地區的重要主食作物。有親緣關係的病毒也在北美和中美洲造成了類似的問題。這種疾病增加的原因之一，被認為跟黃豆栽種大幅增加有關，因為黃豆是病媒粉蝨的絕佳宿主，可能也增加了這種昆蟲的密度。儘管有非常多的豆子品系可用於育種計畫，但沒有發現任何對豆類金黃鑲嵌病毒有抗病力的品系。另一個控制病毒的策略是控制粉蝨病媒，但這很昂貴、對環境不友善，通常還會造就有抗藥性的粉蝨。最近的行動則集中在透過基因工程建立有抗病力的豆子品系。小部分的病毒被嵌入植物的基因體，這樣可以啟動植物的天然免疫系統。這個策略在溫室與田野實驗是成功的，而有抗病力的豆類品系也已經獲得了巴西政府的許可。

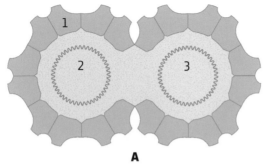

A 剖面圖
B 外觀

1 外殼蛋白
2 單股DNA基因體A段
3 單股DNA基因體B段

類別	四
目	未分配
科	馬鈴薯Y病毒科 Potyviridae
屬	馬鈴薯Y病毒屬 Potyvirus
基因體	線型、單一組成，約9600個核苷酸的單股RNA，編碼至少10個蛋白質
地理分布	源自土耳其，全世界的鬱金香裡都有
宿主	鬱金香與百合
相關疾病	無，能造成鬱金香的美麗色彩變異
傳播方式	蚜蟲

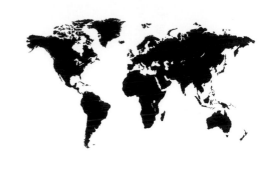

鬱金香條斑病毒
Tulip Breaking Virus
造成一個經濟泡沫的病毒

造就美麗斑紋鬱金香的病毒　17世紀時，荷蘭陷入了某種名為「鬱金香熱」的狂熱之中。荷蘭人本來就很喜歡鬱金香這種源自土耳其的花卉，但他們徹底迷上了一種新發現的、有條紋色彩的鬱金香。據說，光是一個球莖的價錢，就相當於一艘載滿貨物的帆船。然而，美麗的條紋鬱金香並不穩定，有時候條紋鬱金香長出的球莖會失去條紋，只開出普通的純色鬱金香。這造成了球莖的投機買賣，商人投入大筆大筆的金錢，賭球莖能開出條紋鬱金香，而鬱金香熱也被稱為史上第一個經濟泡沫。17世紀有許多著名畫作描繪這種可愛的鬱金香，而這股狂熱也橫掃歐洲大部分地區。

直到20世紀，才確定這種夢寐以求的鬱金香條紋是病毒所引起的。事實上，病毒可以造成花朵的多種色彩變化，植物體其他部分也會，方式是干擾色素的製造。茶花也會因為病毒感染而產生漂亮的斑紋，觀賞性風鈴花葉片上的彩紋也是病毒感染造成的。現代的條紋鬱金香，通常是仔細培育無病毒品系的結果。色彩不穩定，加上發現條紋鬱金香通常一代不如一代，顯示這種病毒會讓鬱金香的健康付出代價，因此病毒造成的條紋也就沒那麼讓人渴望了。

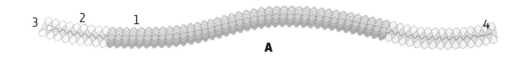

A 外觀與剖視圖

1 外殼蛋白
2 單股基因體RNA
3 VPg
4 多腺核苷酸尾

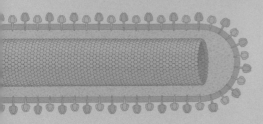

無脊椎動物病毒

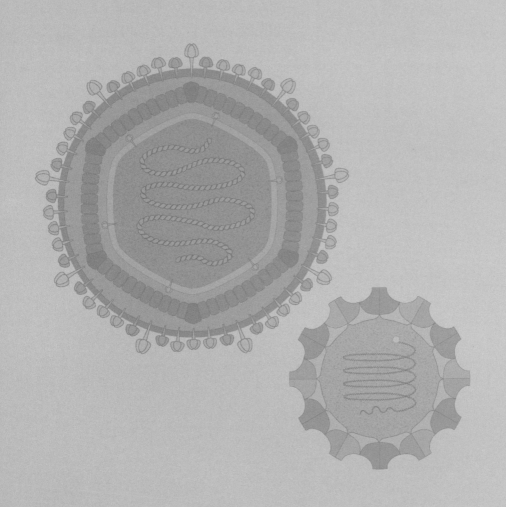

簡介

　　這個章節大部分的病毒都是昆蟲病毒。昆蟲病毒非常多樣，當然也是很大一群真核生物病毒，因為這些病毒的昆蟲宿主本來就極為多樣。這裡描述了多采多姿的昆蟲病毒，從對宿主生存至關重要的病毒、在某些狀況下才有益的病毒，到非常嚴重的病原體都有。其中有一個大科，是寄生蜂的多DNA病毒科，這個科中的病毒，已經演化成寄生蜂宿主的一部分，是寄生蜂幼蟲在鱗翅目宿主體內生存所不可或缺的。其他有益的病毒則可在蚜蟲以及實驗室用來當遺傳模型的黑腹果蠅（common fruit fly）體內找到。

　　近年來，因為發現昆蟲所使用的免疫反應跟植物和少數動物及真菌很類似，因而激起了對昆蟲病毒的興趣。這種免疫反應就是所謂的「RNA靜默」。宿主辨識出病毒的基因體是外來物，而製造出小RNA分子與病毒RNA結合，加以標記以便破壞。這套系統也被用來調節許多系統中的正常基因，生物科技領域也用來研究特定基因的功能，讓特定基因緘默之後再觀察影響。世界各地的蜜蜂數量減少，也激發了對昆蟲病毒的興趣，因為蜜蜂對許多重要作物的授粉來說非常重要。

　　這個章節也收錄了一個會感染昆蟲的有趣病毒科：虹彩病毒科，因為它們是已知唯一擁有天然色彩的病毒。這個科的病毒許多都有斑斕色彩，從藍色到綠色到紅色都有。被感染的宿主也會出現這些色彩。因為這些病毒粒子有非常複雜的晶體結構，會折射光線，因此才會出現折射光線所造成的色彩。

　　除了昆蟲以外，本章節也收錄了最近發現的線蟲病毒和另外兩種蝦類病毒。這些病毒感染的是不同類型的蝦子，而這些蝦對供應全世界大部分蝦肉需求的海產養殖體系來說都非常重要。野生蝦子身上從未發現過這些病毒，一直要到蝦類變成集約式養殖之後才出現。和某些影響養殖魚的魚類病毒一樣，單一物種養殖（在小空間中飼養大數目的遺傳相似生物）的做法，似乎為新疾病的出現打好了基礎。這種現象也出現在植物與動物的養殖上。

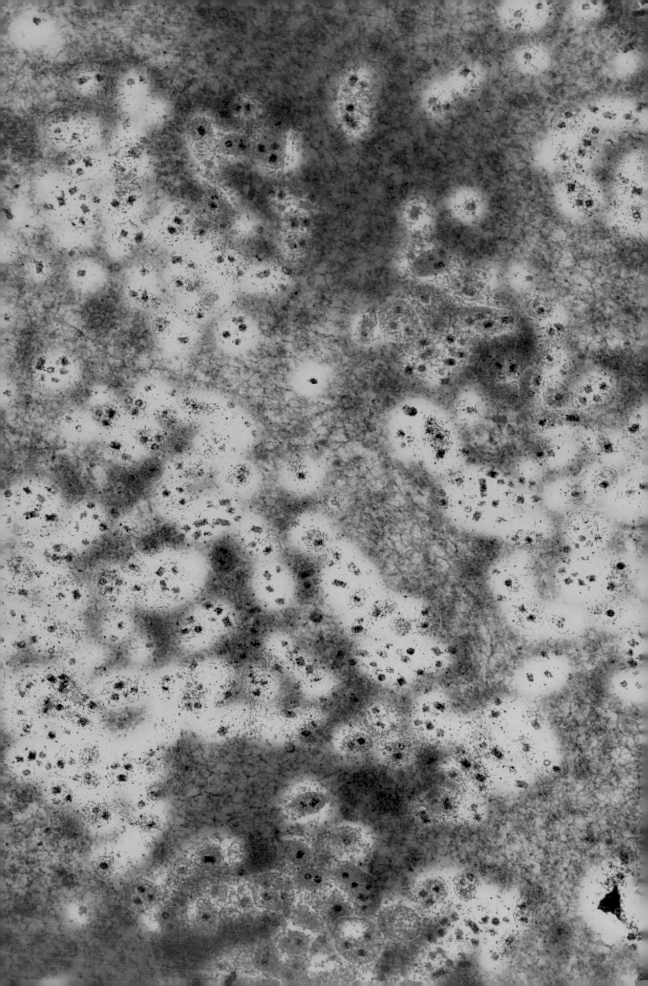

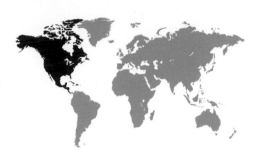

類別	—
目	未分配
科	多DNA病毒科Polydnaviridae
屬	小繭蜂病毒屬Bracovirus
基因體	環型，35個片段，約72萬8000個核苷酸的雙股DNA，編碼超過220個蛋白質
地理分布	北美及中美洲
宿主	集盤絨繭蜂（*Cotesia congregata*），一種寄生蜂
相關疾病	無，對寄生蜂有益，能抑制鱗翅目幼蟲的免疫反應
傳播方式	僅限寄生蜂的垂直傳播，會跟寄生蜂卵一起產在鱗翅目幼蟲體內

集盤絨繭蜂病毒
Cotesia Congregata Braco Virus
寄生蜂不可或缺的病毒

已知最大的病毒科　小繭蜂病毒是一群迷人的病毒，感染小繭蜂科成員已有幾十萬年之久。每種蜂都有自己的病毒，描述過的這類蜂就有大約1萬8000種，還有許多尚待發現，所以這個科的病毒種類繁多。這種蜂稱為擬寄生生物，因為牠們會把卵產在活的鱗翅目幼蟲體內，然後毛毛蟲就成為蜂卵的孵化器。為了達成這個目的，病毒會出手協助。包裝在病毒粒子裡面的是寄生蜂的基因，會跟著卵一起產下。一旦進入毛蟲體內，病毒粒子內的寄生蜂基因就會進入毛蟲，並指揮製造能抑制毛蟲免疫系統的蛋白質。沒有這些蛋白質，蜂卵就會被摧毀。

一種演化成有益處的古老關係　既然這個科所有的蜂都有親緣病毒，科學家認為這類蜂最早感染病毒是在大約1億年前。這麼長的時間下來，這種遠古的蜂與病毒之間的關係也漸漸演變成對蜂有好處。病毒的基因嵌入了蜂的基因體，為蜂的基因留下空間，以便包裝在病毒粒子裡面，而現在也不清楚這種病毒到底是分離的個體，或者應該被視為寄生蜂的一部分。

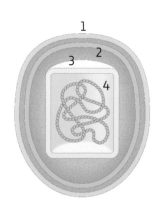
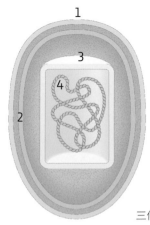
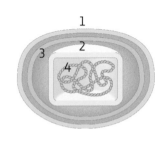

左：寄生蜂的卵萼（calyx）組織內可以看到**集盤絨繭蜂病毒**粒子。在背景顏色較深的地方，可以看到膜結構內的病毒核鞘。

三個獨特變異粒子的橫剖面
1　外層脂質膜
2　內層脂質膜
3　核鞘
4　寄生蜂DNA

類別	四
目	小RNA病毒目Picornavirales
科	二順反子病毒科Dicistroviridae
屬	蟋蟀麻痺病毒屬Cripavirus
基因體	線型、單一組成、約9000個核苷酸的單股RNA，透過兩個多蛋白編碼八個蛋白質
地理分布	全世界
宿主	蠅類、椿象、蜂、蛾及蟋蟀
相關疾病	通常沒有症狀；昆蟲癱瘓
傳播方式	攝入遭病毒汙染的物質

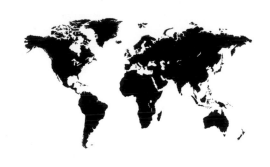

蟋蟀麻痺病毒
Cricket Paralysis Virus
只對蟋蟀致命的昆蟲病毒

發現製造病毒蛋白質的新方式 蟋蟀麻痺病毒最早是1970年代在澳洲實驗室飼養的蟋蟀身上發現的。蟋蟀若蟲癱瘓，而那個群體有95%死亡。用電子顯微鏡觀察到類似病毒的粒子之後，再分離出病毒、注入蟋蟀幼蟲體內，然後又發展成疾病，因此確定了這種疾病是病毒引起的。自從發現這種病毒之後，就在紐西蘭、英國、印尼和美國其他幾個蟋蟀相繼死亡的族群中找到了這種病毒。包括蜜蜂等其他昆蟲體內也曾發現過這種病毒，但大部分案例都沒有生病的跡象。

病毒會運用不同的策略製造蛋白質。許多小RNA病毒會製造一個大的蛋白質，名為多蛋白，之後再切成小的蛋白質。蟋蟀癱瘓病毒是第一個被發現會製造兩個不同多蛋白的病毒。這種策略克服了多蛋白的其中一個問題：所有蛋白質做出來的數量都一樣，即使病毒需要使用的蛋白質數量是不一樣的。例如，一個病毒需要很多很多外殼蛋白的複本，但複製RNA的酵素複本卻只需要少數幾個。有了兩個多蛋白，蟋蟀癱瘓病毒就可以在其中一個多蛋白製作需求量大的蛋白質，需求量沒那麼多的則用另一個多蛋白製作。這是一種更有效率的蛋白質製作方式，也能避免過度製造蛋白質，例如那些複製病毒時需要、但可能對宿主有毒的蛋白質。只有一個多蛋白的植物病毒馬鈴薯Y病毒已經找出一種辦法來隔離比較毒的蛋白質，以免殺死宿主細胞。

A 截面圖
B 外觀

外殼蛋白
1 VP1
2 VP2
3 VP3
4 單股基因體RNA
5 VPg
6 多腺核苷酸尾

左：依照病毒的X光晶體繞射與電子顯微影像繪製的**蟋蟀癱瘓病毒**模型，以藍色與綠色呈現。

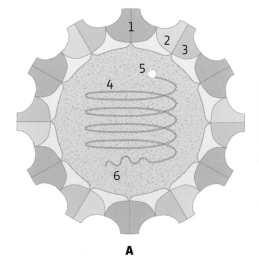

A

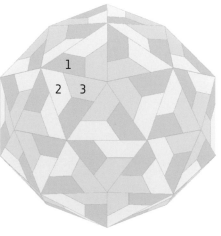

B

類別	四
目	小RNA病毒目Picornavirales
科	傳染性軟化症病毒科Iflaviridae
屬	傳染性家蠶軟化症病毒屬Iflavirus
基因體	線型、單一片段、約1萬100個核苷酸的單股RNA，透過一個多蛋白編碼八個蛋白質
地理分布	全世界
宿主	蜜蜂、甲蟲、螞蟻、其他蜂類、寄生蜂、食蚜蠅
相關疾病	翅膀畸型，某些蜂類不會有症狀
傳播方式	蜂之間的糞口路徑、透過卵、透過蟎

畸翅病毒
Deformed Wing Virus
蜂群衰竭之謎的一片拼圖

寄生蟲的互動改變了病毒的生態　蜂群衰竭失調症是蜂類的世界性問題，也是農業的一大煩惱，因為蜜蜂會為許多作物授粉，尤其是源自歐洲的作物。蜂群衰竭失調症會造成蜂群中大部分的工蜂死亡，只留下女王蜂、一些育幼蜂，還有蠻多的食物。這種病症非常複雜，牽涉到名為蜂蟹蟎（*Varroa destructor*）的寄生蟎類（學名源自於一位義大利養蜂人Varroa，他是第一個描述這種蟎的人）。蜂蟹蟎源自亞洲的蜂，在大約1970年代開始擴散到世界各地，西方蜜蜂的蜂群也感染了。沒有蜂蟹蟎的時候，每個階段的蜂都有可能感染畸翅病毒，但不會出現任何症狀，對蜂群也不會有嚴重影響。但有蜂蟹蟎的時候，蜂會在蛹的階段感染高濃度的病毒，通常會死亡，如果能發育成成蟲，翅膀也會畸型、無法飛行。許多細節尚不清楚，但蜂、蟎和造成幾百萬蜜蜂殞命的病毒之間，顯然有很親密的關係。

其他昆蟲身上也發現過畸翅病毒，而且似乎也會感染蟎。其他的蜂，如熊蜂，也會感染畸翅病毒，但沒有出現生病的跡象。源自美洲的作物（約占如今全世界所吃食物的60%）則通常由熊蜂和其他昆蟲、鳥類或風來傳粉。

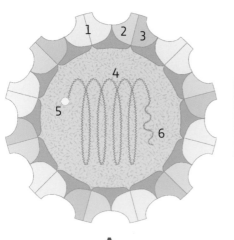

A 截面圖
B 外觀

外殼蛋白
1 VP1
2 VP2
3 VP3
4 單股基因體RNA

右：**畸翅病毒**粒子在感染的細胞內形成如晶體般的排列。

A　　　　　**B**

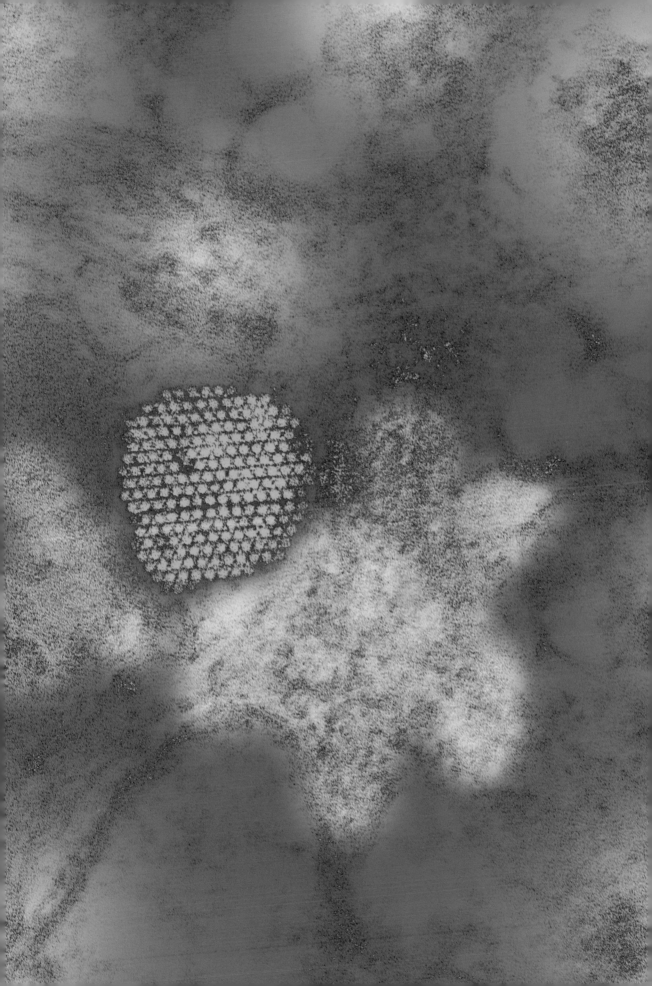

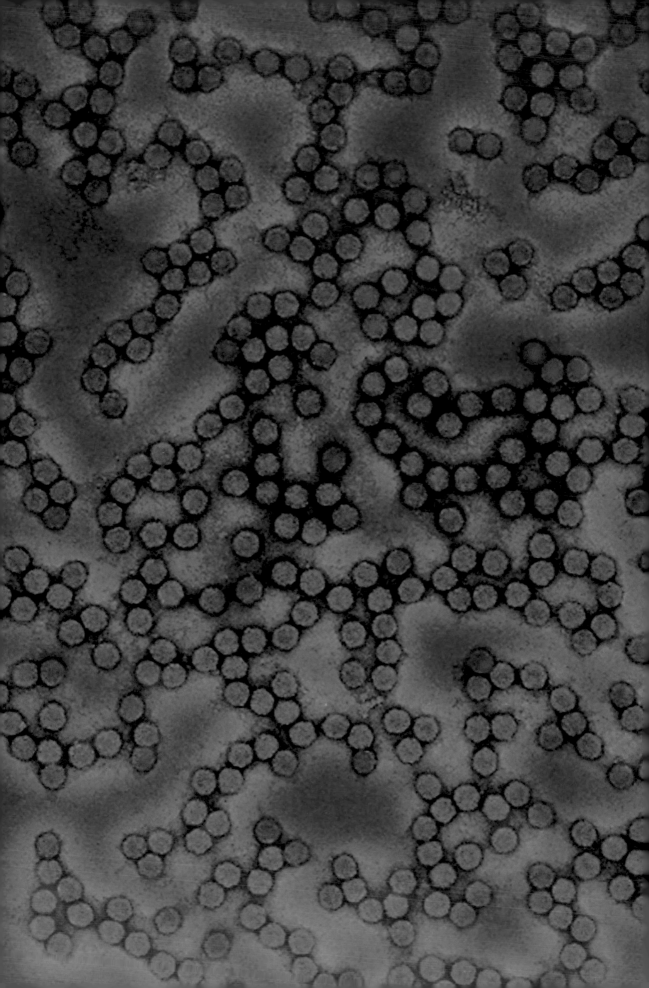

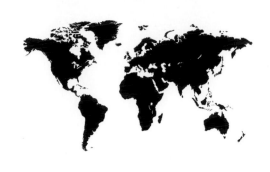

類別	四
目	小RNA病毒目Picornavirales
科	二順反子病毒科Dicistrovirus
屬	蟋蟀麻痺病毒屬Cripavirus
基因體	線型、單一組成、約9300個核苷酸的單股RNA，透過兩個多蛋白編碼六個蛋白質
地理分布	全世界
宿主	果蠅
相關疾病	有些狀況是有益的，有些則會造成果蠅死亡
傳播方式	自然狀況下為攝入，實驗則為注射

果蠅C病毒
Drosophila Virus C
一種能在有益與致病的生活模式之間切換的病毒

一種果蠅遺傳模系的病毒 多年來，果蠅一直被當作研究遺傳的模型系統。果蠅的基因體相當小，生命週期短，也很容易雜交。果蠅C病毒是1970年代在法國一個研究果蠅遺傳學的實驗室發現的。那是第一種被描述為有益（稱為共生）的病毒。感染病毒的果蠅會發育得更快，生下更多後代。然而，感染的若是幼蟲，這種病毒卻可能成為病原體，會影響生存。若是群體中出現這種病毒，在整體上可能是有好處的，前提是繁殖速度夠快，超越了幼蟲染病造成的傷害。

在實驗研究中，將病毒注射到成年果蠅體內是致命的。這也引發了討論：到底該不該將這種病毒視為有益。然而，這種病毒通常是因為果蠅攝食了其他果蠅身上被感染的物質而感染的。有一項研究發現，有益的影響是取決於溫度：溫度較低時，益處比較不明顯。特定的果蠅品系也會造成差異。這些研究和發現，描繪出病毒與宿主之間生態的微妙平衡。

A 剖面圖
B 外觀

外殼蛋白
1 VP1
2 VP2
3 VP3
4 單股基因體RNA
5 VPg
6 多腺核苷酸尾

左：綠色背景中，以粉紅色呈現**果蠅C病毒**的純化粒子。

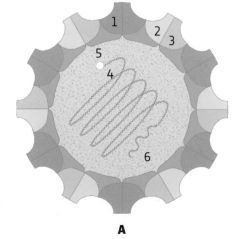

A

B

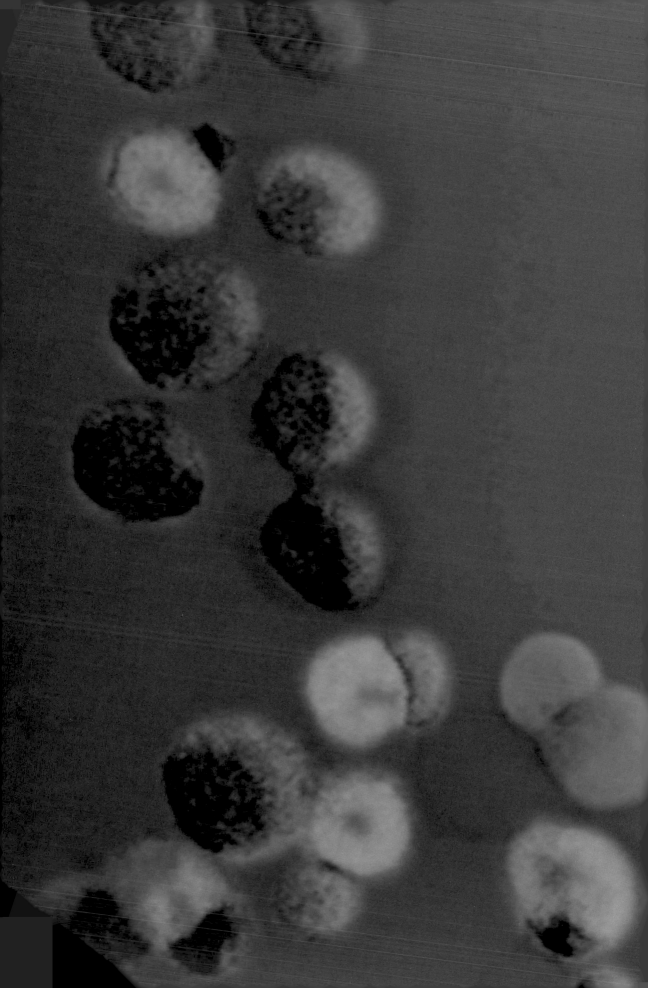

類別	二
目	未分配
科	小DNA病毒科（又名細小病毒科）Parvoviridae
屬	未分配
基因體	線型、單一組成、約5000個核苷酸的單股DNA，編碼四個蛋白質
地理分布	英國，英國以外的歐洲地區也有可能
宿主	車前草蚜（rosy apple aphid）
相關疾病	無
傳播方式	攝食植物汁液；有些為垂直傳播

車前草蚜濃核病毒
Dysaphis Plantaginea Densovirus
讓蚜蟲長出翅膀的病毒

利用植物作為傳染媒介的有益昆蟲病毒 蚜蟲通常是無性繁殖的群體，透過在某些昆蟲身上很常見、所謂單性生殖的過程繁殖，沒受精的卵不需要交配就能發育成長。在車前草蚜（*Dysaphis plantaginea*）的群落中，大部分的蚜蟲都是沒有翅膀的，顏色淺棕，會生育很多後代。有時候會出現一種較小、顏色較深、有翅膀的蚜蟲。這些蚜蟲生出的後代較少，但牠們似乎會有一部分的後代是正常的。會出現深色的有翅蚜蟲，是因為感染了車前草蚜濃核病毒。當感染病毒的有翅蚜蟲飛到植物上攝食時，就會把一些病毒留在植物汁液中。病毒不會在植物體內複製，但是會以低濃度停留在植物汁液中。有翅的蚜蟲並不會直接把病毒傳染給所有後代，而沒有感染的無翅蚜蟲會成為優勢，因為牠們能生出比較多若蟲。沒有了翅膀，蚜蟲就無法移到新的植物上，所以蚜蟲的密度會增加。最後又會出現有翅膀的變異個體，可能是因為有若蟲吃到了悄悄隱藏在植物汁液中的病毒，於是發育成比較小的、深色的有翅蚜蟲，可以飛到另一棵植物上開創新的群落，重新展開整個循環。因此這種病毒對車前草蚜群落是有好處的，讓生育力較強的無翅蚜蟲成為群落的主力，偶爾才發育出有翅的蚜蟲。當植物上變得太擁擠時，若蟲接觸到病毒、發育出翅膀的機會就會增加。

A 橫剖面
B 外觀

1 外鞘蛋白
2 單股DNA基因體

左：以藍色呈現的**車前草蚜濃核病毒**粒子。有些病毒用電子顯微鏡也很難看清楚，但這幅影像中可以看到某些結構。

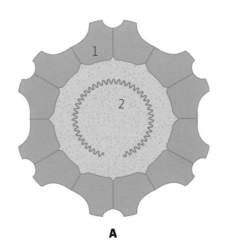

A

B

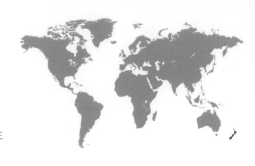

類別	四
目	未分配
科	野田病毒科Nodaviridae
屬	α野田病毒屬Alphanodavirus
基因體	線型、二個組成、共約4500個核苷酸的單股RNA，編碼四個蛋白質
地理分布	紐西蘭
宿主	褐紐西蘭肋翅鰓角金龜幼蟲，但實驗時有許多宿主
相關疾病	生長阻礙
傳播方式	攝食

FHV
Flock House Virus
一種可以感染許多不同實驗性宿主的昆蟲病毒

告訴科學家病毒如何與宿主細胞互動的病毒 FHV是在褐紐西蘭肋翅鰓角金龜身上找到的病毒，而這種金龜的幼蟲是紐西蘭1980年代發現的一種危害草地的昆蟲。對這種病毒原本的興趣，是希望可以用來作為這種害蟲的生物防治媒介。然而在許多方面，FHV卻成為研究病毒與宿主交互作用的重要模式病毒。這種病毒的基因體很小，所以容易進行遺傳研究，而且如果是直接將病毒RNA注入細胞的話，還可以感染昆蟲以外的許多種宿主，包括植物和酵母細胞。這也有助於了解某些病毒如何進入細胞。當病毒碰到宿主細胞的外膜時，FHV的外殼蛋白就會切下自己的一小部分，而這個小蛋白質就會在細胞膜上打開一個洞，讓病毒進入。這種病毒的另一個重要用途，是用於研究一種昆蟲與植物的免疫系統，也就是所謂的「RNA干擾」（RNA interference，簡稱RNAi），也可稱為RNA靜默。在這種系統中，宿主會製造符合病毒RNA的小段RNA，標記出準備摧毀的RNA。這個過程是昆蟲與植物對抗病毒的手法中很關鍵的一部分。然而，病毒通常有可以壓抑這種免疫反應的蛋白質，而FHV為壓抑RNA干擾所製作的蛋白質，就被科學家用來了解這個過程。

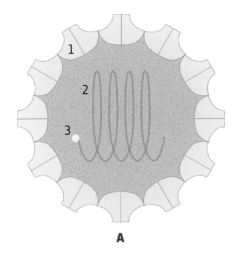

A 橫剖面

1 外鞘蛋白
2 單股RNA基因體
3 端帽結構
6 多畸翅病毒粒子在感染的細胞內形成如晶體般的排列。

右：這幅電子顯微影像中，FHV粒子形成了結晶體般的排列。

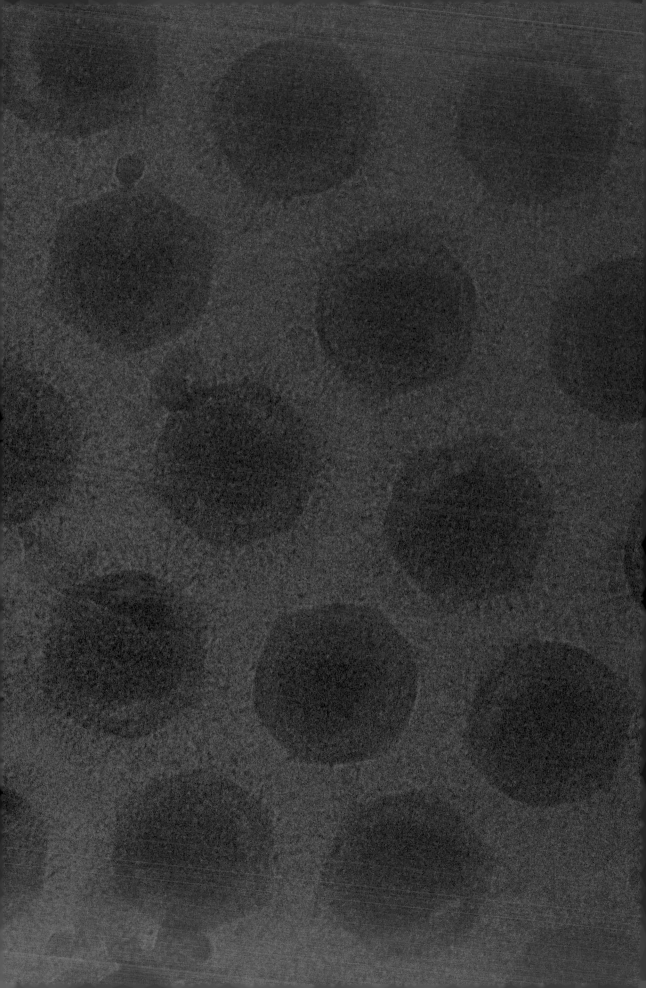

類別	一
目	未分配
科	虹彩病毒科
屬	虹彩病毒屬
基因體	線型、單一組成、約21萬2000個核苷酸的雙股DNA，編碼多達468個蛋白質
地理分布	日本、美國，有親緣關係的病毒遍布全世界
宿主	二化螟、稻葉蟬、軟體動物，實驗上可感染大部分昆蟲
相關疾病	通常不致病，但也可能致命
傳播方式	攝入

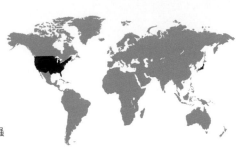

無脊椎虹彩病毒六型
Invertebrate Iridescent Virus 6
讓宿主變藍的病毒

彩色病毒之謎 第一種虹彩病毒，是1945年在一種有藍色虹彩的水生昆蟲身上發現的。大部分的病毒並沒有顏色，不過有時候，為了引起興趣、協助展現不同特徵，就會將病毒照片上色，就像本書的照片一樣。在生物學上，通常必須製造色素才能擁有色彩，這是一種複雜的過程，在大自然中是有特殊目的的。有些色素用於吸引配偶，或像鳥類和蜂是為了傳粉，也有些是為了捕捉光的能量，就像植物的綠色色素。從病毒的生物學來看，病毒並不需要顏色，所以大部分病毒都是無色的。然而，無脊椎虹彩病毒六型和其他有親緣關係的病毒，並不是因為色素才具有顏色，而是因為這種病毒粒子上的複雜晶體結構會反射特定波長的光。在生物學上，這就叫「結構色」，在蝴蝶翅膀、甲蟲、海貝和許多其他生物身上都有。

無脊椎虹彩病毒六型是在日本稻米植株上的昆蟲體內發現的。在自然界，它們還曾出現在其他幾種昆蟲身上，但在實驗室裡，這種病毒可以感染來自每個主要綱的昆蟲。在實驗中，這種病毒通常會致命，但在自然環境中只會引起非常輕微的疾病，通常也不會有任何明顯症狀。

A 剖面圖
B 殼體部分的外觀

1 套膜蛋白
2 外層脂質包膜
3 外殼蛋白
4 內層脂質膜
5 雙股基因體DNA

左：排列整齊的**無脊椎虹彩病毒**六型的病毒粒子。可以看見外膜的結構和內層結構分明的核心粒子。

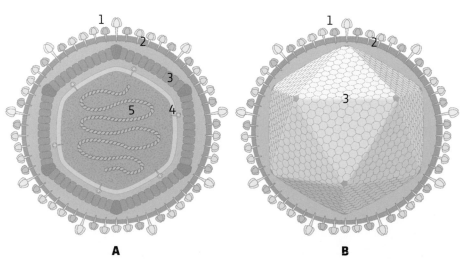

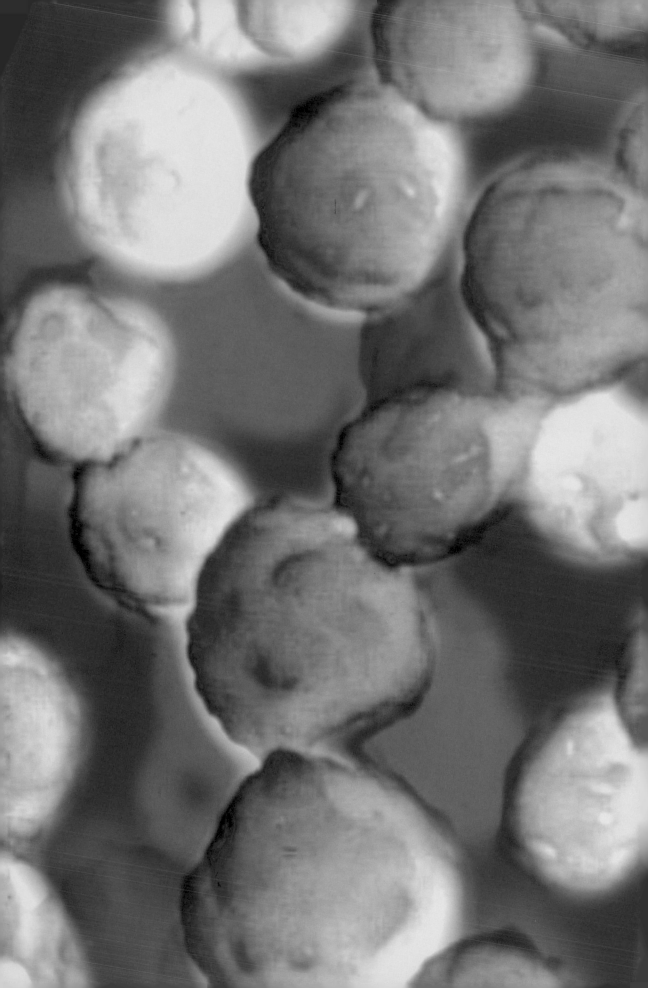

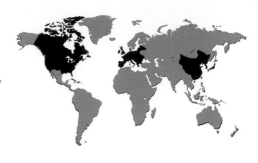

類別	一
目	未分配
科	桿狀病毒科Baculoviridae
屬	阿爾發桿狀病毒屬Alphabaculovirus
基因體	環型、單一組成、約16萬1000個核苷酸的雙股DNA，編碼163個蛋白質
地理分布	亞洲、歐洲、北美洲
宿主	歐洲型舞蛾
相關疾病	"Wipfelkrankheit"，也就是樹頂病
傳播方式	攝入病毒

歐洲型舞蛾多核多角體病毒
Lymantria Dispar Multiple Nucleopolyhedrosis Virus
害蟲的生物防治媒介

改變宿主行為以加強自己的傳播　歐洲型舞蛾多核多角體病毒是一群有親緣關係、各自感染不同昆蟲的病毒的其中一種。這類病毒是一類經過深入研究的大型病毒，而且在生物技術方面有許多用途。這類病毒有些被當成效果非常好的殺蟲劑或是生物控制媒介，用來對付從舞蛾到番茄夜蛾之類的害蟲。這類病毒同時也是天然的族群控制媒介，當昆蟲族群變得太大時，可以橫掃並殺死數百萬隻昆蟲。

　　這類病毒可以引發一種已經為人所知超過100年的昆蟲疾病，名為樹頂病。遭感染的昆蟲幼蟲，例如歐洲型舞蛾，在死之前會爬到樹頂上，而不是像健康的昆蟲那樣躲在葉片底下以避開捕食者。在幼蟲死亡之際，病毒會使整個蟲體液化，就此釋放出幾十億顆病毒，從葉片間灑落，提供足夠的病毒讓下一輪的昆蟲攝食。最近證明，改變昆蟲行為的元凶就是病毒中一個特定的基因。

A　出芽病毒
B　包涵體病毒

1　醣蛋白
2　脂質膜
3　病毒帽（Viral cap）
4　雙股DNA基因體
5　外殼蛋白
6　殼體底部
7　包涵體膜

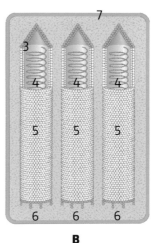

左：**歐洲型舞蛾多核多角體病毒**包涵體（黃色）。病毒的核鞘就在這些包涵體內，在病毒從垂死的鱗翅目幼蟲身上脫落、傳到其他毛蟲身上時，包涵體會形成一層保護性外殼，包住病毒。

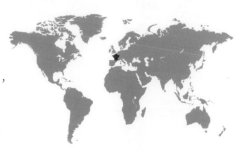

類別	四
目	未分配
科	未分配
屬	未分配
基因體	線型、兩個組成、共含約6300個核苷酸的單股RNA，編碼三個蛋白質
地理分布	法國
宿主	秀麗隱桿線蟲（*Caenorhabditis elegans*），是一種線蟲
相關疾病	腸道疾病
傳播方式	可能透過攝食

奧賽病毒
Orsay Virus
第一種在線蟲身上找到的病毒

尋找許久終於有所斬獲的病毒　線蟲是一種微小的細長軟體動物，據說是整個地球上數量最多的動物。秀麗隱桿線蟲是研究遺傳、免疫和發育生物學等許多方面非常重要的動物模系。這種非常微小的生物易於操控，而且全世界有許多不同的群落可供選擇。就像許多模系一樣，我們對線蟲的自然史了解不多，在實驗室培養的線蟲身上也沒發現任何病毒，因此有些人懷疑根本就沒有線蟲的病毒。最近發現的野生秀麗隱桿線蟲族群則促成了新一波的病毒搜尋行動，而2011年第一種線蟲病毒就受到描述，那是從法國奧賽小鎮附近的一顆爛蘋果上的野生線蟲分離出來的。被感染的線蟲腸細胞有許多差異，用顯微鏡就能看得出來。這種病毒可感染許多不同品系的秀麗隱桿線蟲，卻不會感染其他有親緣關係的線蟲。免疫系統有部分缺陷的突變線蟲比較容易感染奧賽病毒。

找到秀麗隱桿線蟲的病毒，也促成了一種絕佳的新模系的發展，用於研究動物與病毒的交互作用。因為有些種類的線蟲是農作物的嚴重害蟲，會造成根部感染，有時還會傳播植物病毒，因此將來有望以線蟲病毒作為生物防治媒介或是無毒的生物性殺蟲劑。

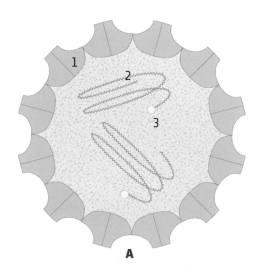

A 橫剖面

1 殼體蛋白
2 單股RNA基因體 (兩個片段)
3 端帽結構

右：在這幅純化病毒粒子的電子顯微影像中，可看到以淺綠色呈現的**奧賽病毒**。

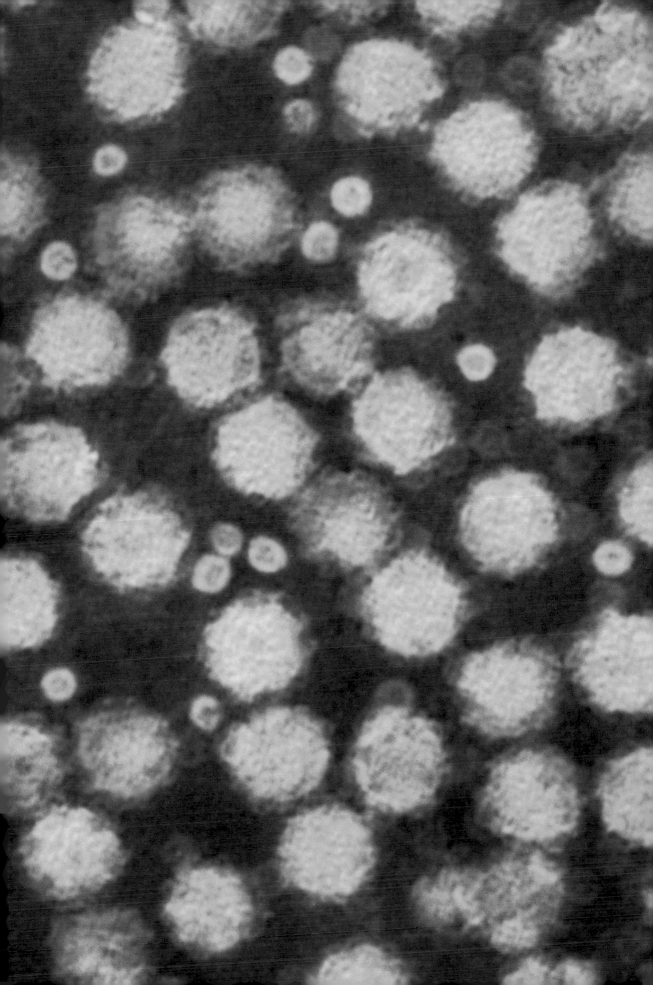

類別	一
目	未分配
科	線極病毒科Nimaviridae
屬	白點病毒屬Whispovirus
基因體	環型、單一組成、約30萬5000個核苷酸的雙股DNA，編碼超過500個蛋白質
地理分布	中國、日本、韓國、東南亞、南亞、中東、歐洲和美洲
宿主	淡水、微鹹水與鹹水中的蝦、蟹與螯蝦
相關疾病	白點病
傳播方式	攝入，也可能由成蝦傳給後代

白點病病毒
White Spot Syndrome Virus
養殖蝦的新興病毒

難以控制的疾病　名為白點病的養殖蝦疾病，最早出現在1990年代早期的台灣，其後沒多久就有人發表了白點病病毒的描述。這種病毒很快就蔓延到日本和亞洲其他地區，並在1995年於美國德州南部發現。之後又陸續出現在厄瓜多與巴西，也被認定是透過亞洲的冷凍餌料蝦蔓延到全世界。養殖業創造了單一物種養殖（在小範圍內飼養大群的相同物種），而這似乎也為疾病的迅速蔓延做好了準備。隨著水產養殖增加，更多海鮮是養殖出來的，可能也會出現更多疾病。

　　白點病病毒對蝦產業來說是嚴重的威脅。蝦的免疫系統跟人類和動物的都不一樣：牠們不會製造抗體，而是利用特化的細胞與生化物質去對抗感染。抗體是疫苗所產生的抵抗力的主要成分，因此有很長一段時間，大家都認為既然沒有抗體，打疫苗是不會有效果的。不過有些利用病毒蛋白質或源自病毒DNA或RNA的創新作法，經過測試後也取得了一些成效。控制這種疾病的其他策略包括嚴格的衛生手段、調節水溫，甚至有人使用藥草抗病毒萃取物。

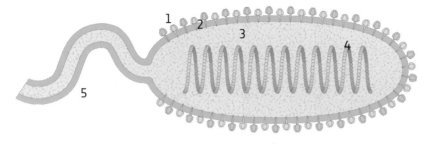

A 剖面圖

1 膜蛋白
2 脂質膜
3 被膜
4 包圍雙股DNA基因體的核蛋白
5 尾狀結構

右：整齊排列的**白點病病毒**，大部分粒子都是以橫剖面呈現，但畫面下方至少有一顆是以縱剖面呈現。

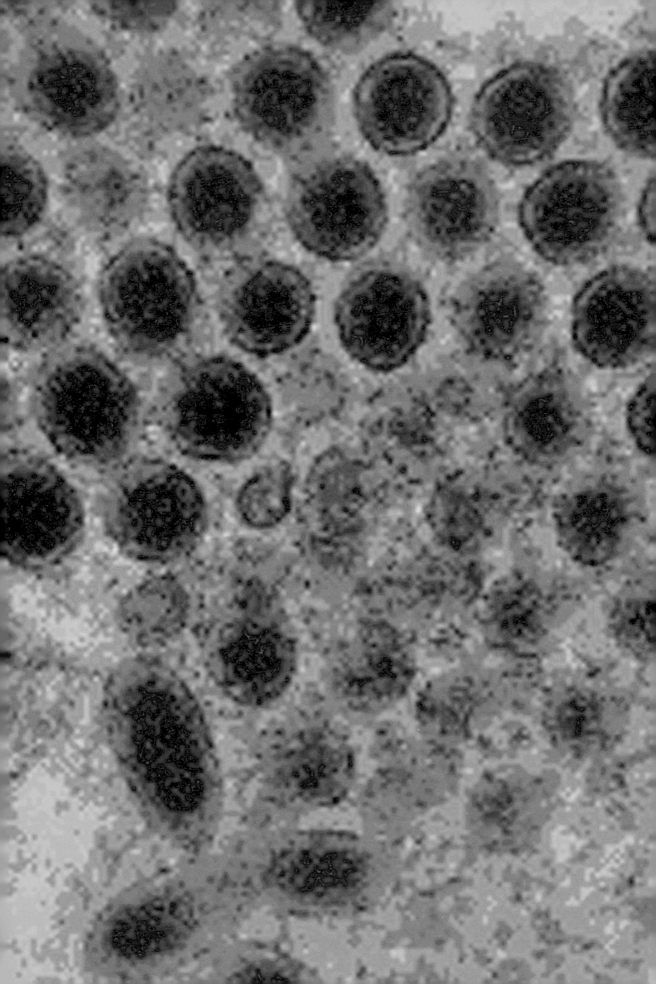

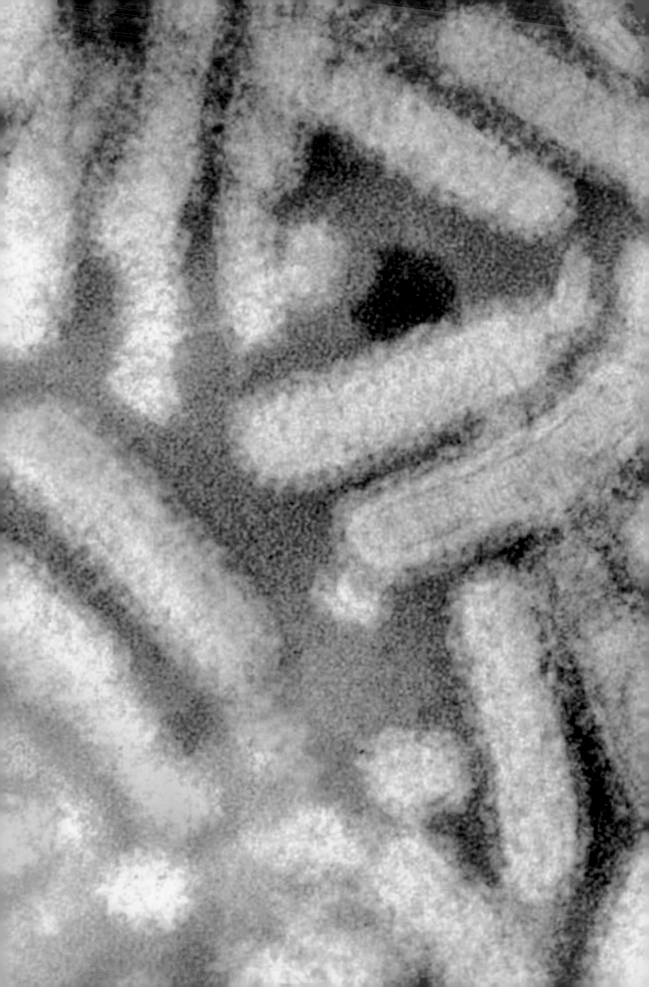

類別	四
目	網巢病毒目Nidovirales
科	桿狀套病毒科Roniviridae
屬	淋巴病毒屬Okavirus
基因體	線型、單一組成、約2萬7000個核苷酸的單股RNA，編碼八個蛋白質，某些是透過一個多蛋白
地理分布	台灣、印度、印尼、馬來西亞、菲律賓、斯里蘭卡、越南
宿主	草蝦、太平洋白蝦、其他蝦類
相關疾病	黃頭症
傳播方式	攝入，透過水

黃頭病毒
Yellow Head Virus
許多蝦類都有的病毒，但只會造成養殖蝦生病

養殖蝦類的多種新興病毒之一 從1970年代早期開始，就有許多新興病毒性疾病肆虐蝦類及其他海鮮的養殖場。黃頭症是黃頭病毒引起的，於1990年代出現在台灣一個魚類養殖場的草蝦身上。這種病毒非厲害，通常三五天之內就能把整個養殖場的蝦子殺光光。1990年代之後，亞洲其他地方也有發現，其他蝦類與野生的甲殼類身上也有，但只有兩種蝦會生病，都是水產養殖業的高價蝦類。

這種病毒的症狀通常都是從瘋狂進食開始，然後就是食慾不振、無精打采，並聚集在水池邊緣。蝦子頭部變黃是特有的現象，但不一定會出現。這種病毒在水產養殖業迅速擴散，可能是因為養殖環境中蝦子密度太高。感染病毒卻沒有症狀的野生蝦子可能就是病毒的保毒動物。雖然這種致命病毒能迅速消滅養蝦場的整個族群，但由於疾病領域狹窄，這種病毒並不像其他如白點病病毒之類的蝦類病毒那麼嚴重。

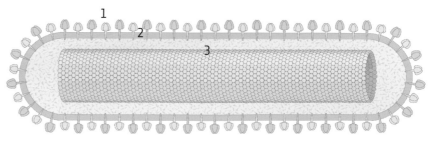

A 剖面圖

1 外膜醣蛋白
2 脂質膜
3 包裹在單股RNA基因體外的核蛋白

A

左：**黃頭病毒**的純化病毒粒子。大部分都能看出外膜醣蛋白的長形構造，照片中央則有一顆病毒的橫剖面清晰可見。

真菌及原生生物病毒

簡介

真菌病毒少有人研究。我們所知道的大部分都是栽培蕈類的病毒，有時候會造成疾病，此外就是會造成植物疾病的真菌的病毒。栗樹疫病（chestnut blight）是一種曾經造成全世界數百萬棵栗樹死亡的致命疾病，當有人發現一種可以壓抑栗樹疫病的病毒時，曾掀起一股風氣，想找出更多對植物病原體有類似效果的病毒。但雖然找到了更多病毒，卻一直沒有發展出將這些病毒運用在農田或森林裡的方法。部分原因是，幾乎所有真菌病毒都是持續性的，也就是說這些病毒會感染宿主許多世代，通常都是從母細胞傳給子細胞（也就是所謂的垂直感染），但要從一株真菌傳染給另一株（也就是所謂的水平傳染）卻不容易。持續性真菌病毒有一個很有趣的特徵，就是其中好幾種也有會感染植物的親緣病毒。比較這些病毒的基因體之後發現，這些病毒可能曾經在植物和真菌之間傳播，不過這可能很少見，也從來沒有在實驗室證實過。本章節描述的病毒中，有些是對宿主有益的，也有一些對宿主在原生環境中的生存是絕對必要的。

研究真菌病毒的另一個複雜因素，是許多真菌都是微生物，必須培養（養在實驗室中）才能取得足夠的研究材料。根據估計，只有約10%的真菌可以人為培養，而其中許多會在培養的過程中失去病毒，所以真菌病毒的多樣性，大部分仍不清楚。

在這個章節中，我們也會描述一種單細胞綠藻小球藻屬（Chlorella）的病毒，還有變形蟲的病毒。儘管宿主非常微小，只是單細胞生物，那些病毒卻是已知最大的病毒，通常被稱為「巨病毒」。其基因體跟細菌的基因體大小差不多、甚至比細菌的更大，病毒粒子更是大到用普通顯微鏡而非電子顯微鏡就能看到。有一種變形蟲病毒是從冰核中分離出來的，估計已經有3萬年歷史了，這種病毒因而成為已知最古老的病毒。

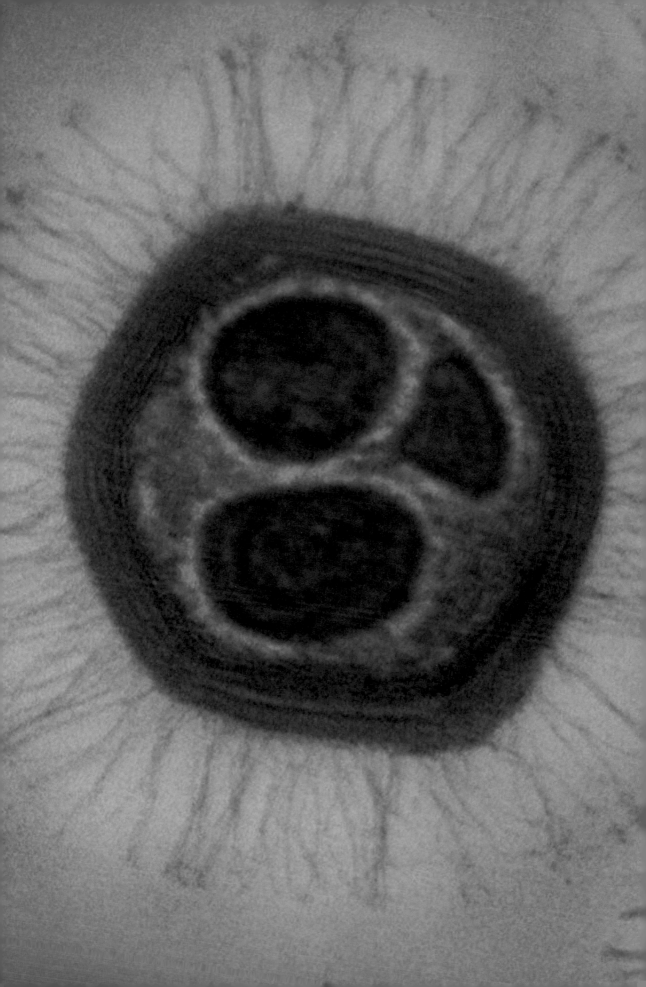

類別	—
目	未分配
科	擬菌病毒科Mimiviridae
屬	擬菌病毒屬Mimivirus
基因體	線型、單一組成、約含180萬個核苷酸的雙股DNA，編碼超過900個蛋白質
地理分布	有親緣關係的病毒遍布全世界
宿主	變形蟲
相關疾病	沒有已知疾病
傳播方式	吞噬作用（胞噬）

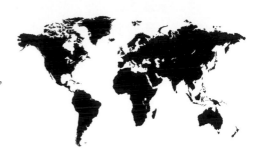

棘狀阿米巴變形蟲擬菌病毒
Acanthamoeba Polyphaga Mimivirus
跟細菌一樣大的病毒

第一種變形蟲巨病毒　這是當時最大的病毒，發現它的過程，背後有一段有趣的歷史。1992年，法國爆發肺炎，大家紛紛想要找出原因。他們在一個水槽的變形蟲體內找到了一種大小如同細菌的微生物，而且染色之後看起來也像細菌。沒有人覺得驚訝，因為某些會造成肺炎的細菌也是生活在變形蟲體內的。然而，結果卻發現這種微生物其實是病毒，並不是細菌，造成肺炎的也不是它。大約花了十年時間，才了解這種微生物的真實本色，其學名中的mimi是microbe mimicking的縮寫，也就是「模仿微生物」的意思。為什麼它是病毒？病毒有一個重要的特徵：無法自己製造能量，跟細胞生物不一樣。棘狀阿米巴變形蟲擬菌病毒跟藻類中發現的其他所謂「巨」病毒也有類似之處，而且其基因體非常緻密，意思是說大部分都是由可以編碼蛋白質的部位組成。大部分細胞生物都有許多曾經被稱作「垃圾DNA」的其他DNA，因為我們還不太清楚那些DNA是做什麼用的。

病毒的病毒　幾年前，又發現了另外一株擬菌病毒，而且自己還感染了病毒。那是一種小DNA病毒，需要靠擬菌病毒才能複製，有點像植物身上發現的衛星病毒。那株擬菌病毒被命名為媽媽病毒（mamavirus），而它身上的病毒則被叫做史波尼克（譯注：史上第一顆人造衛星），以反映它衛星般的本質。

A 剖面圖
B 外觀

1 原纖維
2 外殼蛋白
3 內層纖維
4 內層脂囊
5 雙股基因體DNA
6 星閘（Star-gate）

左：**棘狀阿米巴變形蟲擬菌病毒**是已知最大病毒之一，此處可見以藍色呈現的外棘，還有以紫色呈現的殼體結構，含有DNA的中央部位則以紅色呈現。

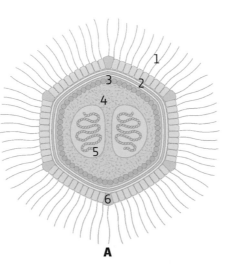

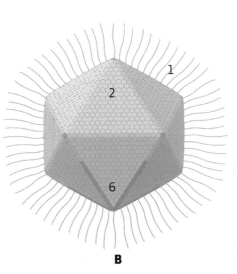

類別	三
目	未分配
科	未分配
屬	未分配
基因體	線型、兩個組成、約含4100個核苷酸的雙股RNA，編碼五個蛋白質
地理分布	美國黃石國家公園
宿主	*Curvularia protuberate*，一種內生性真菌
相關疾病	無，對宿主有益
傳播方式	垂直感染（母細胞傳給子細胞）及融合（真菌細胞的融合）

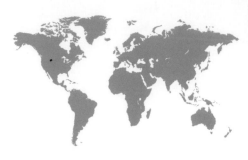

彎孢菌耐熱病毒
Curvularia Thermal Tolerance Virus
幫忙真菌協助植物的病毒

第一種三向專性互利共生的病毒 共生一詞用於描述生物之間的親密關係，這樣的關係對所有生物可能都是有益的（互利）。在美國西部的黃石國家公園，因為地熱活動的關係，土壤溫度可能會非常高。植物通常無法在熱呼呼的土壤中生長，但此處發現有些禾草生長在溫度超過攝氏50度的土壤中。就像幾乎所有野生植物一樣，這些植物也有真菌殖據（colonized），這就稱為「植物內生真菌」（endophytes，endo意為「在內」；phyte為「植物」）。植物內生真菌為植物提供了重要的好處，包括比較能吸收養分、耐旱、耐高鹽以及（在這個案例中）耐高溫土壤。如果不是有這種真菌殖據，這種植物就無法在這麼高的溫度下生長。然而，這些植物體內的內生真菌並不是獨挑大梁。這些真菌其實也感染了某種病毒。若是治好了這種真菌的病毒感染，這種真菌就不再具備耐熱的能力，但若是讓真菌重新感染病毒，這種耐熱能力就會恢復。這種真菌可以人為培養，但若是沒有那種植物，這種真菌也無法在高溫下生長。為了要有耐熱能力，這三者——病毒、真菌和植物——缺一不可。像這樣多種生物的組合，有時也被稱為「合生」（holobiont）。這種關係在自然界可能很普遍，但還沒有很多研究。

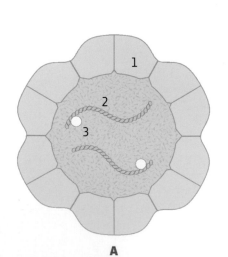

A 剖面圖
B 外觀

1 外殼蛋白
2 雙股RNA基因體（兩個片段）
3 聚合酶

右：純化的**彎孢菌耐熱病毒**粒子，此處以藍色顯示。

A　　　　　　　　**B**

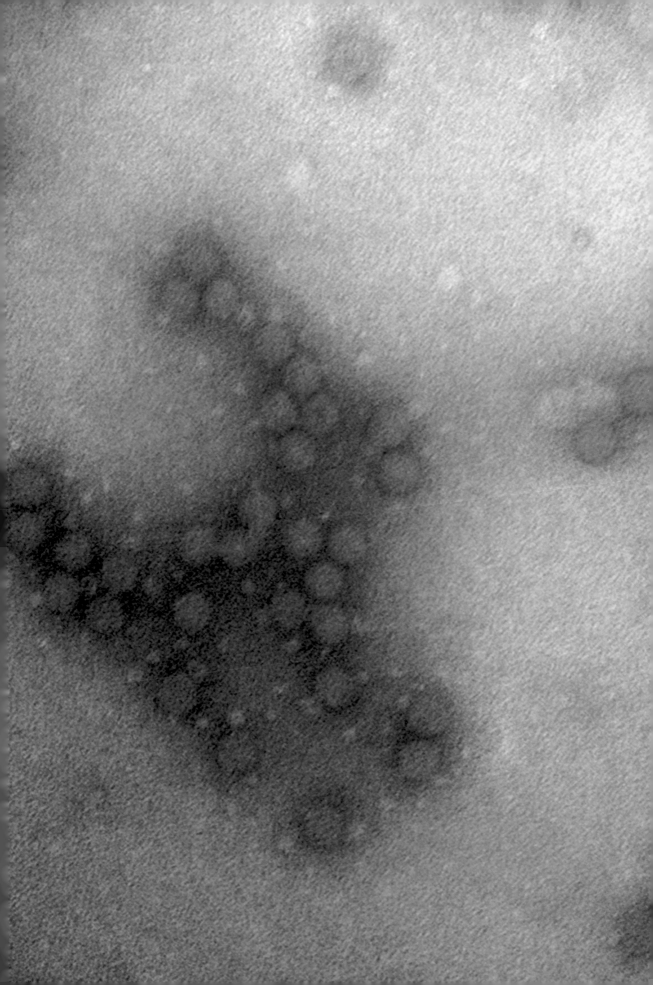

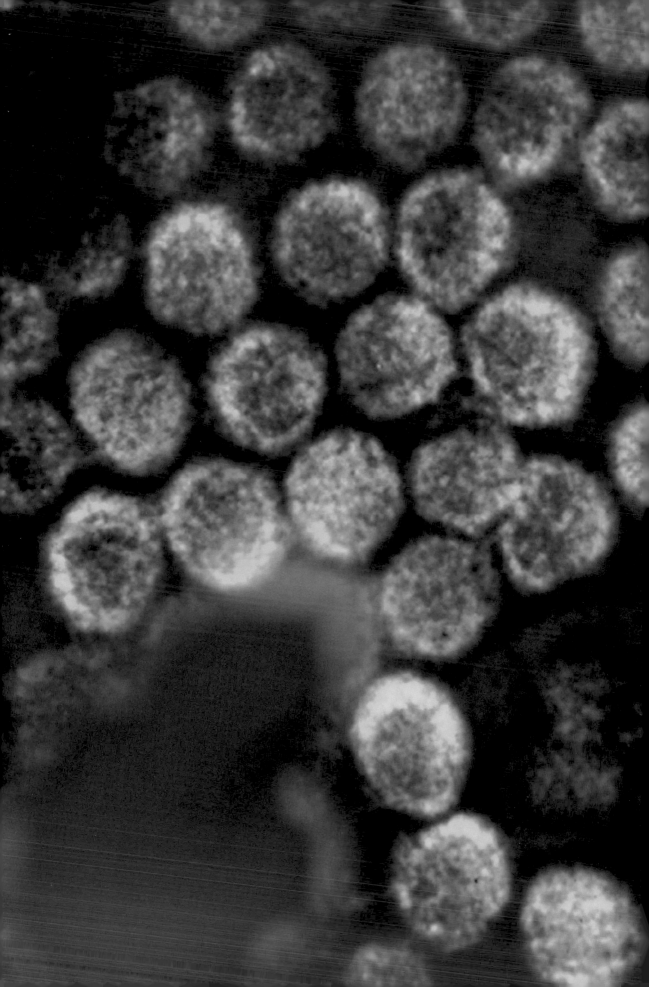

類別	三
目	未分配
科	整體病毒科Totiviridae
屬	維多利亞病毒屬Victorivirus
基因體	線型、單一組成、約5200個核苷酸的雙股RNA，編碼兩個蛋白質
地理分布	北美洲
宿主	維多利亞長蠕孢黴（*Helminthosporium victoriae*），一種植物病原真菌
相關疾病	因維多利亞長蠕孢黴造成的族群發育不良及畸形
傳播方式	垂直感染（母細胞傳給子細胞）及真菌細胞融合

維多利亞長蠕孢黴病毒190S
Helminthosporium Victoriae Virus 190S
燕麥立枯病真菌的病毒

植物病原真菌的疾病 20世紀早期，美國的植物育種專家以源自烏拉圭的維多利亞栽培種（Victoria cultivar）燕麥和紐西蘭的龐德種燕麥培育出一個新的品系，可以抵抗真菌性疾病燕麥冠腐病。就在全美各地大力推廣這種新品系燕麥之後沒多久，就出現了一種新疾病，名為維多利亞立枯病（Victoria blight）。這種嚴重的疾病在1940年代造成了50%的燕麥損失，而農民也放棄了這種可以抵抗冠腐病的品系。後來發現，讓燕麥植株能抵抗冠腐病的同一個基因，也會讓燕麥容易感染維多利亞立枯病的病菌。維多利亞立枯病菌本來就存在於土壤中，但一直沒有造成任何嚴重的問題，直到引進這個新的品系。

1950年代，美國南方路易斯安那州有些農夫還在繼續栽種維多利亞燕麥，而立枯病的症狀也很輕微。在培養取自感染植株的真菌時，那些真菌長得並不好，看起來像是生病了。最後終於分離出維多利亞長蠕孢黴病毒190S，也就是造成真菌生病的病毒（190S指的是沉降係數，是病毒的物理性質，用於測量病毒的密度）。在獨立培養時，感染病毒的真菌株長得比沒有感染的真菌慢，但病毒會誘導真菌製造一種抗真菌的蛋白質，分泌後會抑制植株中未受感染的真菌生長。雖然直接把這種病毒用來當生物防治媒介可能並不實際，但有可能利用真菌的基因做成抗真菌蛋白質，以保護作物不受真菌感染。

A 剖面圖
B 外觀

1 外殼蛋白
2 雙股RNA基因體
3 聚合酶

左：純化的**維多利亞長蠕孢黴病毒**190S粒子，此處以藍綠色顯示。可以清楚看到每一個外殼蛋白的次單元。

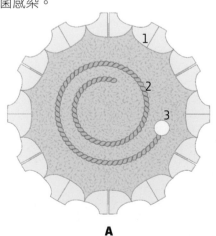

A

B

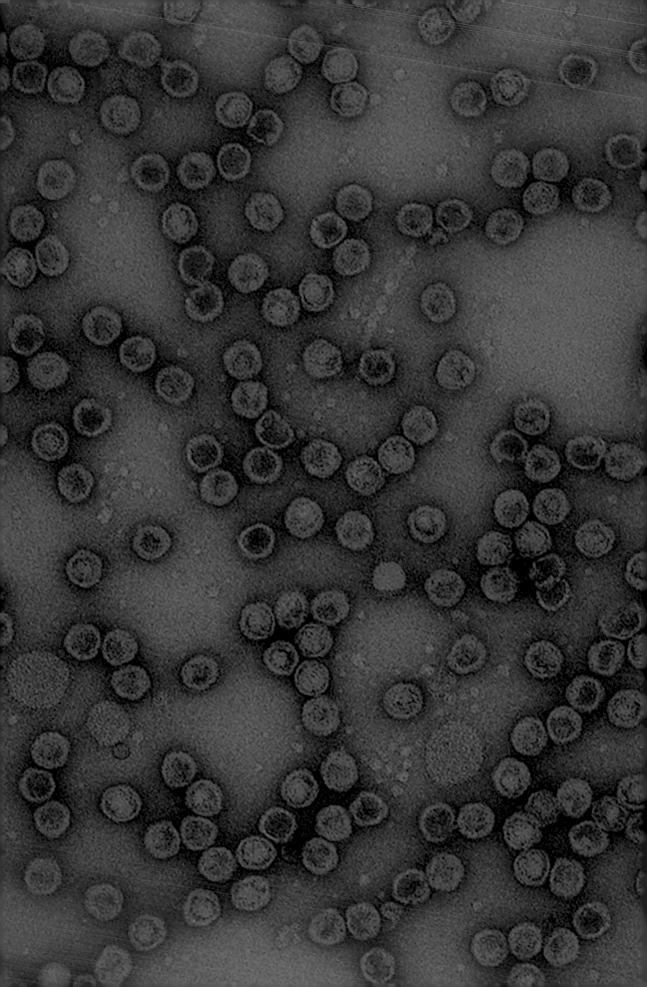

類別	三
目	未分配
科	金色病毒科Chrysoviridae
屬	金色病毒屬Chrysovirus
基因體	線型、四個組成、總共約1萬2600個核甘酸的雙股RNA，編碼四個蛋白質
地理分布	全世界
宿主	青黴菌（*Penicillium chrysogenum*），也就是黴
相關疾病	未知
傳播方式	垂直傳染（母細胞傳給子細胞）及真菌細胞融合

青黴菌金色病毒
Penicillium Chrysogenum Virus
會感染製造抗生素的真菌青黴菌的病毒

功能不明的病毒 青黴菌金色病毒的真菌宿主，並不是青黴素（盤尼西林）的發現者亞歷山大‧弗萊明最初發現的那一種。在尋找可製造更高濃度的這種重要抗生素的真菌時，在美國伊利諾州皮歐立亞一間雜貨店的哈密瓜上分離出了青黴菌。這種真菌製造出的盤尼西林，是弗萊明發現的真菌的幾百倍。在1960年代晚期，很少有真菌病毒發表，所以在這種重要真菌上找到病毒，是個大新聞。不過，並沒有任何證據顯示這種病毒對真菌有任何不良影響，而且後來發現，這種病毒只不過是一長串會長期感染其宿主的真菌病毒之一，意思是說這些病毒基本上會永遠存在，從親代傳給所有子代，也沒有任何已知的影響。在某些案例中，不管花了多大的努力，要治癒感染了持續性病毒的真菌非常困難、甚至不可能。抗病毒藥物可以降低病毒濃度，但一旦停止投藥，濃度又會迅速回升。曾經在植物上發現其他有親緣關係的金色病毒，其生活型態也很相似：是持續性的，意思是這些病毒長期停留在宿主體內，也不會出現症狀。這些病毒是持續性的這個事實，可能暗示著它們為真菌或植物供應了某種必需的東西，不過到底是什麼則不清楚。

A 剖面圖
B 外觀

1 外殼蛋白
2 雙股RNA基因體（四個片段）
3 聚合酶

左：這幅電子顯微影像中可以看見以藍色呈現的**青黴菌金色病毒**純化粒子。病毒粒子呈現出不同的平面，有些呈現的是剖面，有些則是外觀。

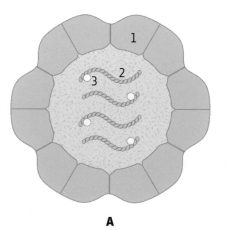

A

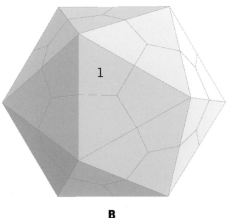

B

類別	一
目	未分配
科	未分配
屬	闊口罐病毒屬Pithovirus
基因體	線型、單一組成、約61萬個核苷酸的單股DNA，編碼約470個蛋白質
地理分布	西伯利亞
宿主	變形蟲
相關疾病	致命
傳播方式	吞噬作用（吃掉細胞）

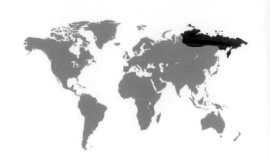

西伯利亞闊口罐病毒
Pithovirus Sibericum
已知最古老也最大的病毒

最大的病毒，但不是最大的基因體　以病毒學的標準來說，這種病毒真的超大。用光學顯微鏡就可以輕易看到，長約1.5微米、寬0.5微米（微米是1公厘的千分之一），已經比很多細菌都大了，也是潘朵拉病毒（Pandoravirus）的兩倍大，而潘朵拉病毒是在發現這種病毒之前所發現的最大病毒。然而，西伯里亞闊口罐病毒的基因體只有潘朵拉病毒基因體大小的四分之一，編碼的病毒也少得多。儘管如此，這種病毒似乎沒有像潘朵拉病毒那麼依賴自己的變形蟲宿主。這兩種病毒形狀類似，但在遺傳上沒有多少共通點。有趣的是，已知最大的這些病毒，感染的都是變形蟲，也就是水中常見的微小單細胞生物。

西伯利亞闊口罐病毒是在來自西伯利亞、取自距表面30公尺深處、有3萬年歷史的冰核中發現的。這個冰核的無菌樣本被放進了實驗室培養的變形蟲中。這種病毒最令人驚訝的事情之一，是它似乎還「活」著：它竟然能感染實驗室的變形蟲，並在它體內複製。實驗室培養的那些變形蟲都在20小時、甚至更短時間內就全被病毒殺死了。這種病毒比過去預期能完整保存基因體的任何東西都古老得多，而基因體是感染與複製所必需的。DNA很容易受環境中多種物質的破壞，但在深藏的冰核中或許也是種保護。西伯利亞闊口罐病毒的感染本質引起了某些人擔憂，怕氣候變遷導致極區冰雪融解，可能會把一些新的遠古病毒釋放到環境中，不過許多科學家並不認為這真的會造成威脅。

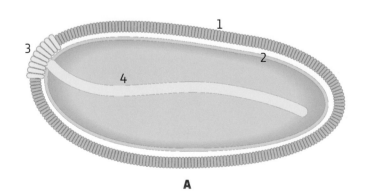

A 剖面圖

1 殼體結構
2 內層膜
3 尖端
4 含有雙股DNA基因體的構造

右：在這幅電子顯微鏡影像中可見**西伯利亞闊口罐病毒**，這是已知體積最大的病毒，但遺傳物質並不是最大的。外層的殼體結構以黑色和灰色呈現，右邊可以清楚看到尖端。

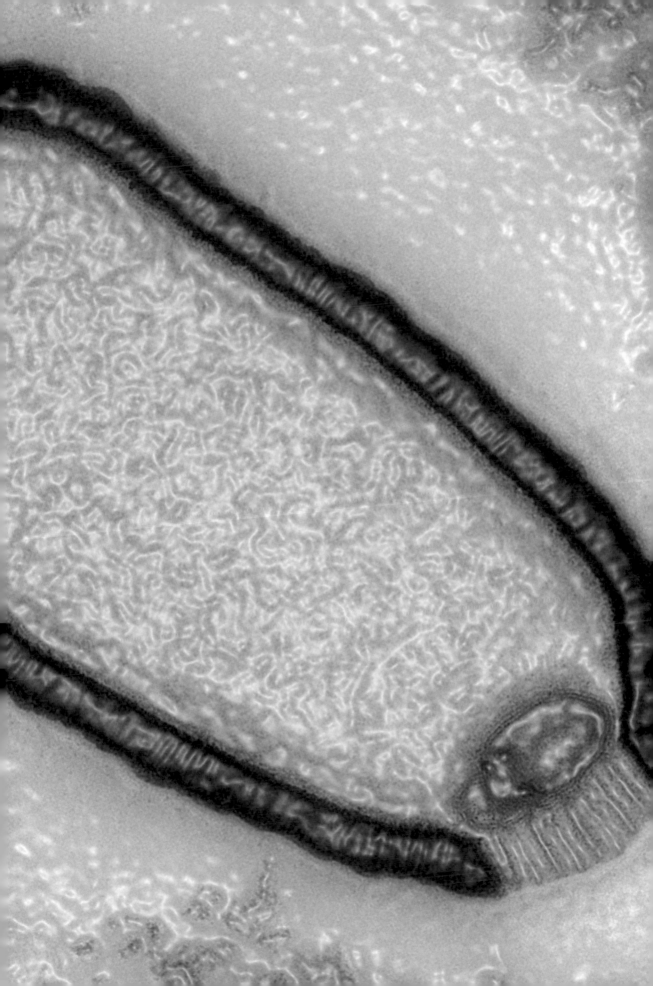

類別	三
目	未分配
科	整體病毒科Totiviridae
屬	整體病毒屬Totivirus
基因體	線型、單一組成、約含4600個核苷酸的雙股RNA，編碼兩個蛋白質
地理分布	全世界
宿主	酵母菌
相關疾病	在宿主體內不會引起疾病，會協助殺死競爭者
傳播方式	垂直傳染（母細胞到子細胞）；酵母菌交配

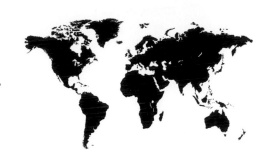

L-A釀酒酵母菌病毒
Saccharomyces Cerevisia L-A Virus
酵母菌的殺手病毒系統的一部分

一種消滅競爭者的方式 酵母菌就和其他真菌一樣，也常被病毒感染，而雖然大部分都沒有已知的表現型，但殺手病毒系統可能對酵母菌非常有好處。這個系統中的病毒一定超過一種：L-A釀酒酵母菌病毒，還有幾種M病毒的其中一種。L-A病毒被稱為輔助病毒，因為它攜帶著複製RNA所需的酵素，而M病毒也會用到這種酵素。M病毒會製造毒素，再分泌到周圍環境中。這種毒素會殺死其他沒有攜帶L-A/M病毒的酵母菌株，但對L-A/M病毒的宿主酵母菌則無害，因為除了毒素以外，這種病毒也帶有解毒機制，因此能讓酵母菌殺死競爭對手。

就像其他有親緣關係的病毒一樣，L-A釀酒酵母菌病毒也有獨特的生命週期。病毒進入細胞之後，仍會待在自己的殼體內，並製造自己基因體的單股複本，以便製造蛋白質，並複製自己、再從殼體擠壓出去。這是擁有雙股RNA基因體的病毒常使用的策略，或許是因為大型雙股RNA是病毒感染的特徵，會觸發細胞中多種能摧毀病毒RNA的免疫反應。隔絕在殼體中，對病毒來說可能是安全的，可以避開這些細胞的抗病毒活動。然而有趣的是，只有在缺乏雙股RNA會觸發的RNA退化免疫反應（名為RNA靜默）的酵母菌中，才找得到L-A/M病毒系統。這種殺手系統會不會是一種更古老的免疫系統的遺跡呢？

A 剖面圖
B 外觀

1 外殼蛋白
2 雙股基因體RNA
3 聚合酶

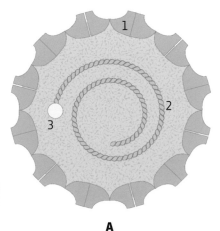

左：根據電子顯微影像及X光晶體繞射資料所繪製的**L-A釀酒酵母菌病毒**模型。

A

B

類別	四
目	未分配
科	低毒性病毒科Hypoviridae
屬	低毒性病毒屬Hypovirus
基因體	線型、單一組成；約1萬3000個核苷酸的單股RNA，透過兩個多蛋白編碼四個蛋白質
地理分布	亞洲、歐洲、美洲
宿主	栗枝枯病菌（Cryphonectria parasitica）
相關疾病	抑制栗枝枯病
傳播方式	垂直傳染（母細胞傳染給子細胞）及真菌細胞融合

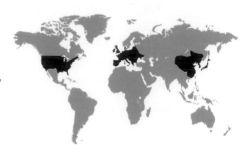

栗枝枯病菌低毒病毒一型
Cryphonectria Hypovirus 1
栗枝枯病菌的病毒

栗枝枯病的解藥？ 栗樹在全球許多地方都有，在1903年之前也是美國東部主要的大型森林樹種，但後來紐約的植物園引進東方種類的栗樹砧木時，也帶進了一種真菌疾病。栗樹開始死亡，而到了20世紀中，已經沒有成熟的大型美國栗樹森林了。這種真菌感染樹木後，會在樹幹上造成潰瘍，最終環繞整棵樹。死樹的根部通常會長出幼苗，但往往還沒有長到能結種子的年齡，就會被疾病擊垮。這種疾病也感染了歐洲的栗樹，但時間比較晚，是在1930年代末。到了1960年代，一位義大利植物病理學家發現，有一些歐洲的栗樹只出現輕微的真菌潰瘍，也沒有死亡。後來發現，這應該是因為真菌發生了變化，而不是這些樹有抵抗力。真菌的這種「低毒性」是可以傳播的，但直到1990年代初，才證明是由病毒造成。這是對栗枝枯病的生物防治，還有重現栗樹森林的一大希望。歐洲使用這種策略，已經有成功的案例，但在美國卻沒有效果。看來，這可能是因為歐洲的真菌是一群親緣關係很近的真菌株，而美國的卻是許多遺傳上差異很大的真菌株。這種病毒只能在親緣關係非常近的真菌株之間自然傳播，所以雖然或許可以每次治癒一棵樹，卻無法治癒整片森林。科學家還在持續研究，若能了解病毒如何限制宿主的範圍，或許就能找到更好的策略，治癒北美的栗樹林。

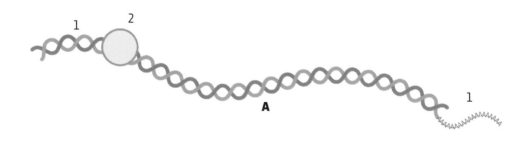

A 剖面圖

1 可複製的雙股RNA
2 聚合酶

類別	四
目	未分配
科	裸露RNA病毒科Narnaviridae
屬	粒線體病毒屬Mitovirus
基因體	線型、單一組成，約有2600個核苷酸的單股RNA，編碼一個蛋白質
地理分布	亞洲、歐洲、美洲、紐西蘭
宿主	荷蘭榆樹病菌（*Ophiostoma novi-ulmi*），造成荷蘭榆樹病的真菌
相關疾病	抑制真菌生長
傳播方式	垂直傳染（母細胞傳染給子細胞）及真菌細胞融合

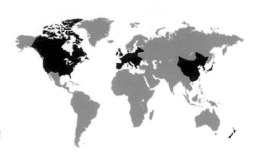

長喙殼粒線體病毒四型
Ophiostoma Mitovirus 4
已知最小也最簡單的病毒之一

一株真菌、多種病毒 荷蘭榆樹病菌是一種真菌，會引起致命的荷蘭榆樹病。這種真菌曾在世界各地造成榆樹的流行疫情，在某些地區導致大量榆樹死亡。由於已經知道有某種病毒可以抑制栗枝枯病菌，所以也開始有人尋找能抑制這種真菌的病毒。令人驚訝的是，在這種真菌中找到了多達12種有親緣關係的不同病毒，其中有一些，包括長喙殼粒線體病毒四型，似乎可以抑制這種樹木的真菌疾病。可惜，這個方式雖然似乎大有可為，卻很難運用在森林中，因為真菌病毒出了名地難以傳播。要傳播這種病毒需要真菌細胞融合，而這通常只會發生在親緣關係很近的真菌種類上。

粒線體的病毒 有核的細胞名為真核細胞，擁有許多源自細菌的結構複本，這就是粒線體。粒線體是新陳代謝的關鍵成分，因為細胞的能量就是粒線體製造的。長喙殼粒線體病毒四型會感染粒線體，另外也還有一些有親緣關係的病毒會感染粒線體，也因此這個屬才會叫粒線體病毒屬。粒線體源自細菌，所以粒線體的病毒會比其他真菌病毒更像細菌病毒，也就不令人意外了。

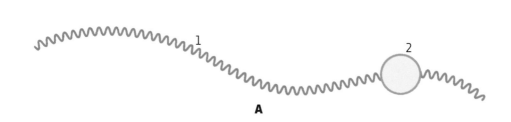

A

A 剖面圖

1 單股RNA基因體
2 聚合酶

類別	—
目	未分配
科	藻類DNA病毒科Phycodnaviridae
屬	綠藻病毒屬Chlorovirus
基因體	線型、單一組成、約有33萬1000個核苷酸、編碼約400個蛋白質的雙股DNA
地理分布	美國、但有親緣關係的病毒遍布全世界
宿主	*Chlorella variabilis*（藻類）
相關疾病	致命
傳播方式	透過水傳播

草履蟲小球藻病毒一型
Paramecium Busaria Chlorellavirus 1
躲開敵人

草履蟲體內抵禦病毒感染的藻類 小球藻（chlorella）是一種單細胞綠藻，通常生活在如草履蟲（一種水生單細胞生物）之類的原生動物體內。這種藻類會透過光合作用，為草履蟲提供重要的養分。1970年代晚期，科學家發現，如果提供正確的養分，他們就能在草履蟲體外培養某些藻類。然而，有時候藻類會死掉，培養的整群藻類也會迅速死光。這是因為感染了一種大型DNA病毒，而這種病毒是以這種共生關係的兩個組成命名：草履蟲（*Paramecium busaria*）和小球藻（*Chlorella*）。這種病毒已經過深入研究，且是綠藻病毒屬的代表種類。當藻類在草履蟲體內時，這種病毒似乎會維持在休眠狀態，但單獨存在的藻類若是感染了小球藻病毒，最後就會被病毒殺死。小球藻病毒在淡水中很常見，每毫升的水中有多達10萬顆病毒粒子。每一種病毒都跟一種藻類宿主有密切關係，但水中的藻類幾乎只生活在草履蟲體內，可免受病毒感染，所以為什麼某些水源中這種病毒的濃度很高，是病毒學的一個未解之謎。

一種不尋常的大病毒 直到最近，小球藻病毒都還是已知最大的病毒。它們的基因體大到跟某些較小的細菌差不多，而它們編碼的蛋白質也不是病毒中常見的，包括代謝糖和胺基酸用的酵素。或許其中某些蛋白質在病毒的生命週期中很重要，但為什麼要製造其中某些蛋白質還是不清楚。一般來說，巨病毒會為許多蛋白質編碼基因，因此這類病毒跟其他大部分堪稱極簡主義者的病毒非常不一樣。

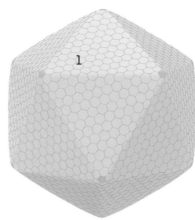

A 剖面圖
B 外觀

1 外殼蛋白
2 黏合蛋白質
3 內層脂質膜
4 雙股基因體DNA

A

B

類別	三
目	未分配
科	內源RNA病毒科Endornaviridae
屬	內源RNA病毒屬Endornavirus
基因體	線型、單一組成、約1萬4000個核苷酸的雙股RNA、編碼一個大的多蛋白
地理分布	歐洲、美國，可能全世界都有
宿主	疫病菌（*Phytophthora spp.* 又名疫黴）
相關疾病	無
傳播方式	垂直傳播（從母細胞到子細胞）

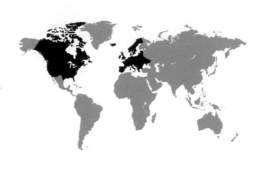

植物疫黴內源RNA病毒一型
Phytophthora Endornavirus 1
一種跟植物和真菌病毒都有關係的卵菌類病毒

沒有外殼、以雙股RNA形式生活在細胞內的病毒 這種病毒的宿主疫黴Phytophthora是卵菌類的一個屬，這是一種本來以為是真菌的生物，因為外表很像。分析過基因體之後，我們得知卵菌類跟真菌無親緣關係，反而跟褐藻類比較相近。許多卵菌類都是植物的病原體。19世紀造成愛爾蘭馬鈴薯大饑荒的馬鈴薯晚疫病，就是由馬鈴薯晚疫黴（*Phytophthora infestans*）這種卵菌類引起的。植物疫黴內源RNA病毒一型是從英國一棵花旗松上的卵菌類分離出來的。此外M這種病毒也出現在英國、荷蘭和美國的幾種卵菌類分離株上，所以分布範圍也許更廣。

內源性病毒屬最早是從作物植株辨識出來的，在作物上很常見。內源性病毒在真菌上也有。大部分情況下，它們對宿主似乎不會產生什麼影響。有一種出現在某些栽培豆類上的內源性病毒跟雄性不孕有關，但這是本科病毒中唯一可以跟某種特徵連上關係的病毒。

內源性病毒的演化史很有趣，是經由比較它們的基因體判斷出來的。複製RNA的酵素跟單股RNA植物病毒的酵素最像，至於基因體的其他部分則似乎有不同的來源，包括細菌。病毒之間的這種關係，顯示它們過去可能曾在植物、真菌和卵菌類群之間移動。

A 剖面圖

1 複製中間形式的雙股RNA
2 RNA編碼股上的鏈裂
3 聚合酶

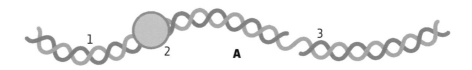

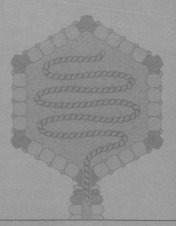

細菌與古菌病毒

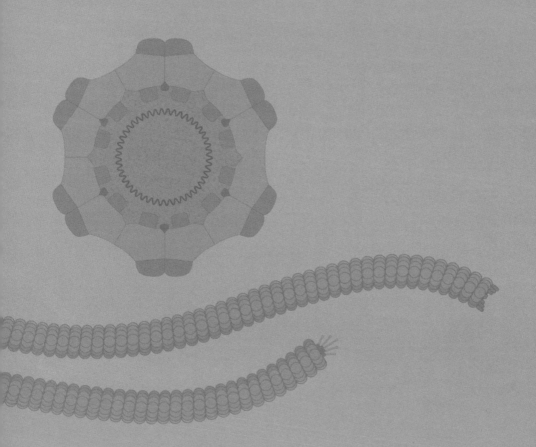

簡介

　　細菌和古菌是原核生物的兩個生物界，意思是它們的細胞沒有細胞核。雖然幾乎所有人都很熟悉細菌，但古菌卻沒那麼出名。我們的環境中到處都有古菌，包括人類的腸道，但有些卻出現在非常極端的環境裡，像是溫泉、高酸度的環境、高鹽分的環境，還有海底熱泉。細菌病毒通常稱為噬菌體，意思是「吃細菌者」，因為這類病毒可以迅速殺死細菌宿主。不過有許多細菌病毒其實不會殺死宿主，反而還對宿主有益。這裡我們會描述幾種細菌和古菌的病毒，那些都是分子生物學上非常重要的工具。我們也會談到一些跟人類的細菌性疾病相關的病毒，還有一種對維持海洋能量循環非常重要的病毒，而海洋能量循環對地球上的生物至關重要。

　　細菌和許多古菌製造蛋白質的方式，和真核細胞（有細胞核的）非常不一樣。真核生物的每一個RNA通常都只製作一個蛋白質，而細菌和古菌的一條RNA卻會製作好幾個个一樣的蛋白質。病毒也反映了宿主的這種策略。

　　本章節中有好幾種是大腸桿菌（Escherichia coli，即E. coli）的病毒。這是因為大腸桿菌是已知細菌中研究得最透徹的一種，所以大腸桿菌的病毒自然也都有深入的研究。雖然這裡許多病毒的名字裡都有「噬菌體」，但它們其實都是非常不一樣的病毒，是精心挑選出來的，為的是呈現細菌病毒的多樣性，並指出幾種對科學研究非常重要的病毒。

　　至於古菌病毒，其中有兩種是來自酸雙面菌屬（Acidianus）這個宿主。這兩種病毒之間的差異也非常大，收錄在此是因為兩者都有明顯的特徵，且能呈現某些古菌病毒不尋常的結構。

類別	一
目	有尾噬菌體目Caudovirales
科	短尾噬菌體科Podoviridae、小短尾噬菌體亞科Picovirinae
屬	Phi 29類病毒屬 Phi 29-like viruses
基因體	線型、單一組成、約1萬9000個核苷酸的雙股DNA，編碼17個蛋白質
地理分布	全世界
宿主	枯草桿菌（*Bacillus subtilis*），一種常見的土壤細菌
相關疾病	細胞死亡
傳播方式	擴散以及將DNA注入細胞

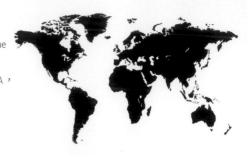

芽孢桿菌噬菌體
Bacillus Phage Phi29
會感染常見土壤細菌的小腳病毒

分子生物學的研究與工具來源　芽孢桿菌噬菌體phi29是1960年代中期由一位研究庭園土壤的研究生分離出來的。這種病毒已經成為分子生物學許多研究方向的重要工具，包括DNA如何複製。大部分DNA複製時，會先從RNA分子開始，然後再把DNA加上去。這種病毒和有親緣關係的細菌病毒有一種獨特的特性，就是可以從蛋白質開始複製自己的DNA。有少數幾種古菌和真核病毒也是使用這種策略，但並沒有任何已知的細胞生物會使用這種方式。芽孢桿菌噬菌體phi29在了解RNA的建構方面也非常重要。這種病毒會製造一個大的RNA，稱為pRNA，是一個名為「馬達」的構造的一部分，馬達用來將病毒DNA包裝進病毒粒子中。雖然我們常把RNA分子畫得像條直線，但細胞裡的RNA其實是摺疊起來的，形成複雜的結構。這對RNA的生物學來說很重要，跟賦予了它生物學特質的蛋白質結構很像。

　　和許多細菌病毒一樣，芽孢桿菌噬菌體phi29最出名的就是為生物科技提供了重要的工具。聚合酶，也就是複製DNA的酵素，是製造多個DNA分子複本時的重要工具，生物科技公司會以純化形式銷售。這種酵素的功用之一，就是準備一個大的DNA分子，以便判斷完整的核苷酸序列，也就是基因體。

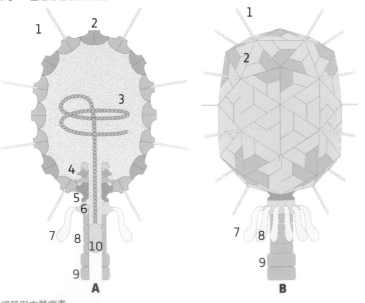

A 剖面圖
B 外觀

1　殼體纖維
2　外殼蛋白
3　雙股基因體DNA
4　內核
5　連結處
6　低領部
7　尾絲
8　頸部
9　遠端尾部
10　末端蛋白質

右：在這幅上色的電子顯微影像中，可以看出**芽孢桿菌噬菌體phi29**許多病毒結構的細部，包括殼體纖維、尾部和尾絲。

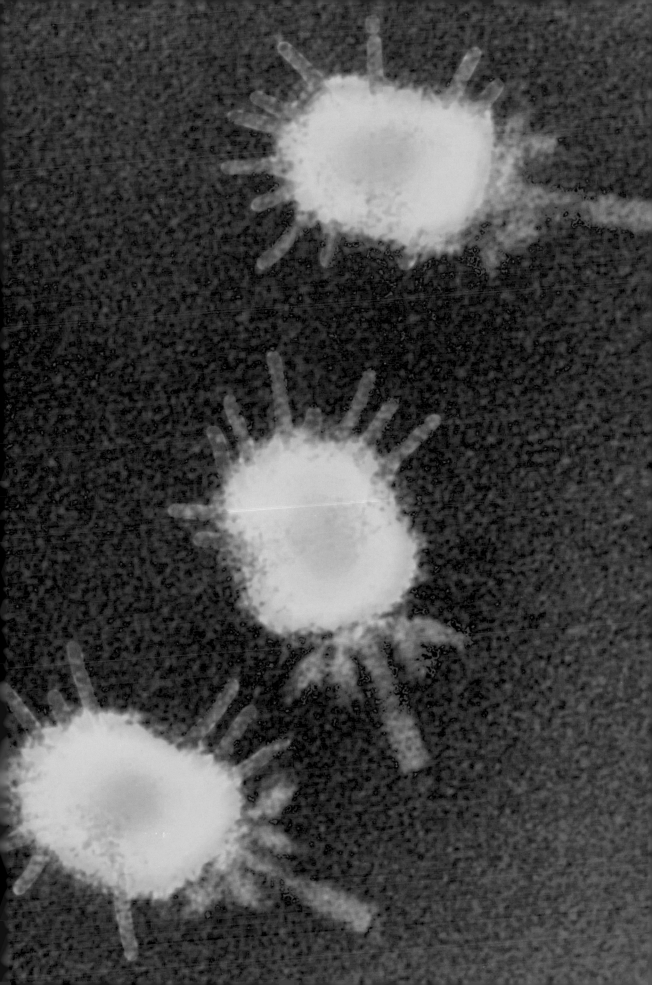

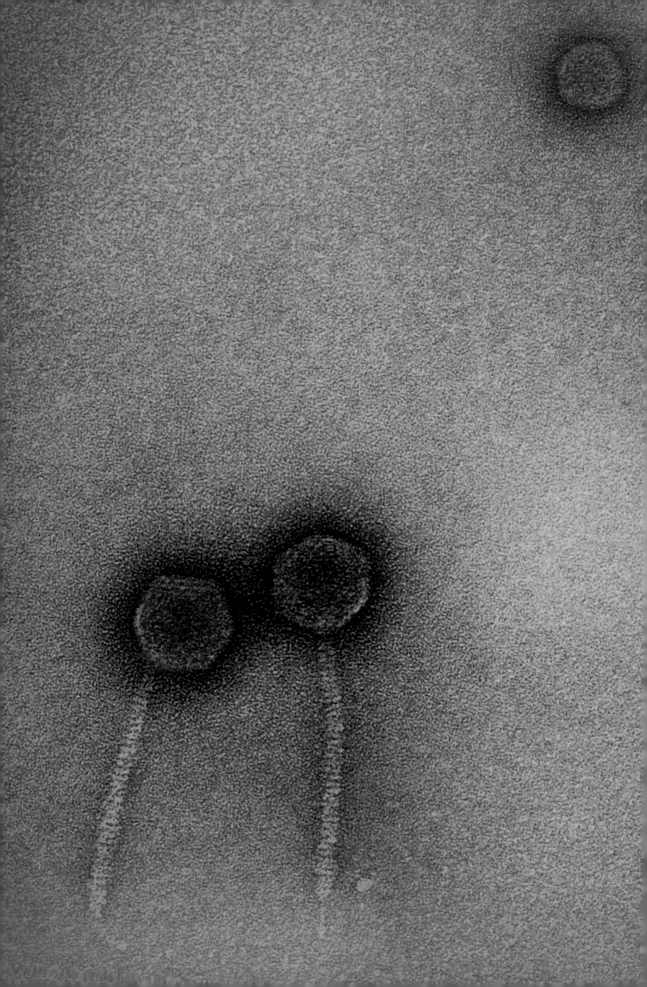

目	有尾噬菌體目Caudoviriales
科	長尾噬菌體科Siphoviridae
屬	λ類噬菌體屬Lambdalikevirus
基因體	線型、單一組成、約有4萬9000個核苷酸、編碼70個蛋白質的雙股DNA
地理分布	全世界
宿主	大腸桿菌
對宿主的影響	通常嵌入宿主DNA，但可以造成細胞死亡

λ噬菌體
Enterobacteria Phage Lambda
用途多多的工具

許多分子生物實驗室都會用到的病毒 λ噬菌體是在1950年代發現的。當時養在培養皿中的大腸桿菌照射到紫外線，有些就開始死亡，培養皿中的細菌菌地因此出現小洞，這就是溶菌斑。結果發現，有些大腸桿菌的DNA裡嵌入了λ噬菌體。這在細菌病毒中很常見。它們嵌入宿主DNA後就保持安靜，直到被什麼東西刺激活化，在這個案例中是紫外線。這時病毒就會從細菌DNA中跑出來，開始迅速複製。當細菌細胞充滿病毒時就會爆裂，把病毒釋放到環境中，感染附近的細胞。培養皿中的洞洞，也就是溶菌斑，是小面積的細菌全部死亡造成的。這個現象就是細菌性病毒得到「噬菌體」一名的原因，但它們其實並沒有真的把細菌細胞吃下去。

　　λ噬菌體已經成為分子生物學和遺傳學上非常重要的工具，廣泛運用於了解細菌如何製造蛋白質，以及它們如何控制這個過程。許多遺傳學研究的作法，都是把DNA片段放進這種病毒，再用來感染大腸桿菌，這稱為重組病毒。這個病毒接下來就會做出目標DNA的許多複本。目前大部分的轉殖複製（cloning）實驗中還是會用到λ噬菌體的部分基因體，而且因為這種病毒容易大量培養，所以也當作通用DNA的來源。

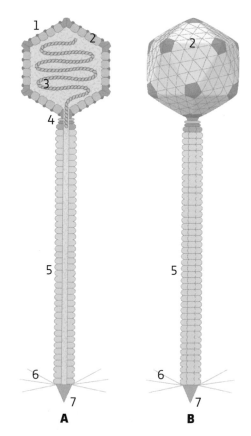

A 剖面圖
B 外觀

1 殼體修飾
2 外殼蛋白
3 雙股基因體DNA
4 頭尾接點
5 尾管
6 尾絲
7 尾尖

左：這幅電子顯微影像中，可清楚看到**λ噬菌體病毒**粒子的細部。頭部以洋紅色呈現，尾部結構則用黃色。

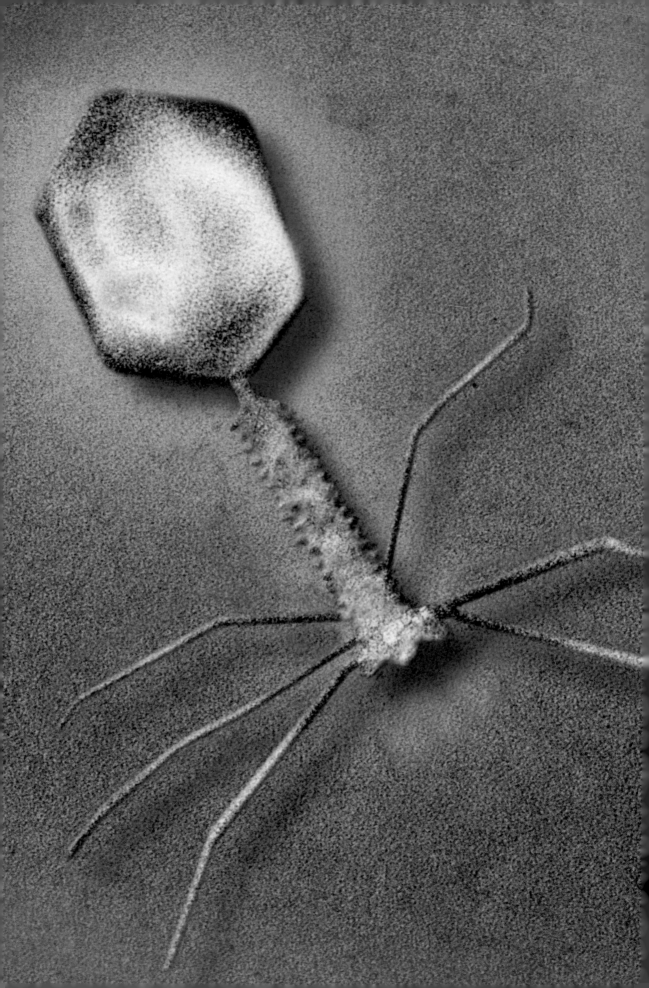

類別 —	
目	有尾噬菌體目Caudovirales
科	肌尾噬菌科Myoviridae
屬	T4類病毒屬 T4like virus
基因體	線型、單一組成，約16萬9000個核苷酸的雙股DNA，編碼約300個蛋白質
地理分布	全世界
宿主	大腸桿菌與親緣細菌
對宿主的影響	細胞死亡

T4 噬菌體
Enterobacteria Phage T4
生物注射器

改變了基礎科學的病毒 T4噬菌體（1940年代早期為研究噬菌體生物學而挑選出來的七種噬菌體中的第四類）在大腸桿菌中很容易培養、也很安全，而大腸桿菌是實驗室很喜歡用的細菌。因此，分子生物學、演化與病毒生態學方面有許多基本原則都是透過T4才發現的。分子生物學領域透過T4獲得的最近一次重大發現，就是原核細胞剪接（prokaryotic splicing），是一種編輯信使RNA、去除某些部分、使之不會轉譯成蛋白質的程序。多年來一直認為，剪接只能發生在真核細胞（有細胞核的細胞）內。1980年代晚期發現了T4的剪接，從那時開始，也在其他許多細菌基因內發現了剪接。T4也被當成研究分子演化的模型使用，因為病毒的世代時間很短，演化又快。

有些細菌病毒會嵌入宿主的DNA，並維持休眠狀態，除非被活化，但T4噬菌體卻總是會把宿主殺死。這種病毒會透過尾絲降落在細菌細胞上，然後收縮尾部，將DNA注入細胞。這個DNA是用來製作病毒蛋白質的。病毒會複製自己的DNA並將它包裝起來。到了病毒生命週期的尾聲，宿主細胞內已經充滿了新的病毒粒子，因此爆裂開來，釋出病毒以展開新的生命週期。最近T4被拿來進行一場小型的人體實驗，終極目標是要殺死致病細菌。受試者喝下加了T4的飲用水，並沒有發現不良影響，但目前這個實驗並沒有再進一步。T4的另一個可能醫療用途，是當成奈米顆粒使用。這種病毒的基因體可以用蛋白質或目標基因取代，粒子則提供保護，接著就能以注射方式直接送到組織或器官中。

A 剖面圖	**5** 鞘
B 外觀	**6** 尾絲
	7 基盤
1, 2 外殼蛋白	**8** 尾刺
3 領部	**9** 雙股基因體
4 頸鬚	DNA

左：取材自電子顯微鏡影像的**T4噬菌體**圖，展示了20面體的頭部結構、尾絲和著陸工具。

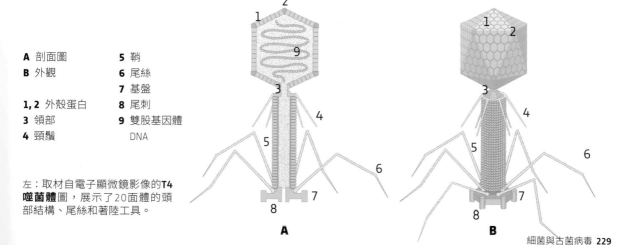

類別	二
目	未分配
科	微小噬菌體科Microviridae
屬	微小噬菌體屬Microvirus
基因體	環型、單一組成、約有5400個核苷酸的單股DNA，編碼11個蛋白質
地理分布	全世界
宿主	腸桿菌
對宿主的影響	細胞死亡
傳播方式	擴散

腸桿菌噬菌體phiX174
Enterobacteria Phage phiX174
分子生物學的起源之處

從分子生物學到結構生物學 我們生活在基因體時代，整個人類基因體的DNA序列可以迅速又便宜地定序。但在1977年，phiX174的完整基因體剛定序出來時，那可是重大的里程碑：這是有史以來第一個定序出來的DNA基因體，雖然一年前已經先定序過一個RNA病毒的基因體序列。早期的分子生物學家會專注研究病毒的原因之一，就是病毒的基因體很小，也比大型的基因體穩定多了。要純化大的DNA分子而不造成破壞是非常困難的。直到1995年，才定序出一個完整的細菌基因體序列。

腸桿菌噬菌體phiX 174也是第一個利用純化酵素在試管內合成出基因體的病毒，在1967年迎來了合成生物學的時代。2003年，整個病毒的基因體都可以用化學方式合成。除了對人類在分子生物學的理解上有卓越的貢獻以外，phiX174也是結構生物學的研究重點。結構生物學結合了生物化學、生物物理學和分子生物學，用以了解如蛋白質和核苷酸等其他分子的精細結構究竟是如何形成、可以如何改變、這些改變對它們的功能又有什麼影響。某些利用phiX174做的研究，揭露了病毒將本身DNA注入細菌細胞的方式。就像許多細菌病毒一樣，phiX174在感染時並不會進入宿主細胞，而是只將自己的DNA注入宿主。DNA一旦進入宿主，就會啟動病毒感染，這個過程最終會殺死宿主。

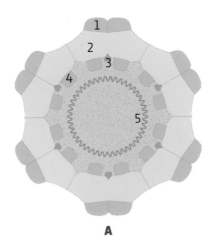

A 剖面圖

1 棘蛋白D
2 外殼蛋白F
3 端點蛋白H
4 DNA結合蛋白J
5 單股基因體DNA

右：**腸桿菌噬菌體phiX174**的純化病毒粒子。病毒以藍色呈現，具備清晰的20面體結構。影像中可以看到不同平面的外觀與橫斷面。

A

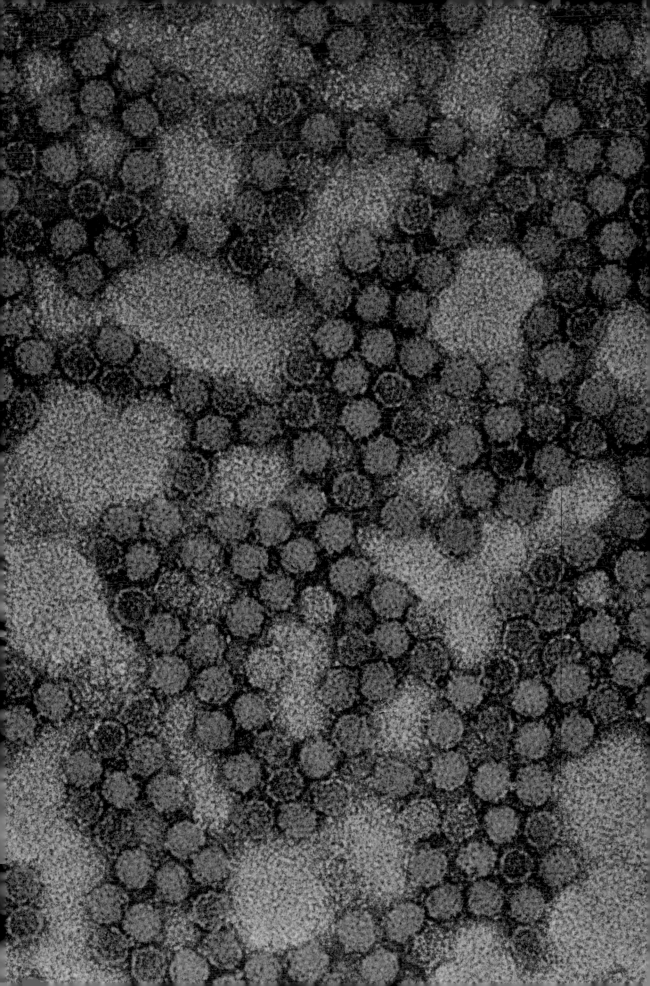

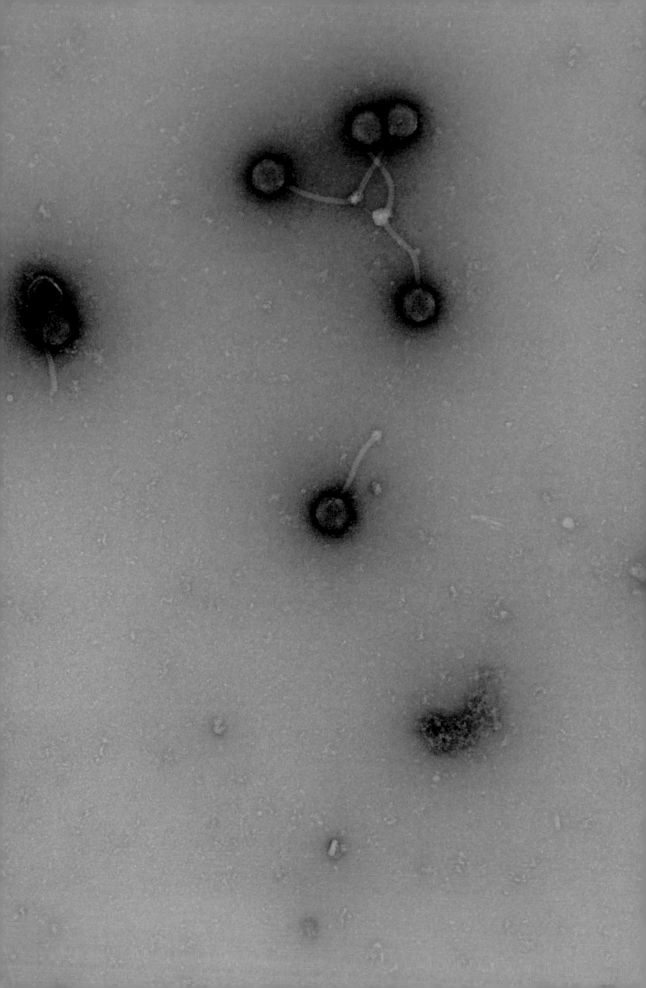

類別 —

目 有尾噬菌體目Caudovirales

科 長尾噬菌體科Siphoviridae

屬 L5類噬菌體屬L5like virus

基因體 線型、單一組成,約4萬9000個核苷酸的雙股DNA,編碼約90個蛋白質

地理分布 於美國加州分離出來,分布狀況不明,但親緣病毒全世界都有發現

宿主 分枝桿菌屬 Mycobacterium

相關疾病 致命,視宿主而定

傳播方式 擴散及將DNA注入細胞

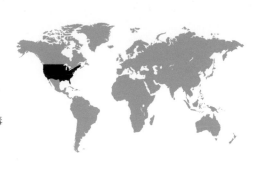

分枝桿菌噬菌體D29
Mycobacterium Phage D29
殺死結核病細菌的病毒

以病毒治療細菌性疾病 分枝桿菌是細菌的一個屬,在土壤中很常見。這種細菌常跟病毒連結在一起。每種病毒各會感染分歧桿菌屬的一個亞群,而這種病毒曾經用來作為判斷樣本中細菌種類的簡便方法,名為「噬菌體分型」(phage-typing)。大部分分枝桿菌都是環境中的無害成分,但有少數是病原體,最有名的就是引起結核病的結核桿菌(*Mycobacterium tuberculosis*)。因為抗生素的關係,人類原本以為結核病已經是過去式了,但結核病又在世界各地捲土重來,許多菌株還對常用的抗生素有抗藥性。噬菌體療法就是利用細菌病毒來殺死細菌病原體,這個概念在抗生素發現之前很熱門,現在又重新受到關注。已經有人在實驗室中進行了利用噬菌體對付結核菌的實驗研究。像是分枝桿菌噬菌體D29可以靠著溶菌作用殺死培養皿中的結核病細菌,徹底破壞細胞壁與細胞膜,但目前為止,研究以噬菌體療法治療患結核病的動物,得到的結果並不一致。科學家曾利用分枝桿菌噬菌體D29成功治療小鼠身上的另一種病原菌:潰瘍分枝桿菌(*Mycobacterium ulcerans*)。潰瘍分枝桿菌會在人類身上造成嚴重的皮膚疾病,很難治療,尤其是晚期。這種病最常見的地方是在西非。在人類身上運用噬菌體療法治療這種疾病頗有希望,或許也能鼓勵大家進一步研究如何利用噬菌體療法治療其他棘手的疾病,例如有抗生素抗藥性的肺結核。

左:在這幅電子顯微影像中,可清晰看見**分枝桿菌噬菌體D29病毒**體的細部。六顆完整的病毒上都能清楚看見包括終端結在內的尾部結構。

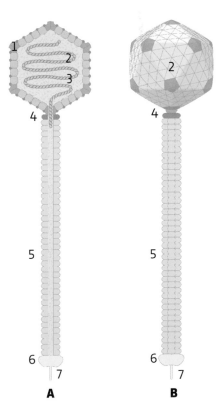

A 剖面圖
B 外觀

1 殼體修飾
2 外殼蛋白
3 雙股基因體DNA
4 頭尾接點
5 尾管
6 終端結 (terminal knob)
7 纖維刺突

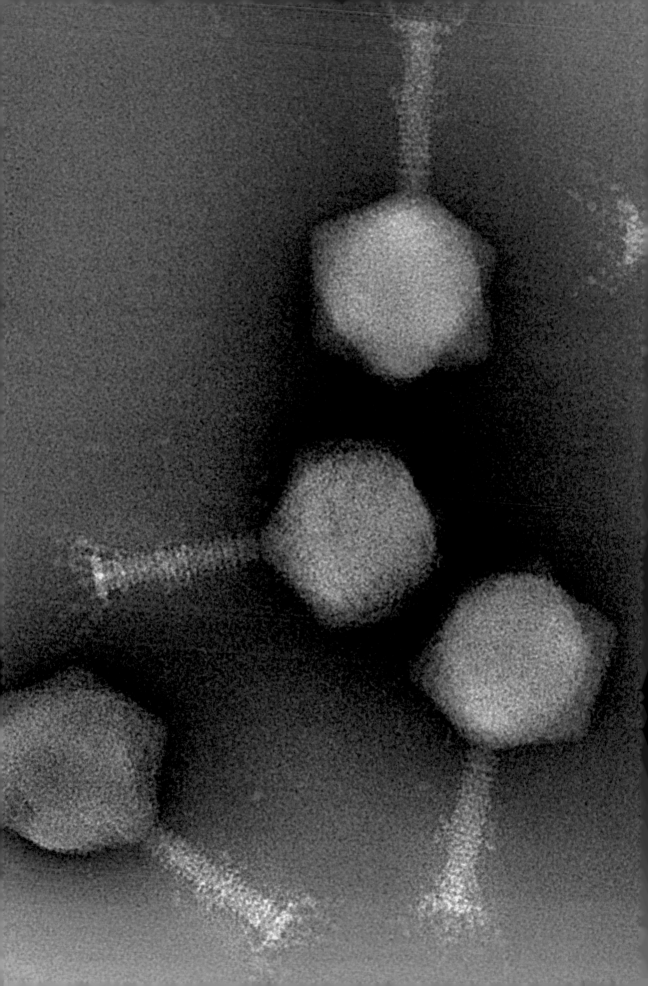

<table>
<tr><td>類別</td><td>—</td></tr>
<tr><td>目</td><td>有尾噬菌體目Caudovirales</td></tr>
<tr><td>科</td><td>肌尾噬菌科Myoviridae</td></tr>
<tr><td>屬</td><td>未分配</td></tr>
<tr><td>基因體</td><td>線型、單一組成，含約23萬1000個核苷酸的雙股DNA，編碼約340個蛋白質</td></tr>
<tr><td>地理分布</td><td>不明</td></tr>
<tr><td>宿主</td><td>青枯病菌（Ralstonia solanacearum），也就是植物青枯病的致病原</td></tr>
<tr><td>相關疾病</td><td>死亡</td></tr>
<tr><td>傳播方式</td><td>擴散及將DNA注入細胞中</td></tr>
</table>

青枯病菌噬菌體
Ralstonia Phage PhiRSL1
植物的噬菌體療法

有一天我們可能會用病毒來為庭園植物治病　青枯病菌噬菌體phiRSL1是一種不尋常的病毒，跟其他已知的細菌病毒都非常不一樣，因為以細菌病毒來說，這種病毒算是很大，具有許多獨特的基因，而且功能不明。這種病毒會感染青枯病菌，一種會感染植物、造成青枯病的細菌。青枯病是農人和園丁的剋星，能感染約200種不同植物，包括番茄、馬鈴薯和茄子。遭感染的植物葉片會開始凋萎，然後整棵植物枯萎並迅速死亡。這種疾病沒有好的控制方法，不過某些番茄栽培品系具有部分抵抗力。唯一的辦法就是盡快移除死掉或垂死的植株，以減少土壤中的細菌含量，以免繼續感染後來栽種的植物。但在2011年，科學家證實，若是用青枯病菌噬菌體phiRSL1處理番茄幼苗，就能保護幼苗不受青枯病感染，推測是因為病毒殺死了細菌。雖然也在這個系統中試過其他幾種病毒，但青枯病菌噬菌體phiRSL1的效果比其他病毒都好，因為細菌看來對這種病毒完全沒有抵抗力。目前還需要再進行大規模的田地環境測試，而用病毒處理番茄植株的最佳方式也有待判斷，但以噬菌體療法治療植物疾病，依然是很被看好的方法。

A 剖面圖
B 外觀

1, 2 外殼蛋白
3 領部
4 鞘
5 基盤
6 尾刺
7 雙股基因體DNA

左：**青枯病菌噬菌體phiRSL1粒子**的細部結構清晰可見。頭部構造以黃色呈現，尾部則是灰色。

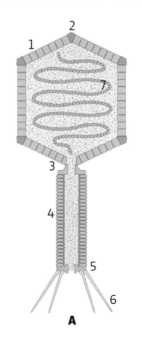

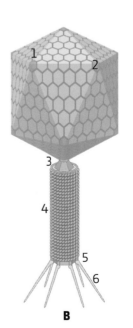

類別	—
目	有尾噬菌體目Caudovirales
科	短尾噬菌體科Podiviridae，自複製短尾噬菌體亞科Autographivirinae
屬	未分配
基因體	線型、單一組成、約含4萬6000個核苷酸的雙股DNA，編碼61個蛋白質
地理分布	全球海洋
宿主	藍菌門（Cyanobacteria）的聚球藻（Synechococcus）
對宿主的影響	細胞死亡
傳播方式	擴散及將DNA注入細胞

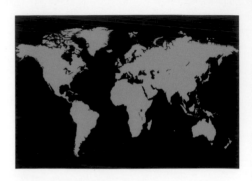

聚球藻噬菌體
Synechococcus Phage Syn5
海中的病毒

對地球上的生命平衡至關重要的病毒　藍菌，也就是光合細菌，是地球上最多的生物（雖然到目前為止，病毒是數量最多的生命形式，但我們通常不會說病毒是生物）。藍菌在控制氧氣製造方面至關重要，對大氣與陸地系統之間其他化合物的循環也是。地球的氧氣有許多自海洋中生成，而海洋中的優勢藍菌就是聚球藻。過去曾以為這些細菌是被浮游植物吃掉，但現在已經清楚知道，這些細菌的周轉是聚球藻噬菌體Syn5之類的病毒造成的，因為病毒每天都會殺死20%-50%的這類細菌。若沒有這樣的周轉，海洋、其實還有大部分的地球，都會變成一大鍋細菌濃湯，沒有別的東西能存活。所以雖然Syn5噬菌體會殺死宿主，但它也在地球的生命平衡中扮演著必要的角色。海洋中的病毒多到難以想像——每毫升的海水中約有1000萬顆病毒粒子。除了殺死藍菌以外，病毒也會殺死浮游植物，而這個過程對維持海洋的碳平衡也極為重要。當病毒殺死這些微生物的時候，這些微生物會完全瓦解，這個過程稱為溶解。若是沒有被病毒溶解，海洋中的微生物死掉後就會沉到海底，養分也就無法被其他生物利用，海洋很快就會變成死水。病毒的溶解作用讓細菌的殘骸能持續在海洋上層分解，成為更多生物可使用的材料。雖然我們還在努力了解病毒，但目前我們已經知道，沒有病毒我們也無法存活。

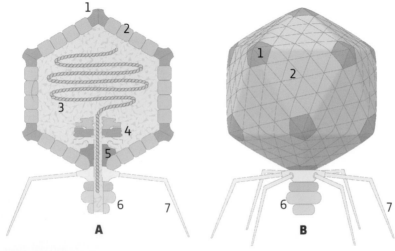

A 剖面圖
B 外觀

1, 2 外殼蛋白
3 雙股基因體DNA
4 核心蛋白
5 連結蛋白
6 尾部
7 尾絲

右：**聚球藻噬菌體Syn5**的純化病毒粒子。看得見結構分明的病毒體，其中某些還看得出短尾噬菌體科典型的短短尾部。

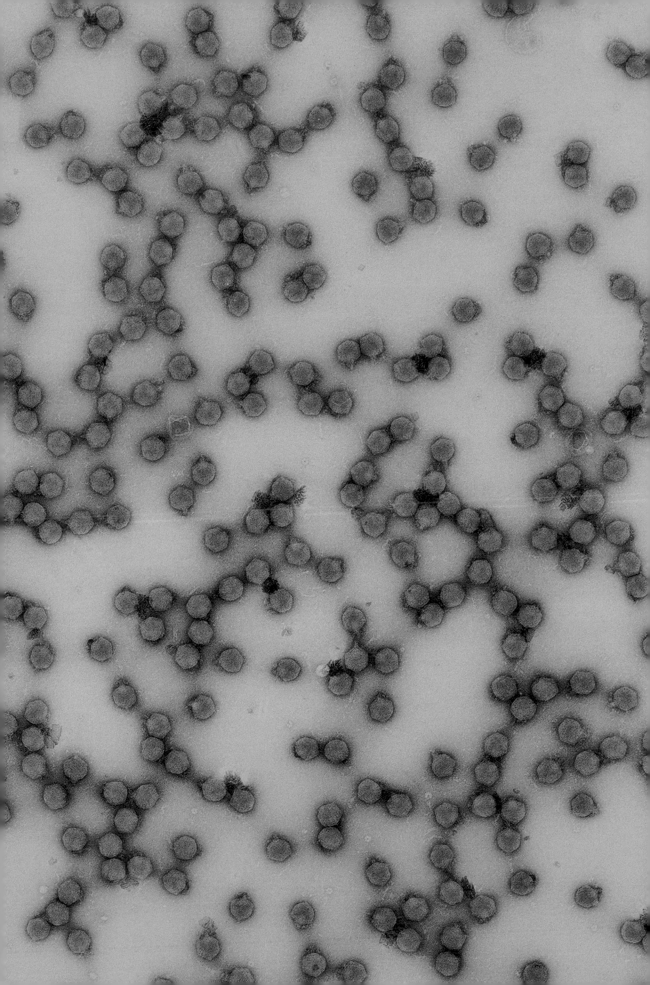

類別	一
目	未分配
科	瓶狀病毒科 Ampullaviridae
屬	瓶狀病毒屬 Ampullavirus
基因體	線型、單一組成，約2萬4000個核苷酸的雙股DNA，編碼57個蛋白質
地理分布	義大利
宿主	酸雙面菌屬（*Acidianus*）
相關疾病	減緩宿主的成長
傳播方式	透過水擴散

酸雙面菌瓶狀病毒一型
Acidianus Bottle-shaped Virus 1
有感染力的小小瓶子

獨特宿主體內的獨特病毒 古菌屬於生物三域（domain）之一，另外兩個域則是細菌域跟真核生物（有細胞核的生物）域。古菌的病毒也很獨特。酸雙面菌屬瓶狀病毒是以極端環境為家的古菌病毒之一，這種病毒是在義大利的一處酸性溫泉中發現的。它也是已知唯一一種具有這種罕見結構與基因體的病毒。這種病毒編碼的57個蛋白質中，只有三個跟其他已知的蛋白質類似。這種病毒和其他古菌病毒還有另一個特徵，就是有套膜包覆，那是一種源自膜的外層。感染動物的病毒常有套膜，因為能協助病毒進入宿主細胞，但在有細胞壁的生物身上則不常見，而套膜對古菌病毒的用途還不太清楚。研究古菌病毒的動力之一，是希望能更了解古菌本身。分子生物學對其他生物的早期知識，有許多都是從研究那些生物的病毒而獲得的。古菌病毒（例如酸雙面菌瓶狀病毒）為我們周圍這個驚人的生命新世界提供了線索，海洋中、土壤中、我們的腸道中、極端環境中都有，你在這個章節中應該已經發現了這點。雖然古菌的大小和細菌差不多，也跟細菌一樣沒有細胞核，但在其他方面，古菌卻更像真核生物，包括它們生產能量的方式、合成蛋白質的方式，還有利用名為組織蛋白的蛋白質來濃縮DNA的方式。古菌有一個有趣的特徵，就是到目前為止，生物域中還沒有發現過致病的古菌。

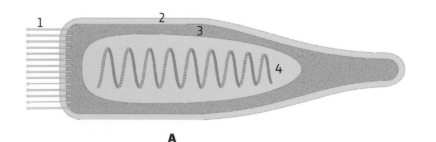

A 剖面圖

1 絲
2 外層脂質包膜
3 外殼蛋白
4 雙股DNA基因體

A

類別	—
目	未分配
科	雙尾病毒科Bicaudaviridae
屬	雙尾病毒屬Bicaudavirus
基因體	環型、單一組成、約有6萬3000個核苷酸的雙股DNA，編碼72個蛋白質
地理分布	不明，在義大利分離出來
宿主	酸雙面菌（一種嗜熱的古菌）
相關疾病	細胞死亡
傳播方式	透過水擴散

酸雙面菌雙尾病毒
Acidianus Two-tailed Virus
擁有獨特外型、來自酸性熱泉的病毒

唯一一種在細胞外還會成長的病毒 酸雙面菌雙尾病毒是在義大利一處溫度高達攝氏87-93度的酸性熱泉中分離出來的。這種病毒一旦感染細胞，就能立刻複製，或是嵌入宿主的DNA基因體，並保持休眠狀態，直到被什麼東西刺激活化。活化病毒的因素，可以是溫度降低之類的環境變化，或是受到紫外線照射。無論是在最初感染或是活化之後，病毒都會自我複製出許多病毒，最終充滿細胞、使細胞爆裂，將病毒釋放到環境中。剛釋出的病毒形狀有如檸檬，會從兩端長出尾巴，最後病毒的大小會縮減約三分之一。這是已知唯一一種在生物細胞之外還會繼續成長的病毒。在實驗室中，這會發生在水或培養介質中，只要溫度高於攝氏75度即可。我們不知道病毒感染新宿主時是否一定要有尾巴，但因為其宿主在自然環境中的密度可能很低，這對尾巴或許能協助病毒找到宿主。

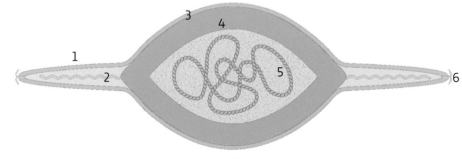

A 剖面圖

1 尾部
2 絲
3 可能為脂質包膜
4 外殼蛋白
5 雙股基因體DNA
6 端錨

A

類別	—
目	有尾噬菌體目Caudovirales
科	長尾噬菌體科Siphoviridae
屬	λ類噬菌體屬Lambdalikevirus
基因體	線型、單一組成,約1萬8000個核苷酸的雙股DNA,編碼約17個蛋白質
地理分布	全世界
宿主	HO157型大腸桿菌
相關疾病	可能致命
傳播方式	擴散及將DNA注入細胞

腸桿菌H-19B噬菌體
Enterobacteria Phage H-19B

把無害細菌變成病原體的病毒

把一種細菌的基因移到另一種細菌身上 大腸桿菌是很常見的細菌,通常能在人類腸道中發現,也是人類微生物組(human microbiome)的重要組成。然而,有時候大腸桿菌又是人類的病原體,過去曾經爆發過好幾次大腸桿菌的食物中毒事件,例如會造成嚴重腹瀉的HO157株型。這些有毒的大腸桿菌有許多不同的來源,包括沒煮熟的肉、菠菜或芽菜。食物會被有毒的大腸桿菌菌株汙染,是因為那些食物中有非常少量的排泄物汙染。這可能是來自密集飼養動物作業(集中型動物飼養經營或養殖場)的動物、灌溉水的汙染,或是來自收割作物的人類。HO157型大腸桿菌的毒素來源則是另一種細菌:志賀桿菌(Shigella)。來自志賀桿菌的有毒基因,出現在H-19B噬菌體的基因體中。當大腸桿菌感染到這種病毒時,這種病毒可以嵌進細菌的基因體,把通常無害的細菌變成病原體。這只不過是其中一個例子,說明有許多細菌性疾病的元凶其實是病毒。之所以能發生這種事,是因為病毒會在這些造成疾病的細菌中搬動基因、編碼毒素,或是活化基因。腸桿菌噬菌體H-19B只是可以把毒素(名為志賀氏毒素)搬到大腸桿菌中的幾種親緣細菌病毒當中的一種而已。

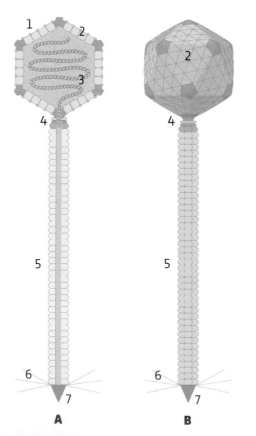

A 剖面圖
B 外觀

1 殼體修飾
2 外殼蛋白
3 雙股基因體DNA
4 頭尾接點
5 尾管
6 尾絲
7 尾端

類別	二
目	未分配
科	絲狀噬菌體科Inoviridae
屬	絲狀噬菌體屬Inovirus
基因體	環型、單一組成、約6400個核苷酸的單股DNA，編碼九個蛋白質
地理分布	全世界
宿主	大腸桿菌
相關疾病	讓成長趨緩，並不會殺死宿主
傳播方式	擴散

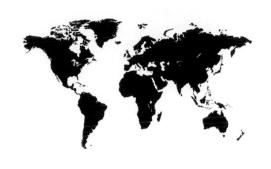

M13噬菌體
Enterobacteria Phage M13
為世界打開轉殖複製之門的病毒

允許增加DNA的絲狀病毒　細菌病毒，也就是噬菌體，對分子生物學工具的發展至關重要，但其中最重要的可能就是M13噬菌體了。這種病毒的結構是長長的絲狀，因此可以把DNA加到病毒上。其他的病毒，像是噬菌體phiX174，雖然較早受到描述，但卻有個問題：它們的病毒粒子是20面體。這樣高度結構性的形狀無法真正變大，所以也就不可能添加任何東西，然後還塞得進病毒粒子中。但M13就不同了：這種病毒可以直接加長，所以有許多東西被相繼加到M13系統，以便加入新的DNA。另一個優勢是M13不會溶解細菌宿主，只會從細胞中釋放出來，所以可以從液體培養介質中蒐集。這就是轉殖複製的開始：把一小段目標DNA插入可以在大腸桿菌內複製的某種東西，並在每個細菌細胞內複製出上百或上千個複本。在核苷酸定序的早期，需要非常大量的DNA來進行這個程序。既然最受歡迎的定序方式，是先從像M13的基因體這樣的單股DNA分子開始，所以轉殖複製進入M13的基因，就是最完美的起始材料。此外，也可以研究基因的影響，因為轉殖複製可以把基因放進其他生物，像是培養的哺乳動物細胞。目前M13的部分基因體仍運用在轉殖複製中，不過大部分的作業都是在先進系統中完成，只會把病毒信號用在複製或其他功能上，不再需要完整的病毒。

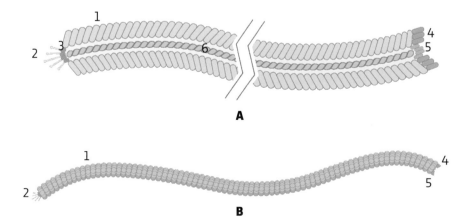

A 剖面圖
B 外觀

殼體蛋白
1 外殼蛋白g8p
2 纖維蛋白g3p
3 纖維蛋白g6p
4 纖毛結合蛋白g7p
5 纖毛結合蛋白g9p
6 單股基因體DNA

類別	四
目	未分配
科	光滑噬菌體科Leviviridae
屬	Allolevivirus
基因體	線型、單一組成、約4200個核苷酸的單股RNA，編碼四個蛋白質
地理分布	全世界
宿主	大腸桿菌及親緣細菌
相關疾病	細胞死亡
傳播方式	擴散

Qβ噬菌體
Enterobacteria Phage Qβ
研究演化的模式病毒

複製RNA是個容易出錯的程序 發現以RNA為遺傳物質的細菌病毒，為分子生物學帶來了許多重要的突破。即使人類發現的第一種病毒——菸草鑲嵌病毒也是RNA基因體，但細菌病毒、也就是噬菌體，才是最容易研究的，因為它們的宿主可以在實驗室裡簡單迅速地繁殖。用來複製RNA基因體的酵素，名為RNA依賴性RNA聚合酶（RNA dependent RNA polymerase），最早就是從Qβ噬菌體純化出來的。這個研究有一個重大的發現，就是這種酵素含有四個蛋白質，但只有一個是病毒自己編碼的，其他三個都是來自細菌宿主。病毒非常會利用可得的資源，這代表要從宿主身上拿許多東西來用。這個研究也是早期許多證明RNA不只是會編碼蛋白質的研究之一，證明了RNA具有複雜的生物活性結構。

複製DNA的酵素有許多能避免或糾正錯誤的機制。一個錯誤就是一次突變，雖然偶爾的突變對演化的發生是很重要的，但太多突變就是大問題了。複製人類DNA的酵素，大概每複製1000萬個核苷酸才會出一次錯，而且大部分的錯誤都會在之後修正。複製RNA的酵素則沒有大部分的這類機制，所以更常出錯。當物理學家還在發想理論，認為以RNA為基礎的實體會擁有巨大的變異族群時，病毒學家已經利用Qβ噬菌體證明，RNA病毒其實極為多變，而且演化得非常迅速，因為有無數的突變。這就是我們會重複感染同一種病毒的原因之一：病毒會改變，避開我們的免疫系統。

A 剖面圖
B 外觀

1 A蛋白
2 外殼蛋白
3 單股基因體RNA
4 端帽結構

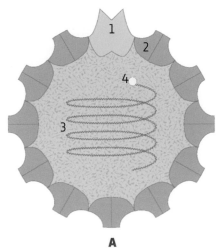

A

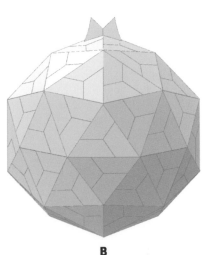

B

類別	—
目	有尾噬菌體目Caudovirales
科	長尾噬菌體科Siphoviridae
屬	未分配
基因體	線型、單一組成，約4萬2000個核苷酸的雙股DNA，編碼61個蛋白質
地理分布	全世界
宿主	金黃色葡萄球菌（Staphylococcus aureus）
相關疾病	協助移動可動的基因成分
傳播方式	擴散及將DNA注入細胞

80型金黃色葡萄球菌噬菌體
Staphylococcus Phage 80
協助劇毒基因移動的病毒

用於菌株分型但也與中毒性休克症候群有關 金黃色葡萄球菌又叫金黃葡萄球菌，是一種會造成人體多種疾病的細菌，包括傷口感染、癤、膿疱、食物中毒和中毒性休克。金黃葡萄球菌通常也具有抗生素抗藥性。如今我們已經有辦法可以迅速判斷感染是由哪種細菌造成，但在過去，曾有一段時間，想辨識出細菌，就必須要看細菌會被哪種病毒感染。有一個金黃色葡萄球菌的菌株曾在1950年代造成醫院的流行感染，它被取名為80型，因為80型金黃葡萄球菌噬菌體可以感染這個菌株。80型金黃葡萄球菌對盤尼西林有抗藥性，但在引進新的抗生素二甲苯青黴素（methicillin）之後就消失了。

金黃色葡萄球菌引起的疾病，很多都是這種細菌製造的毒素造成的。不同的金黃葡萄球菌菌株的基因體，都有一組組名為「毒力因子」（virulence factor，又名致病因子）的基因，跟毒素、抗生素抗藥性因子，與其他疾病相關化合物的製造有關。這些基因群就稱為「病原島嶼」（pathogenicity island），可以在病毒的協助下從一種菌株轉移到另一種。80型金黃葡萄球菌噬菌體就有參與移動某些病原島嶼，尤其是跟中毒休克症候群有關的那一種。這是細菌病毒能為宿主提供好處的又一個例子，不過對感染了這種細菌的人類來說可能就不太好了。

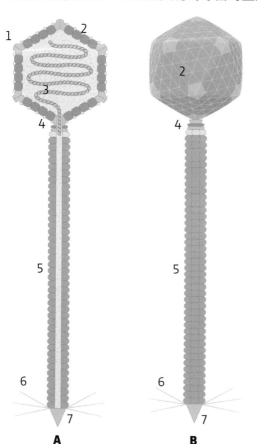

A 剖面圖
B 外觀

1 殼體修飾
2 外殼蛋白
3 雙股基因體DNA
4 頭尾接點
5 尾管
6 尾絲
7 尾端

類別	一
目	未分配
科	微小紡錘形噬菌體科Fuselloviridae
屬	微小紡錘形噬菌體屬Fusellovirus
基因體	環型、單一組成，含有約1萬5000個核苷酸的雙股DNA，編碼超過30個蛋白質
地理分布	日本
宿主	芝田硫化葉菌（*Sulfolobus shibatae*），是一種嗜極端古菌
相關疾病	成長遲滯
傳播方式	擴散

紡錘形硫化葉菌噬菌體一型
Sulfolobus Spindle-shaped Virus 1

長得像檸檬的病毒

由紫外線活化的病毒　紡錘形硫化葉菌噬菌體是從生長在日本一處硫磺溫泉中的古菌分離出來的。起初並不知道這是一種病毒，因為只發現了DNA基因體，但將近十年之後，實驗室證實了有某種像病毒的粒子可以感染這種古菌宿主。這種病毒在宿主體內有兩種型式的基因體，其中一種是環型的DNA，另一種則會嵌入古菌的基因體，而且一定是在同一個位置。在正常狀況下，這種病毒並不是非常活躍，但宿主若是暴露在紫外線下，病毒就會開始複製，直到濃度變得很高。這種病毒並不像大部分細菌病毒那樣，會在複製週期的最後讓宿主爆裂，它們通常不會殺死宿主，且能在不撕裂宿主細胞的狀況下釋出自己的後代。

　　雖然硫化葉菌物種在世界各地的酸性溫泉中都有發現，而這些地方也都有硫化葉菌病毒，但科學界並未預期不同溫泉地區發現的病毒彼此會有親緣關係，因為溫泉彼此隔絕已經有幾百萬年了，病毒也有這麼長的時間演化。然而，來自相距遙遠地點的微小紡錘形噬菌體科（學名源自於拉丁文fusellus，意思是「小紡錘」，以外型命名）病毒，基因體卻非常類似，意味著它們在比較晚近（以地質時間來看）的時候一定曾經在各個地點之間移動，不過沒有人知道這到底是怎麼發生的。

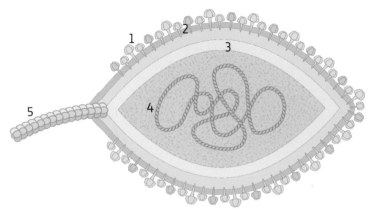

A 剖面圖

1 表面蛋白質
2 可能是膜
3 病毒殼體
4 雙股基因體DNA
5 尾部

A

類別	二
目	未分配
科	絲狀噬菌體科Inoviridae
屬	絲狀噬菌體屬Inovirus
基因體	環型、單一組成、含約6900個核苷酸的單股DNA，編碼11個蛋白質
地理分布	全世界
宿主	霍亂弧菌（Vibrio cholerae）
相關疾病	提供毒素，讓細菌得以入侵腸道

弧菌噬菌體
Vibrio Phage CTX
製造霍亂菌毒素的細菌病毒

對細菌有益的病毒卻造成人類的嚴重疾病　霍亂是一種跟熱帶國家、公共衛生不良及環境過度擁擠有關的全球性疾病。它有時會在天災之後跟著發生，也就是公共衛生基礎設施遭到破壞以後。霍亂是霍亂弧菌這種細菌引起的，也是一種經由水和食物傳播的疾病，在兒童和營養不良的人身上比較嚴重。霍亂菌毒素（CTX）就是霍亂的主要成因。細菌一旦抵達下消化道，就會開始製造毒素，毒素會黏附在下消化道的細胞上，誘發液體釋放，造成嚴重腹瀉。這種毒素其實是透過一種病毒基因製的。這種病毒就是弧菌噬菌體CTX，可嵌入霍亂弧菌的基因體，成為這種細菌永遠的一部分。在某些霍亂弧菌病毒株中，這種病毒會從基因體中跑出來，製造會傳染的病毒，可以把不會製造毒素（因此不是病原體）的細菌變成致病細菌。這種毒素對人類來說是嚴重的問題，但對細菌來說卻是有益的，因為它讓細菌得以入侵人類消化道，並透過腹瀉的手段提供一個能讓細菌大量進入水源、再感染其他宿主的機會。所以這種病毒對細菌宿主來說其實是有益的病毒，但也造成了霍亂的致命傳播。

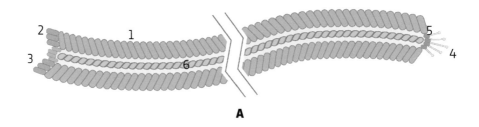

A 剖面圖
B 外觀

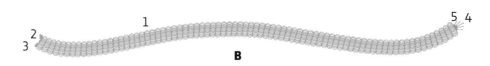

殼體蛋白
1 外殼蛋白g8p
2 纖毛結合蛋白g7p
3 纖毛結合蛋白g9p
4 纖維蛋白g3p
5 纖維蛋白g6p
6 單股基因體DNA

名詞解釋

此處定義為病毒學專用，在其他語境中可能會有不同。

急性病毒感染（acute virus infection） 病毒透過水平傳播感染宿主，迅速複製，通常伴隨疾病。

真菌細胞融合（anastomosis） 兩種近緣真菌菌落的細胞的融合。

減毒（attenuated） 減少；在病毒學中，通常指的是減少症狀。

端帽結構（cap structure） 特殊的甲基化核苷酸，通常位於rna病毒的5'端。

殼體（capsid） 病毒的蛋白質殼，殼體通常能保護基因體不受環境影響。

細胞壁（cell wall） 植物、真菌或細菌細胞的硬質外層。

共生的（commensal） 一種共生性或寄生性的關係，其中一方得利，但並不會真的對另一方造成傷害。共生病毒會感染宿主，但不會造成任何益處或疾病。

交叉免疫（cross-immunity） 因為新近或之前曾感染有親緣關係的病毒而使免疫反應提高。

淘汰（culling） 移除；在病毒學中通常是指殺死被感染的個體。

藍菌（cyanobacterium） 行光合作用的細菌。

細胞質（cytoplasm） 細胞內除細胞核以外的生命物質。

擴散（diffusion） 靠環境中粒子的運動傳播。

DNA 去氧核醣核酸，組成基因的物質。

新興病毒（emerging virus） 出現在新宿主身上或新地點的病毒。

封裝（encapsidate） 包進病毒的蛋白質外殼中；通常指的是遺傳物質。

內源化（endogenization） 病毒嵌入宿主生殖細胞DNA，以便傳給下一代。

內生微生物（endophyte） 生活在植物體內的微生物（真菌、細菌或病毒）。這個名詞最常用於形容有益的微生物。

套膜（envelope） 某些病毒的外層部分，由源自宿主細胞膜的脂質製成。

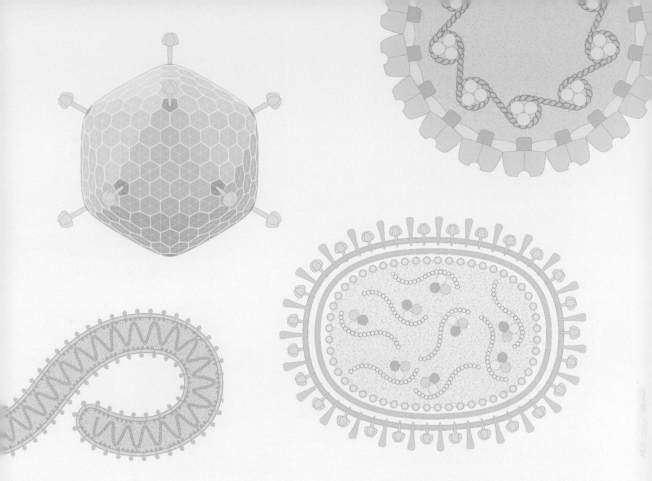

酵素（enzyme） 具有催化活性的蛋白質，可促成特定的變化或反應。

根除（eradicate） 徹底消除；在病毒學上，代表迫使它滅絕。

真核生物（eukaryote） 有細胞核的生物。

基因體（genome） 一種病毒或生物的整套遺傳物質。

醣蛋白（glycoprotein） 帶有醣的蛋白質。

出血性（hemorrhagic） 造成大量出血。

合生（holobiont） 所有共生的生物以單一個體形式共同行動，以人類來說，就包括了許多細菌、真菌和病毒。

基因水平轉移（horizontal gene transfer） 基因從一個生物移到另外一個生物，通常要靠病毒促成。

水平傳播（horizontal trans-mission） 從一個個體傳播給另一個個體。

弱病原性（hypovirulence） 毒性或致病能力的降低。

20面體（icosahedron） 一種幾何結構，嚴格說來具有20個三角形的面，但在病毒學上，也包括由T（三角測量）數量所決定的各種不同數目的面所組成的結構。

免疫力（immunity） 宿主抵抗感染的能力。

預防接種（inoculation） 被病原體感染的行為；這個詞是在疫苗接種出現之前使用的，描述的是刻意用溫和的病毒株使人感染。

嵌入（integration） 把病毒基因體移入宿主基因體的行為。

分離（isolate） 從單一感染中分離出病毒株。

脂質膜（lipid membrane） 包住細胞、次細胞結構及某些病毒的雙層脂質。

溶解（lysis） 使之破裂；溶菌性病毒在完成自己的複製週期後，會使宿主細胞破裂，釋放新的病毒體。

不適（malaise） 一種低落或不舒服的感覺，通常是感染了某種病毒（例如流感）所造成的症狀。

粒線體（mitochondria） 真核生物細胞的細胞質內結構，源自細菌。粒線體常被稱為細胞的發電廠，因為這就是製造能量的地方。

單一作物栽培（monoculture） 通常指的是大面積的農田，卻只栽種單一的物種或栽培品系。

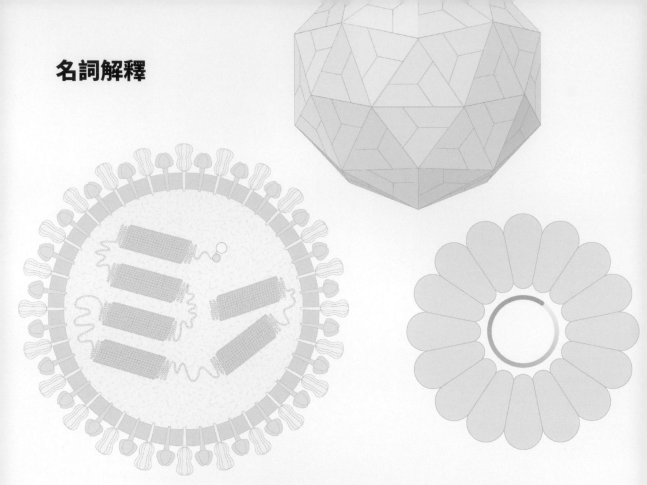

名詞解釋

信使RNA（mRNA） 信使RNA會把基因中的「訊息」帶到細胞質中，在那裡轉變成蛋白質。

互利共生（mutualist） 兩種或兩種以上的實體嘉惠彼此。對互利共生病毒的研究並不多。

核苷酸（nucleotides） DNA和RNA的基本建材。

核（nucleus） 真核細胞中容納基因體的部分，也是大部分RNA合成的地方。

大流行（pandemic） 一種疾病在廣大區域或世界大部分地區流行。

孤雌生殖（parthenogenesis） 以未受精的卵繁殖，在某些種類昆蟲身上很常見。

病原體（pathogen） 引起疾病的微生物。

持續性病毒（persistent virus） 長時間感染宿主的病毒，通常不會有明顯症狀。

噬菌體（phage） 一種細菌病毒。英文phage源自拉丁文的「吃」，雖然許多噬菌體會殺死宿主，但不一定真的會把細菌吃掉。

表現型（phenotype） 基因型與環境的交互作用而在個體身上所造成的顯著特徵。

韌皮部（phloem） 植物用於運輸光合作用產物的維管束構造。

細胞膜（plasma membrane） 細胞外層的膜，是嵌著蛋白質的脂質雙層膜。

聚合酶（polymerase） 複製RNA或DNA的酵素。

先祖（progenitor） 特定病毒的祖先或起源實體。

原核生物（prokaryote） 大部分都是單細胞生物，不具細胞核。原核生物也包括細菌和古菌。

啟動子（promoter） RNA或DNA上的一個區域，負責指示聚合酶結合或開始複製。

保毒者（reservoir） 病毒的野生宿主，可以成為家庭植物、動物或人類的病毒來源。

抵抗力（resistance） 不受病毒影響的能力，可指免疫力，也可指耐受力。

反轉錄病毒（retrovirus） 具有RNA基因體、但會把自己的RNA複製成DNA並嵌入宿主基因體的病毒。

反轉錄酶（reverse trans-criptase） 把RNA複製成DNA的病毒酵素。

RNA 核糖核酸，病毒的另一種遺傳分子。在細胞中，RNA還有其他功能。

RNA靜默（RNA silencing） 對病毒的一種免疫反應，可以鎖定RNA、使之降解，也稱為RNAi。

衛星（satellite） 寄生在病毒裡的病毒或核苷酸。衛星必須依賴輔助病毒。

共生（symbiosis） 兩種或兩種以上無親緣關係的生物，關係緊密地一起生活。

耐受力（tolerance） 被病毒感染但不出現任何症狀的能力。

傳播（transmission） 病毒從一個宿主移往另一個宿主。

疫苗接種（vaccination） 刻意置入病毒以引起免疫反應。疫苗接種可以透過注射，也可經由口鼻通道。使用的可以是溫和的病毒株、熱滅活病毒、病毒蛋白質或核酸。

媒介／載體（vector） 能協助病毒傳播的東西，通常是昆蟲，但也可能是非生物，如農場工具。

營養繁殖（vegetative propagation） 透過插穗（切下來的植物體）而不是以種子來繁殖植物體。

垂直感染（vertical transmission） 直接由親代傳給子代。

病毒體（virion） 具有完整基因體的完整病毒。某些病毒有分開的基因體，這時病毒體就可能包含超過一顆的病毒粒子。

病毒組（virome） 特定環境中的所有病毒。

致病力（virulence） 引起疾病的能力。

毒力因子／致病因子（virulence factor） 由病原體產生並釋放、能促進感染的分子，會影響宿主的免疫系統，或能取得宿主的養分。

病毒排出（virus shedding） 受感染的宿主釋放出具感染性的病毒。

VPg 通常位於單股RNA病毒的基因體5'端的病毒蛋白質。

X光繞射（x-ray diffraction） 利用晶體結構打散X光，可協助判斷分子結構。

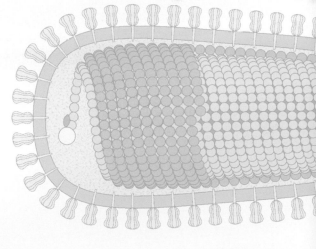

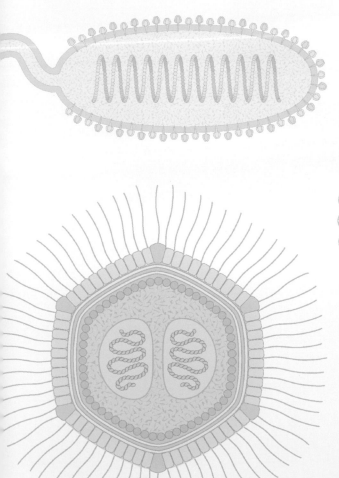

延伸閱讀

書籍

ACHESON, NICHOLAS, *Fundamentals of Molecular Virology*, 2nd edition (Wiley & Sons, 2011)

BOOSS, JOHN, and MARILYN J. AUGUST, *To Catch a Virus* (ASM Press, 2013)

CAIRNS, J., GUNTHER S. STENT and JAMES D. WATSON, *Phage and the Origins of Molecular Biology*, Centennial edition (Cold Spring Harbor Laboratory Press, 2007)

CALISHER, CHARLES H., *Lifting the Impenetrable Veil: From Yellow Fever to Ebola Hemorrhagic Fever & SARS* (Gail Blinde, 2013)

CRAWFORD, DOROTHY H., ALAN RICKINSON and INGOLFUR JOHANNESSEN, *Cancer Virus: The Story of Epstein-Barr Virus* (Oxford University Press, 2014)

CRAWFORD, DOROTHY H., *Virus, a Very Short Introduction* (Oxford University Press, 2011)

DE KRUIF, PAUL, *Microbe Hunters*, 3rd edition (Mariner Books, 2002)

DIMMOCK, N.J., A.J. EASTON and K.N. Leppard, *An Introduction to Modern Virology* (Blackwell Science, 2007)

FLINT, S. JANE, VINCENT R. RACANIELLO, GLENN F. RALL, ANNA-MARIE SKALKA and LYNN W. ENQUIST, *Principles of Virology*, 3rd edition (ASM Press, 2008)

HULL, ROGER, *Plant Virology*, 5th edition (Academic Press Inc., 2013)

MNOOKIN, SETH, *The Panic Virus: A True Story of Medicine, Science, and Fear* (Simon & Schuster, 2011)

OLDSTONE, MICHAEL, *Viruses, Plagues and History* (Oxford University Press, 1998)

PEPIN, JACQUES, *The Origins of AIDS* (Cambridge University Press, 2011)

PETERS, C.J., and MARK OLSHAKER, *Virus Hunter: Thirty Years of Battling Hot Viruses Around the World* (Anchor Books, 1997)

QUAMMEN, DAVID, *Ebola: The Natural and Human History of a Deadly Virus* (Oxford University Press, 2015)

QUAMMEN, DAVID, *Spillover: Animal Infections and the Next Human Pandemic* (Bodley Head, 2012)

QUAMMEN, DAVID, *The Chimp and the River: How AIDS Emerged from an African Forest* (W.W. Norton & Co., 2015)

ROHWER, FOREST, MERRY YOULE, HEATHER MAUGHAN and NAO HISAKAWA, 'Life in Our Phage World' in *Science*, Issue 6237, 2015.

RYAN, FRANK, *Virolution* (Collins, 2009)

SHORS, TERI, *Understanding Viruses*, 2nd edition (Jones and Bartlett, 2011)

WASIK, BILL, and MONICA MURPHY, *Rabid: A Cultural History of the World's Most Diabolical Virus* (Viking Books, 2012)

WILLIAMS, GARETH, *Angel of Death: The Story of Smallpox* (Palgrave Macmillan, 2010)

WITZANY, GÜNTHER (ed.), *Viruses: Essential Agents of Life* (Springer, 2012)

WOLFE, NATHAN, *The Viral Storm: The Dawn of a New Pandemic Age* (Allen Lane, 2011)

ZIMMER, CARL, *A Planet of Viruses* (University of Chicago Press, 2011)

網站

TWiV (This week in virology). Weekly
podcast with past shows archived:
http://www.microbe.tv/twiv/

Virology blog from Columbia University:
http://www.virology.ws

All the Virology on the www:
http://www.virology.net/

Viroblogy, a regularly updated blog
on all things viral:
https://rybicki.wordpress.com and

Descriptions of plant viruses:
http://dpvweb.net/

The eLife podcast covers a wide range
of bioscience topics:
http://elifesciences.org/podcast

The year of the phage, commemorating
the 100th anniversary of the discovery
of bacteria phage:
http://www.2015phage.org/

ViralZone, a compilation of structural
and genetic information about viruses:
http://viralzone.expasy.org/

Collection of virus structures:
http://viperdb.scripps.edu/

Virus world, images and structures:
http://www.virology.wisc.edu/virusworld/viruslist.php

International Committee for the Taxonomy of Viruses: http://ictvonline.org/

United States Center for Disease Control:
http://www.cdc.gov/

World Health Organization:
http://www.who.int/en/

PanAmerican Health Organization:
http://www.paho.org/hq/

Online course Virology I:
https://www.coursera.org/course/virology

Online course Epidemics—the
Dynamics of Infectious Diseases:
https://www.coursera.org/learn/epidemics

索引

字母與數字

190S 病毒 virus 190S 210-11
20面體病毒粒子icosahedral virus particle 241
A型人類鼻病毒 Human rhinovirus A 68-9
B型生物小種粉蝨 Biotype B whitefly 175
B型肝炎病毒 Hepatitis B virus 34, 58
CRISPR系統 48
C型肝炎病毒 Hepatitis C virus 58-9
DNA 10, 14-15, 16, 17
　反轉錄酶 20, 129, 145
　迴文序列 palindrome 48
　啟動子 145
　結構 20-1
　增加 241
　衛星DNA 139, 164, 207
　複製 242
DNA 聚合酶 DNA polymerase 22, 24, 224
DNA複製 DNA copying 224
EB病毒 Epstein-Barr virus 135
Eco RI 48
FHV Flock house virus 192-3
H-19B噬菌體 Enterobacteria phage H-19B 240
HTLV 16
JC病毒 JC virus 72-3
L-A釀酒酵母菌病毒 Saccharomyces cerevisia L-A virus 20, 26-7, 216-17
M13噬菌體 Enterobacteria phage M13 241
MERS 相關冠狀病毒 MERS-related coronavirus 85
phiX174 噬菌體 Enterobacteria phage phiX174 230-1
Qβ噬菌體Enterobacteria phage Qβ 16, 242
RNA 10, 14, 15, 16, 17, 169
　複製 242
　編輯 229
　信使RNA（mRNA）20, 21, 26, 28, 33, 34, 35, 229
　非反轉錄RNA病毒 107
　pRNA 224
　反轉錄酶 20, 129, 145
　小RNA 48, 145, 164, 181, 185
　結構 20, 21, 224
RNA 干擾（RNAi）RNA interference 192
RNA剪接 RNA splicing 61
RNA聚合酶 RNA polymerase 33, 177
　RNA依賴性 28, 151, 152, 155, 242
RNA靜默 RNA silencing 46, 167,
181, 192, 217
　也可參見「基因靜默」
SARS相關冠狀病毒 84-5
T4 噬菌體 Enterobacteria phage T4 20, 23, 228-9
γ疱疹病毒 Gammaherpesvirus 135
λ噬菌體 Enterobacteria phage lambda 226-7

一畫

一毛錢的進擊 March of Dimes 81

二畫

人類免疫不全病毒Human immunodeficiency virus (HIV-1) 15, 16, 38, 41, 64-5
人類乳突病毒16型 Human papilloma virus 16 17, 66-7
人類病毒 human virus 51-97
人類基因體序列 human genome sequence 17, 42, 107, 231
人類單純疱疹病毒第一型 Human herpes simplex virus 1 62-3
人類腺病毒二型 Human adenovirus 2 60-1
人類遷徙 human migration 73, 93
人體病毒組 human virome 97

三畫

口蹄疫病毒 foot and mouth disease virus 13, 16, 112-13
大小 11
　也可參見「巨病毒」
大豆蚜 soybean aphid 158
大流行 pandemic 17, 70
大麥黃矮病毒 Barley yellow dwarf virus 142-3
大象 107
大腸桿菌（E. coli）Escherichia coli 48, 223, 227, 229, 240
大衛・巴爾迪摩 David Baltimore 16, 20, 21, 22, 129
子宮頸癌cervical cancer 67
小兒麻痺症 infantile paralysis 81
小兒麻痺症基金會 Foundation for Infantile Paralysis 81
小球藻 chlorella 205, 220
小球藻病毒 Chlorovirus 220
小球藻病毒一型 Paramecium busaria chlorellavirus 1 220
小麥 wheat 161
小鼠 mice 43, 79, 96, 135
小頭症 microcephaly 94
小繭蜂 Braconidae wasp 183
小繭蜂病毒屬 Bracovirus 183

四畫

中東呼吸症候群 Middle East Respiratory Syndrome (MERS) 85
中毒性休克症候群 toxic shock syndrome 243
互利病毒 mutualist virus 40, 43, 189, 208
內生 endophytes 208
內源RNA病毒 endornavirus 151, 221
公共衛生基礎建設 57
公眾教育 57
分子生物學 molecular biology 14, 15, 61, 130, 167, 169, 224, 227, 229, 231, 238, 241
分枝桿菌噬菌體D29 Mycobacterium phage D29 232-3
分體病毒科 Partitiviridae 177
反芻動物 見「牛」、「綿羊」
反轉錄病毒 retrovirus 15, 16, 17, 34, 49, 64, 107, 134
反轉錄酶 reverse transcriptase 20, 129, 145
天花 smallpox 12, 51, 88, 127
　天花病毒 51, 88-9, 127
　根除 16, 17, 51
天花病毒 Variola virus 51, 88-9, 127
　也可參見「天花」
木薯嵌紋病cassava mosaic disease 139
水產養殖 aquaculture 117, 133, 181, 200, 203
水鳥 waterfowl 41, 70
水痘 chicken pox 87
水痘帶狀疱疹病毒 Varicella-zoster virus 86-7
水楊酸 salicylic acid 46
水源供應 81, 82
水稻白條病毒 Hoja blanca 163
水稻白條病毒 Rice hoja blanca virus 162-3
水稻飛蝨 rice planthopper 163
牛cattle 102, 108, 113, 124, 127
牛痘 vaccinia 見「牛痘病毒」
牛痘病毒cowpox virus 12, 14, 88
牛瘟病毒 Rinderpest virus 17, 75, 99, 101, 126-7
犬小病毒（犬細小病毒）Canine parvovirus 37, 99, 110-11

五畫

世界動物衛生組織 World Organization for Animal Health 127
世界衛生組織（WHO）World Health Organization 17, 58, 76, 81, 123
出血熱 hemorrhagic fever 55, 57, 101, 124
包涵體inclusion bodies 105
包被（作用）encapsidation 18, 143, 177
包裝 packaging 36-7, 137, 224
卡波西肉瘤相關疱疹病毒 Kaposi sarcoma-associated herpesvirus 135
古病毒學 paleovirology 49
古菌 archaea 18-19, 22, 44, 48, 223, 224
古菌病毒archaeal virus 9, 20, 222-45
史潑尼克 Sputnik 207
四角病毒 Four Corners virus 96
失明blindness 63, 75
奴隸貿易 slave trade 93
巨病毒 giant virus 10, 17, 88, 205, 207, 214
巨噬細胞 macrophage 44, 45
弗里德里希・羅福樂 Friedrich Loeffler 13, 16
本揚病毒科 Bunyaviridae 173
生命樹 18
生物技術biotechnology 145, 181, 197, 224
生物防治媒介biocontrol agent 192, 197, 198
生殖器疱疹genital sore 63
田鼠 vole 135
白三葉草潛隱病毒 White clover cryptic virus 137, 176-7
白血病（血癌）leukemia
　免疫抑制 73, 75
　貓白血病 21, 32-3, 99, 134
　雞的 13
白血病leukosis 17
白血球 white blood cell 44
白葉病 white leaf disease 163
白線斑蚊Asian tiger mosquito (Aedes albopictus) 39, 52, 93
白點症病毒 White spot syndrome virus 200-1, 203
皮膚病灶 skin lesion 63
禾草grass 142, 208

六畫

伊波拉病毒 Ebola virus 16, 17, 56-7, 93
先天缺陷 birth defect 75, 87
　小頭症 94
共生 symbiosis 177, 220
　專性共生 155, 208
合生 holobiont 208
合成生物學 synthetic biology 231
多DNA病毒科 Polydnaviridae 181

多發性硬化症 multiple sclerosis 73
有尾目動物 salamander 114
有益病毒 beneficial virus 11, 40, 43, 79, 97
　真菌病毒 205
　脊椎動物病毒 135
　細菌病毒 243, 245
　植物病毒 177
　無脊椎動物病毒 181, 183, 189, 191
汙水處理 sewage treatment 81
自然殺手細胞 NK cell 135
艾賽可威 acyclovir 63
西尼羅病毒 West Nile virus 90-1
西伯利亞闊口罐病毒 Pithovirus sibericum 214-15
西班牙流感 Spanish flu 70

七畫
克隆氏症 Crohn's disease 73
免疫力 immunity 44-8, 167
　先天免疫 innate immunity 44-6
　昆蟲 181
　後天免疫 acquired immunity 44, 45, 167
　基於RNA的適應性免疫 RNA-based adaptive immunity 46, 48
　植物 44, 46, 48, 167, 178
　適應性免疫 adaptive immunity 45, 46, 48
免疫抑制 immune suppression 73, 75, 97, 130, 183
卵菌類 oomycetes 36, 151, 221
吸毒者 58, 64
局部病斑反應 local lesion response 45
志賀桿菌 Shigella 240
抗生素 antibiotics 14, 70, 213, 233, 243
抗原移型 antigenic shift 70
抗原微變 antigenic drift 70
抗病毒基因轉殖作物 virus-resistant transgenic plant 16
李斯特菌 Listeria 135
李痘瘡病毒 Plum pox virus 156-7
沃爾特・里德 Walter Reed 13, 17, 93
沙克疫苗 Salk vaccine 130
沙賓疫苗 Sabin vaccine 130
狂犬病病毒 Rabies virus 13, 17, 99, 122-3
秀麗隱桿線蟲 Caenorhabditis elegans 198
肝 liver 58, 93
豆類金黃嵌紋病毒屬 Begomovirus 175

豆類金黃鑲嵌病毒 Bean golden mosaic virus 20, 24-5, 178
車前草蚜濃核病毒 Dysaphis plantaginea densovirus 190-1

八畫
亞歷山大・佛萊明 Alexander Fleming 213
兔 119
兩棲類 amphibian 114
固氮作用 nitrogen fixation 177
奈米顆粒 nanoparticle 170, 229
定義「病毒」 10
屈公病毒 Chikungunya virus 39, 52-3, 94
弧菌噬菌體 CTX Vibrio phage CTX 245
性行為傳染 sexual transmission 38, 58, 64, 67
拉克里斯病毒 La Crosse virus 173
昆蟲病毒 insect virus 173, 180-203
果子狸 civet cat 85
果蠅C病毒 Drosophila virus C 188-9
果蠅 fruit fly 181, 189
法蘭西斯・克里克 Francis Crick 15
波那病病毒 Bornadisease virus 106-7
爭議 18-19
狐狸 fox 123
狐猴 lemur 107
狗
　犬小病毒 37, 99, 110-11
　狂犬病 123
秈稻 Indica rice 151, 163
花椰菜嵌紋病毒 Cauliflower mosaic virus 21, 34-5, 144-5
芽孢桿菌噬菌體 PHI29 Bacillus phage phi29 224-5
金色病毒屬 Chrysovirus 213
金黃色葡萄球菌 Staphylococcus aureus 243
金黃色葡萄球菌噬菌體 80 Staphylococcus phage 80 243
長喙殼粒線體病毒四型 Ophiostoma mitovirus 4 219
阿斯匹靈 aspirin 46, 76
阿福瑞德・赫希 Alfred Hershey 16, 17
青枯病 bacterial wilt 235
青枯病菌噬菌體 phiRSL1 Ralstonia phage phiRSL1 234-5
青黴菌金色病毒 Penicillium chrysogenum virus 212-13
非洲木薯嵌紋病毒 African cassava mosaic virus 138-9
非洲豬瘟病毒 African swine fever

virus 100-1
非致病性病毒 nonpathogenic virus 51, 97, 130

九畫
保羅・福羅施 Paul Frosch 13, 16
哈洛德・瓦慕斯 Harold Varmus 129
持續性病毒 persistent virus
　真菌病毒 205, 213
　植物病毒 137, 151, 177
柑橘萎縮病毒 citrus tristeza virus 146-7
柯霍氏假說 Koch's postulates 105
柳樹皮 willow bark 46
流感病毒 influenza virus 17, 21, 30-1, 41
　A型流感病毒 70-1
　傳播 38
疣 wart 67
疫苗 vaccine 12-13, 17, 88, 167
　SARS 85
　人類乳突病毒 67
　口蹄疫 113
　反疫苗運動 anti-vaccine campaign 75, 76
　天花 12, 17, 51, 88
　水痘／帶狀疱疹 87
　牛瘟 127
　犬小病毒 111
　白點症病毒 200
　狂犬病 13, 123
　流感 70
　脊髓灰白質炎、小兒麻痺症 17, 51, 81, 130
　麻疹、腮腺炎、德國麻疹 （MMR） 75, 76, 127
　裂谷熱 124
　黃熱病 93
　輪狀病毒 82, 121
　貓白血病 134
突變 mutation 108, 149, 198, 242
　流感 70
　輪狀病毒 82
約翰・恩德斯 John Enders 16
紅血球 red blood cell 117
「紅燕麥」傳染病 "red oat" epidemic 142
美洲原住民 46, 73, 96
美國疾病管制及預防中心 Center for Disease Control (CDC) 76, 81
胡瓜嵌紋病毒 cucumber mosaic virus 148-9
胡狼 jackal 123
致癌基因 oncogenes 129

茄子 eggplant 170, 235
虹彩病毒科 Iridoviridae 114, 181
虹彩病毒屬 Ranavirus 114
重組病毒 recombinant virus 227
香蕉束頂病毒 Banana bunchy top virus 140-1

十畫
原生生物 protozoa 220
原生生物病毒 protist virus 204-21
原核細胞剪接 prokaryotic splicing 229
查爾斯・達爾文 Charles Darwin 18
唇疱疹 cold sore 63
埃及斑蚊 yellow fever mosquito (Aedes aegypti) 39, 52, 55, 93, 94
弱病原性 hypovirulence 218l
恐水症 hydrophobia 123
栗枝枯病 chestnut blight 205, 218
栗枝枯病菌低毒病毒1 Cryphonectria hypovirus 1 218
核苷酸 nucleotide 20, 21, 42
根瘤 nodule 177
根據RNA發展的適應免疫 RNA-based adaptive immunity 46, 48
格林一巴利症候群 Guillain Barré syndrome 94
氣候變遷 climate change 39
浣熊 raccoon 123
海洋 42, 237
消化道不適 79
疱疹病毒 herpes virus
　人類的 62-3
　小鼠的 43, 135
疱疹病毒科 Herpesviridae 87
病毒生活型態 40-3
病毒交互作用 virus interaction 198
病毒性出血性敗血症病毒 Viral hemorrhagic septicemia virus 132-3
病毒的分類 20-1
病毒基因體 viral genome 139
病毒學史 12-15
　時間表 16-17
病毒體 virion 18, 26, 37, 57
病原島嶼 pathogenicity island 243
病媒 vector 38-9
　昆蟲 見「病媒昆蟲」
　粉蝨 39, 139, 175, 178
　植物病毒 137
　腺病毒載體 adenovirus-based vector 61
　蝙蝠 85, 99, 107, 123
　薊馬 173
　蟎 38, 105, 186

病媒昆蟲 insect vector 36, 38, 161, 173
　水稻飛蝨 163
　也可參見「蚜蟲」、「蚊子」、「粉蝨」
真核生物 Eukaryota 20, 170, 181, 224, 238
真核細胞 eukaryotic cell 19, 61, 219, 223, 229
真菌 fungus 38, 48, 114, 137, 151
真菌病毒 fungal virus 36, 43, 48, 152, 204-21
真菌細胞融合 anastomosis 219
神經疾病 neurological disease 107
神經節 ganglion 63
粉蝨 whitefly 39, 139, 175, 178
納瓦荷族 Navajo people 96
紡錘形硫化葉菌噬菌體一型 Sulfolobus spindle-shaped virus 1 244
脂質膜 lipid membrane 173
脊椎動物病毒 vertebrate animal virus 98-135
脊髓灰白質炎 poliomyelitis 81
脊髓灰白質炎疫苗（小兒麻痺疫苗）polio vaccine 17, 51, 81, 130
脊髓灰白質炎病毒 Poliovirus 16, 21, 28-9, 41-2, 51, 80-1
臭鼬 skunk 123
茲卡病毒 Zika virus 8, 94-5
茶花 camellia flower 179
草履蟲 paramecium 220
草蝦 black tiger prawn 203
蚊子 38, 91, 119, 124, 173
　白線斑蚊 39, 52, 93
　埃及斑蚊 39, 52, 55, 93, 94
蚜蟲 aphid 142, 145, 149, 155, 157, 167
　大豆蚜 158
　大桔蚜 brown citrus aphid 146
　有益病毒 43, 181, 191
　車前草蚜 rosy apple aphid 191
　無翅的蚜蟲 191
　蕉蚜 banana aphid 141
馬 91, 107
馬丁烏斯・貝傑林克 Martinus Beijerinck 13, 16
馬堡病毒 Marburg virus 57
馬鈴薯 potato 158, 221, 235
馬鈴薯Y病毒 Potato virus Y 158-9
馬鈴薯Y病毒科 Potyviridae 158

十一畫
剪接體 splicesome 61
啟動子 promoter 145
基因改造植物（基改植物）

GMO plant 145
基因靜默 gene silencing 17
　也可參見「RNA靜默」
基因療法 gene therapy 61
基因體（基因組）genome 20, 48
　人類基因體序列 17, 42, 107, 231
　病毒基因體 139
　細菌基因體 224, 227, 229, 231, 240, 241, 242, 243, 244, 245
　植物病毒 137, 145, 152
　裡面的「化石」49
寄生蜂 parasitic wasp 181, 183
專性共生 obligate symbiosis 155, 208
帶狀皰疹　shingles 87
殺蟲劑 insecticides/pesticides 161, 178, 197, 198
淋巴瘤 lymphoma 135
甜瓜 melon 149, 152, 213
甜椒 pepper 37, 158, 164, 170
眼部疾病 ocular disease 124
眼部感染 63
移動蛋白 movement protein 137
第一型牛病毒性下痢病毒 bovine viral diarrhea virus 1 108-9
粒線體 mitochondria 219
細胞質 cytoplasm 22, 26, 28, 30, 57, 61, 88
細菌 bacterium 10, 11, 13, 20, 22, 42, 43, 97, 207, 221
　共生 177
　免疫系統 44-45, 48
　被病毒感染 14
細菌病毒 bacterial virus 9, 16, 17, 18-19, 222-45
終端感染 dead-end infection 51, 91, 96
脫落　shedding 82, 108, 111
荷蘭榆樹病 Dutch elm disease 219
蚺 boa 105
蛇 105
蛇包涵體病病毒 Boid inclusion body disease virus 104-5
蛋白質 protein 10, 14, 15, 16, 20, 36, 57, 70, 88, 200
　合成 synthesis 21
　多蛋白 polyprotein 22, 29, 33, 167, 185
　移動蛋白 movement protein 137
貧血 anemia 117, 134
都市化 urbanization 55
魚類 107, 115, 133, 181
魚類養殖 見「水產養殖」
鳥類 13, 17, 41, 70, 91, 129
麥可・畢夏普 Michael Bishop

129
麥克斯・戴爾布魯克 Max Delbruck 20
麻疹病毒 Measles virus 74-5, 127
麻痺 paralysis 91
　小兒麻痺症 81
　格林一巴利症候群 94

十二畫
勞斯肉瘤病毒 Rous sarcoma virus 128-9
喬納斯・沙克 Jonas Salk 17
單一栽培 monoculture 161, 181, 200
單性生殖 parthenogensis 191
單核球增多症 mononucleosis 135
壺菌 chytrid 114
富蘭克林・羅斯福 Franklin D. Roosevelt 81
普倫島 Plum Island 113
普通感冒 common cold 17, 69
晶體 crystal 14, 16
棘狀阿米巴變形蟲擬病毒 Acanthamoeba polyphaga mimivirus 206-7
植物疫黴內源RNA病毒一型 Phytophthora endornavirus 1 221
植物病毒 plant virus 36, 38, 39, 43, 136-79, 198
　殼體　capsid 151, 152, 155, 164, 217
無名病毒 Sin nombre virus 96
無脊椎動物虹彩病毒 Invertebrate iridescent virus 6 194-5
無脊椎動物病毒 invertebrate animal virus 173, 180-203
煮食蕉（大蕉）plantain 141
猴類免疫缺陷病毒（SIV）Simian immunodeficiency virus 41, 64
番茄 tomato 158, 169, 170, 173, 175, 235
番茄夜蛾 cotton bollworm 197
番茄叢生矮化病毒 Tomato bushy stunt virus 170-1
番茄叢矮病毒 tombusvirus 152
番茄斑點菱凋病毒 Tomato spotted wilt virus 172-3
番茄黃化捲葉病毒 Tomato yellow leaf curl virus 174-5
痘病毒 poxvirus
　複製 22
　也可參見「水痘」、「牛痘」、「李痘瘡病毒」、「天花」
登革熱病毒 Dengue virus 39, 54-5, 94

發炎 inflammation 44, 73
⊠稻 Japonica rice 151, 163
結核病 tuberculosis 233
結構生物學 structural biology 231
腔棘魚 coelacanth 49
菲利斯・德雷爾 Félix d' Herelle 14, 17
菲德烈克・特沃特 Frederick Twort 14, 17
菸草微綠嵌紋病毒 Tobacco mild green mottle virus 164
菸草蝕刻病毒 Tobacco etch virus 166-7
菸草鑲嵌病毒 Tobacco mosaic virus 13, 14, 16, 17, 37, 113, 164, 168-9, 242
　衛星菸草鑲嵌病毒 164-5
蛙病毒 frog virus 3 114-15
裂谷熱病毒 Rift Valley fever virus 124-5
進行性多病灶腦白質症 PML 73
集盤絨繭蜂病毒　Cotesia congregata bracovirus 182-3
韌皮部 phloem 141, 155
黃石國家公園 Yellowstone National Park 43, 208
黃豆 178
黃症病毒 luteovirus 155
黃熱病毒 Yellow fever virus 13, 17, 39, 92-3
黃頭病毒 Yellow head virus 202-3

十三畫
傳染性鮭魚貧血病毒 Infectious salmon anemia virus 116-17
傳粉 pollination 181, 186
傳播 transmission 38-9
　水平 horizontal 38, 205
　性的 sexual 38, 58, 64, 67
　垂直 vertical 38, 43, 205
　黃症病毒屬 luteoviruses 155
　也可參見「載體」
奧賽病毒 Orsay virus 198-9
微小紡錘形噬菌體科 Fuselloviridae 244
微生物組 microbiome 97
愛滋病 AIDS 15, 16, 38, 64, 73
愛爾蘭馬鈴薯飢荒 Irish potato famine 221
愛德華・詹納 Edward Jenner 12, 13, 88
感染性選殖株 infectious clone 81, 145
楓樹 maple 179
榆樹 elm tree 219
溫度 45, 69, 79, 189, 208, 239, 244
溫泉 238, 239, 244

溫戴爾・史坦利 Wendell Stanley 14, 16
溶菌作用 lysis 233, 237
溶瘤病毒 oncolytic virus 63
猿猴病毒40 Simian virus 40 131-2
猿類great ape 49
畸翅病毒 deformed wing virus 186-7
節肢動物arthropod 101
腦炎　encephalitis 63, 91, 124
腦部感染brain infection 63, 73, 75
腦膜炎 meningitis 63, 91
腮腺炎病毒 Mumps virus 76-7
「腸胃型感冒」"stomach flu" 79
腺病毒adenovirus 61
腺鼠疫 Bubonic plague 135
蜂 181, 183, 185, 186
蜂群衰竭失調症colony collapse disorder 186
蜂蟹蟎 Varroa destructor 186
詹姆斯・華生 James Watson 15
路易斯・巴斯德 Louis Pasteur 13
農耕方式
　水產養殖 117, 133, 181, 200, 203
　單一栽培 161, 181, 200
　稻米 161
　燕麥 211
道格拉斯・雷爾 Douglas Reye 76
雷氏症候群 Reye's syndrome 76
雷斯頓伊波拉病毒 Reston ebolavirus 57
電子顯微鏡electron microscope 11, 14, 152, 185
鼠疫桿菌 Yersinia pestis 135
鼠疱疹病毒 Mouse herpesvirus 68 135

十四畫
演化研究 149, 157, 167, 170, 229
漢他病毒肺症候群 Hantavirus pulmonary syndrome 96
熊蜂 bumblebee 186
瑪莎・闕思 Martha Chase 17
碳循環carbon cycle 42
種子馬鈴薯 seed potato 158
種子傳播 seed transmission 137
維多利亞長蠕孢黴 Helminthosporium victoriae
維翰・埃勒曼 Vilhelm Ellerman 13, 17
綿羊 102, 107, 124
聚合酶 polymerase 26, 30, 224
　DNA聚合酶 22, 24
　RNA依賴性RNA聚合酶 28,

151, 152, 155, 242
　RNA聚合酶 33, 177
聚合酶連鎖反應（PCR）polymerase chain reaction 16
聚球藻噬菌體Syn5 Synechococcus phage Syn5 236-7
舞蛾多核多角體病毒 Lymantria dispar multiple nucleo-polyhedrosis virus 197-8
蜜蜂 honeybee 181, 185, 186
裴頓・勞斯 Peyton Rous 13, 17, 129
赫爾穆特・魯斯卡 Helmut Ruska 16
輔助病毒 helper virus 130, 164, 217
酵母菌 yeast 26, 43, 170, 192, 217
酸雙面菌瓶狀病毒一型 Acidianus bottle-shaped virus 1 223, 238
酸雙面菌雙尾病毒 Acidianus two-tailed virus 223, 239

十五畫
德米特里・伊凡諾夫斯基 Dmitri Iwanowski 16
德國麻疹German measles/rubella 75
模仿微生物microbe mimicking 207
歐拉夫・邦 Oluf Bang 13, 17
歐洲型舞蛾 gypsy moth 197
歐爾密甜瓜病毒 Ourmia melon virus 152-3
潘朵拉病毒 Pandoravirus 214
潛溶狀態 lysogeny 23
稻內源RNA病毒 Oryza sativa endornavirus 137, 150-1
稻米 rice 151, 161, 163, 195
稻萎縮病毒 rice dwarf virus 160-1
線蟲 nematode 38, 46, 137, 181, 198
蝙蝠 57, 85, 99, 107, 123
蝦 181, 200, 203
衛星DNA satellite DNA 139, 164, 207
衛星病毒 satellite virus 164
衛星菸草鑲嵌病毒 Satellite tobacco mosaic virus 164-5
複製 replication 22
　第一類病毒 22-3
　第二類病毒 24-5
　第三類病毒 26-7
　第四類病毒 28-9
　第五類病毒 30-1
　第六類病毒 32-3
　第七類病毒 34-5
　包裝 packaging 36-7, 137,

224
褐紐西蘭肋翅鰓角金龜幼蟲 grass grub 192
豌豆腫突鑲嵌病毒 Pea enation mosaic virus 154-5
豬 70, 97, 101, 121
豬瘟 swine fever 101
豬環狀病毒 Porcine circovirus 120-1
輪狀病毒 Rotavirus
　A型輪狀病毒 82-3
　疫苗 82, 121

十六畫
器官移植 organ transplant 73, 97
噬菌體bacteria phage 14, 16, 17, 223, 227
噬菌體分型 phage-typing 233
噬菌體團隊 Phage Group 14
噬菌體療法 phage therapy 14, 233, 235
樹 205, 218, 219, 221
樹頂病 tree top disease 197
燕麥 oat 142, 211
燕麥立枯病 Victoria blight 211
燕麥冠腐病 crown rust 211
諾瓦克病毒 Norwalk virus 78-9
貓 111
　果子狸 85
　貓泛白血球減少症 111
　貓白血病 21, 32-3, 99, 134
　貓白血病毒 Feline leukemia virus 21, 32-3, 99, 121
　貓泛白血球減少症病毒 Feline panleukopenia virus 111
輸血blood transfusion 58
霍華・田明 Howard Temin 16, 17, 20, 129
霍亂 cholera 245
駱駝 85

十七畫
擬逆轉錄病毒 pararetrovirus 34
擬寄生生物 parasitoid 183
擬菌病毒屬 mimivirus 207
營養不良 malnutrition 75, 82
營養繁殖 vegetative propagation 158
獴 mongoose 123
癌症cancer 13
　人類的 17, 58, 67
　子宮頸癌 67
　自然殺手細胞 135
　疱疹病毒 135
　動物的 61, 67
　勞斯肉瘤病毒 128-9
　蛙的 114
　愛滋病相關癌症 135
　溶瘤病毒 63
　雞的 13, 17, 129

也可參見「白血病」
總體基因體學 metagenomics 17
薊馬thrip 173
蟋蟀麻痺病毒 Cricket paralysis virus 184-5
蟎 mite 38, 105, 186
蟒 python 105
鮭魚 salmon 117, 133
黏液瘤病毒 Myxoma virus 118-19

十八畫以上
薩爾瓦多・盧瑞亞 Salvador Luria 16
藍舌病毒bluetongue virus 102-3
藍菌門Cyanobacteria 237
轉殖複製clones/cloning 149, 227, 241
　cDNA轉殖複製 16
　感染性選殖株infectious clone 81, 145
雙生病毒科 Geminiviridae 39, 139, 178
雞 13, 17, 70, 129
鼩鼱 shrew 107
羅伯特・柯霍 Robert Koch 105
羅莎琳・富蘭克林 Rosalind Franklin 14-15, 17, 169
蟾蜍 toad 114
嚴重急性呼吸道症候群（SARS）Severe Acute Respiratory Syndrome 85
藻類alga 205, 207, 220, 221
蘑菇 mushroom 205
蠑螈 newt 114
齧齒類 rodent 107
　也可參見「小鼠」
彎孢菌耐熱病毒Curvularia thermal tolerance virus 208-9
纖鍊病毒 Torque teno virus 51, 97
變形蟲amoeba 17, 205, 207, 214
鱒魚 trout 117, 133
靈長類 primate 49, 52, 55, 57, 64, 93, 97, 130
鬱金香條斑病毒 Tulip breaking virus 179
鬱金香熱 tulipomania 179

謝誌

作者致謝

The author thanks her numerous colleagues, lab members, and family for advice and encouragement, and in particular the following virologists who provided advice or voluntarily critiqued individual descriptions: Annie Bézier, Stéphane Blanc, Barbara Brito, Judy Brown, Janet Butel, Craig Cameron, Thierry Candresse, Gerardo Chowell-Puente, Jean-Michel Claverie, Michael Coffey, José-Antonio Daròs, Xin Shun Ding, Paul Duprex, Mark Denison, Terence Dermody, Joachim de Miranda, Joakim Dillner, Brittany Dodson, Amanda Duffus, Bentley Fane, Michael Feiss, Sveta Folimonova, Eric Freed, Richard Frisque, Juan Antonio García, Said Ghabrial, Robert Gilbertson, Don Gilden, Stewart Grey, Diane Griffin, Susan Hafenstein, Graham Hatfull, Roger Hendrix, Jussi Hepojoki, Kelli Hoover, John Hu, Jean-Luc Imler, Alex Karasev, David Kennedy, Peter Kerr, Gael Kurath, Erin Lehmer, James MacLachlan, Joseph Marcotrigiano, Joachim Messing, Eric Miller, Grant McFadden, Christine L. Moe, Hiro Morimoto, Peter Nagy, Glen Nemerow, Don Nuss, Hiroaki Okamoto, Toshihiro Omura, Ann Palmenberg, Maria-Louise Penrith, Julie Pfeiffer, Welkin Pope, David Prangishvili, Eugene V. Ryabov, Maria-Carla Saleh, Arturo Sanchez, Jim Schoelz, Joaquim Segalés, Matthais Schnell, Guy Shoen, Tony Schmidtt, Bruce Shapiro, Curtis Suttle, Moriah Szpara, Christopher Sullivan, Massimo Turina, Rodrigo Valverde, Jim Van Etten, Marco Vignuzzi, Herbert Virgin,
Peter Vogt, Matthew Waldor, David Wang, Richard Webby, Scott Weaver, Anna Whitfield, Reed Wickner, Brian Willett, Takashi Yamada.

圖片出處

The publisher would like to thank the following for permission to reproduce copyright material:

Courtesy Dwight Anderson. From Structure of Bacillus subtilis Bacteriophage phi29 and the Length of phi29 Deoxyribonucleic Acid. D. L. Anderson, D. D. Hickman, B. E. Reilly et al. Journal of Bacteriology, American Society for Microbiology, May 1, 1966. Copyright © 1966, American Society for Microbiology: 225. • Australian Animal Health Laboratory, Electron Microscopy Unit: 103. • Julia Bartoli & Chantal Abergel, IGS, CNRS/AMU: 215. • José R. Castón: 212. • Centers for Disease Control and Prevention (CDC)/Nahid Bhadelia, M.D.: 8R; Dr. G. William Gary, Jr.: 60; James Gathany: 38L; Cynthia Goldsmith: 95; Brian Judd: 38R; Dr. Fred Murphy, Sylvia Whitfield: 80; National Institute of Allergy and Infectious Diseases (NIAID): 56; Dr. Erskine Palmer: 83; P.E. Rollin: 90; Dr. Terrence Tumpey: 71. • Corbis: 15. • Delft School of Microbiology Archives: 13. • Tim Flegel, Mahidol University, Thailand: 202. • Kindly provided by Dr. Kati Franzke, Friedrich-Loeffler-Institut, Greifswald-Insel Riems, Germany: 132. • Courtesy Toshiyuki Fukuhara. From Enigmatic double-stranded RNA in Japonica rice. • Toshiyuki Fukuhara, Plant Molecular Biology, Springer, Jan 1, 1993. Copyright © 1993, Kluwer Academic Publishers.: 150. • © Laurent Gauthier. From de Miranda, J R, Chen, Y-P, Ribière, M, Gauthier, L (2011) Varroa and viruses. In Varroa - still a problem in the 21st Century? (N.L. Carreck Ed). International Bee Research Association, Cardiff, UK. ISBN: 978-0-86098-268-5 pp 11-31: 187. • Getty Images/BSIP: 78; OGphoto: 9. • Said Ghabrial: 210. • Dr. Frederick E. Gildow, The Pennsylvania State University: 143. • Courtesy Dr. Graham F. Hatfull and Mr. Charles A. Bowman. phagesdb.org: 232. • Pippa Hawes/Ashley Banyard, The Pirbright Institute: 126. • Juline Herbinière and Annie Bézier, IRBI, CNRS: 182. • Courtesy Dr. Katharina Hipp, University of Stuttgart: 138. • ICTV/courtesy of Don Lightner: 201. • Jean-Luc Imler: 188.
• Dr. Ikbal Agah Ince, Acibadem University, School of Medicine, Dept of Medical Microbiology, Istanbul, Turkey: 194. • Courtesy Istituto per la Protezione Sostenibile delle Piante (IPSP) – Consiglio Nazionale delle Ricerche (CNR) – Italy: 2, 144, 147, 148, 153, 154, 157, 168, 171, 172, 175, 177. • Hongbing Jiang, Wandy Beatty and David Wang. Washington University, St. Louis: 199. • Electron micrograph courtesy of Pasi Laurinmäki and Sarah Butcher, the Biocenter Finland National Cryo Electron Microscopy Unit, Institute of Biotechnology, University of Helsinki, Finland: 104. • Library of Congress, Washington, D.C.: 8L. • Luis Márquez: 209. • Francisco Morales: 162. • Redrawn from Han G-Z, Worobey M (2012) An Endogenous Foamy-like Viral Element in the Coelacanth Genome. PLoS Pathogens 8(6): e1002790: 49. • Welkin Hazel Pope: 237. • Purcifull, D. E., and Hiebert, E. 1982. Tobacco etch virus. CMI/AAB Descriptions of Plant Viruses, No. 258 (No. 55 revised), published by the Commonwealth Mycological Institute and Association of Applied Biologists, England: 166. • Jacques Robert, Department of Microbiology and Immunology, University of Rochester Medical Center, Rochester NY: 115. • Carolina Rodríguez-Cariño and Joaquim Segalés, CReSA: 121. • Dr. Eugene Ryabov: 190. • Guy Schoehn: 234. • Science Photo Library/Alice J. Belling: 18L; AMI Images: 53, 62, 92; James Cavallini: 59, 87; Centre for Bioimaging, Rothampstead Research Centre: 159; Centre for Infections/Public Health England: 77, 84; Thomas Deerinck, NCMIR: 193; Eye of Science: 65, 68, 72, 89, 122; Dr. Harold Fisher/Visuals Unlimited, Inc: 228; Steve Gschmeissner: 18R; Kwangshin Kim: 66; Mehau Kulyk: 216; London School of Hygiene & Tropical Medicine: 54; Moredun Animal Health Ltd: 109; Dr. Gopal Murti: 129; David M. Phillips: 18C; Power and Syred: 44, 112; Dr. Raoult/Look at Sciences: 206; Dr. Jurgen Richt: 106; Science Source: 100; ScienceVU, Visuals Unlimited: 110, 131; Sciepro: 116, 160, 184; Dr. Linda Stannard, UCT: 74, 124; Norm Thomas: 12; Dr. M. Wurtz/Biozentrum, University of Basel: 226. • Shutterstock/Zbynek Burival: 39; JMx Images: 40; Alex Malikov: 37C; Masterovoy: 36; Christian Mueller: 37B; Galina Savina: 37T; Kris Wiktor: 42. • James Slavicek: 196. • Yingyuan Sun, Michael Rossmann (Purdue University) and Bentley Fane (University of Arizona): 231. • John E. Thomas, The University of Queensland: 140. • United States Department of Agriculture (USDA): 38C. • Dr. R. A. Valverde: 165. • Wellcome Images/David Gregory & Debbie Marshall: 118. • Zhang Y, Pei X, Zhang C, Lu Z, Wang Z, Jia S, et al. (2012) De Novo Foliar Transcriptome of Chenopodium amaranticolor and Analysis of Its Gene Expression During Virus-Induced Hypersensitive Response. PLoS ONE 7(9): e45953. doi:10.1371/journal.pone.0045953 © Zhang et al: 46. • For kind permission to use their material as references for the cross-sections and external views illustrations: Philippe Le Mercier, Chantal Hulo, and Patrick Masson, ViralZone (http://viralzone.expasy.org/), SIB Swiss Institute of Bioinformatics.

Every effort has been made to trace copyright holders and obtain their permission for use of copyright material. The publisher apologizes for any errors or omissions in the list above and will gratefully incorporate any corrections in future reprints if notified.

瑪麗蓮・盧辛克博士是賓州大學傳染病動態中心的植物病理學、環境微生物學及生物學教授。她曾取得超過1000萬美元的研究經費，獲得獎項與榮譽無數。她曾擔任美國病毒學會顧問。盧辛克博士發表超過60篇科學研究，並為《自然》、《今日微生物學》與其他重要科學期刊撰文。她還編輯了《植物病毒演化》一書（Springer出版）。

鍾慧元，輔仁大學中文系，愛丁堡大學東亞學系碩士，最愛大自然和閱讀，同時是全職媽媽、譯者與編輯。